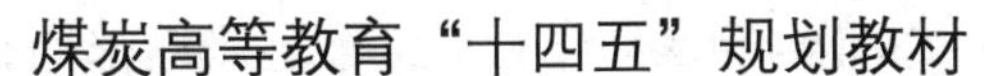

环境监测与分析

主编／徐　颖　汤家喜　邰姗姗

中国矿业大学出版社
·徐州·

内 容 提 要

本书为煤炭高等教育“十四五”规划教材。本书依据现行环境监测质量标准、技术规范和我国环境监测的现状等资料，编写了绪论、水和废水监测、空气和废气监测、固体废物监测、土壤质量监测、生物与生态监测、物理性污染监测、环境监测过程的质量管理、现代环境监测技术共九章内容，每章增加了知识重点和知识拓展内容，注重知识的实际应用。

本书主要作为高等院校环境科学与工程类专业的教学用书，也可作为从事环境保护及相关专业技术人员的参考书。

图书在版编目(CIP)数据

环境监测与分析/徐颖，汤家喜，邰姗姗主编. —徐州：中国矿业大学出版社，2024.4

ISBN 978-7-5646-5885-4

Ⅰ. ①环… Ⅱ. ①徐… ②汤… ③邰… Ⅲ. ①环境监测—高等学校—教材②环境分析化学—高等学校—教材 Ⅳ. ①X83②X132

中国国家版本馆 CIP 数据核字(2023)第 121791 号

书　　名　环境监测与分析
主　　编　徐　颖　汤家喜　邰姗姗
责任编辑　赵朋举　周　红
出版发行　中国矿业大学出版社有限责任公司
　　　　　(江苏省徐州市解放南路　邮编 221008)
营销热线　(0516)83885370　83884103
出版服务　(0516)83995789　83884920
网　　址　http://www.cumtp.com　**E-mail**:cumtpvip@cumtp.com
印　　刷　江苏淮阴新华印务有限公司
开　　本　787 mm×1092 mm　1/16　**印张** 16.75　**字数** 429 千字
版次印次　2024 年 4 月第 1 版　2024 年 4 月第 1 次印刷
定　　价　45.00 元
(图书出现印装质量问题，本社负责调换)

前　言

环境监测与分析是生态环境保护工作的基础，是获取生态环境质量和污染物排放数据的核心手段。本教材为煤炭高等教育"十四五"规划教材，是在综合了多所高校使用的相关教材内容基础上，根据煤炭院校环境科学与工程专业教学特色和教学计划编写的。编写时以最新的生态环境监测标准和技术规范为主要依据，紧密结合我国生态环境监测的现状与发展需求，力求反映当前国内外生态环境监测与分析技术的发展趋势，将新方法、新技术、新设备融合到经典的环境监测与分析过程，所述内容覆盖理论与实践，较为全面详细，并注重体现实用内容。全书共分九章，内容包括：绪论、水和废水监测、空气和废气监测、固体废物监测、土壤质量监测、生物与生态监测、物理性污染监测、环境监测过程的质量管理、现代环境监测技术，同时提供了学习的拓展阅读知识。本教材可作为高等院校环境科学、环境工程、环境监测等专业的教学用书，也可作为从事生态环境监测工作的技术人员的参考书。

本教材第一、二、八章及相应章节的拓展知识由徐颖编写，第四、五、七章及相应章节的拓展知识由汤家喜编写，第三、六、九章及相应章节的拓展知识由郎姗姗编写，姚鑫毅、刘晓丰、梁捷、姜晓煜、梁伟静、郝丽宇、王雪怡等共同完成全书的整体润色与校核。

本教材还邀请了一些生态环境监测领域的专家和学者对书稿进行审阅，提供了许多宝贵意见。此外，本教材编写过程中参考了大量的相关教材、科技论文、技术规范和标准文本等材料，在此对文献作者表示衷心的感谢。

本教材出版得到了辽宁省"百千万人才工程"项目(2021921100)、辽宁省教育厅基本科研项目(面上项目：LJKZ0365)、辽宁省一流本科课程建设项目(20210111)及辽宁省应用基础研究计划项目(2022JH2/101300123)的联合资助。

由于编者水平有限，书中难免存在疏漏和错误之处，恳请同行和读者批评指正。

编　者

2024 年 1 月

目　录

第一章 绪 论

本章知识要点

环境监测被誉为“环保前线的侦察兵”，是环境保护的基本工作之一。本章重点介绍环境监测的概念及对象；环境污染的特点及环境监测的特点；环境优先监测及其污染物的特点；我国环境标准体系的构成等重要知识内容。

人们对工业高度发达的负面影响预料不够，预防不力，导致了全球性的三大危机：资源短缺、环境污染、生态破坏。环境污染指自然的或人为的破坏，向环境中添加某种物质，导致超过环境的自净能力而产生危害的行为，或由于人为的因素，环境受到有害物质的污染，使生物的生长繁殖和人类的正常生活受到有害影响。随着工业的发展，环境污染事件不断发生。早期的环境监测主要针对工业环境污染，但如今环境监测已经扩展到监测影响环境质量的污染因子以及生物和生态环境的变化。这种扩展实现了对环境质量、生态质量、重点污染源监测的全覆盖，为环境质量评价和环境质量预测提供了科学依据。

环境监测就是通过对影响环境质量各种因素代表值的测定，确定环境质量或环境污染程度，预测未来环境的变化趋势。

环境监测的对象包括对环境造成污染或危害的各种污染因子；反映环境质量变化的各种自然因素（空气、地表水、地下水、土壤等）；对环境及人类活动产生影响的各种人为因素（包括各类污染源）等。

环境监测过程：发现问题→按标准制订监测方案→优化布点→样品采集→运送保存（处理样品）→按标准分析方法进行分析测试→数据处理→综合评价。

人类可利用环境监测数据及时掌握环境质量现状及污染程度。所以，环境监测是环境管理和污染治理等工作的基础，在人类防治环境污染、改善生态环境、实现人与环境可持续发展的过程中起到不可替代的作用。

一、环境监测发展史

从环境监测的发展历程来看，人类面对的环境污染问题主要经历了“沉痛的代价、宝贵的觉醒、奋起的飞跃”3个阶段，这也是环境监测技术发展的三个阶段。

（一）监测探索阶段（沉痛的代价）

工业革命以来，传统工业化在创造无与伦比的物质财富的同时，也过度消耗自然资源，大范围破坏生态环境，大量排放各种污染物。从 20 世纪 30 年代开始，英、美、日等发达国家相继发生了比利时马斯河谷烟雾事件、美国洛杉矶光化学烟雾事件、英国伦敦烟雾事件、日本水俣病事件等八大公害，化学毒物造成危害较大的环境污染事件不断出现，20 世纪 50 年代才开始发展环境科学，环境污染分析由此产生，主要是对环境污染样品进行化学分析。

（二）主动监测阶段（宝贵的觉醒）

日趋严重的环境问题促使人类环境意识开始觉醒。1962 年美国海洋生物学家蕾切尔·卡逊撰写的《寂静的春天》中指出“不进行环境保护，人们将从摇篮直接到坟墓”，60 年代末开始，工业发达国家相继颁布了一些环境保护法律，其主要目的是有效限制企业排放污染物。由于环境立法的逐渐完善、环境执法的日益严格以及对企业污染源污染排放监控的日益重视，污染源监测工作得到很大发展。环境监测由单一的化学监测手段逐渐过渡到采用物理、物理化学、生物监测的综合监测。

（三）自动监测阶段（奋起的飞跃）

随着人类对环境污染问题的认识逐步加深，人类对环境问题的认识发生了历史性转变。以 1992 年联合国环境与发展会议为标志，环境保护进入一个全新的阶段，也促进了环境监测技术的不断发展。20 世纪 70 年代发达国家相继建立了自动连续监测系统，可连续在线监测空气、水体污染浓度变化，预测预报未来环境质量。同时，地理信息系统（GIS）、遥感（RS）和全球定位系统（GPS）等 3S 技术逐渐在环境监测中得到广泛应用，实现了环境监测的全球化、空间化。

二、环境监测目的

环境监测的目的主要是准确、及时、全面地反映环境质量现状及未来环境的发展趋势，为环境规划与管理决策、污染源的污染物控制、环境标准制定、环境执法等提供科学依据。具体内容归纳如下：

(1) 依据国家环境质量标准，根据环境监测数据对环境质量进行评价；

(2) 根据污染情况，追踪寻找污染源，研究污染变化情况，为实现污染源监督管理和污染控制提供科学依据；

(3) 监测环境背景值，积累长期监测数据及资料，为实现环境目标管理，预测预报环境质量，制定环境法规、标准、规划等提供数据；

(4) 利用环境监测保护生态环境和人类健康，为自然资源的可持续发展提供服务。

第一节　环境监测的分类与特点

一、环境监测的分类

环境监测主要按照监测对象和监测目的进行分类。

（一）按监测对象（或介质）分类

环境监测按照监测对象可分为水质监测、空气监测、土壤监测、固体废物监测、生态监测、噪声和振动监测、电磁辐射监测、放射性监测、热监测、光监测、卫生（病原体、病毒、寄生虫等）监测等。

1. 水质监测

水质监测包括地表水、地下水、水污染源监测，监测的主要指标包括物理性指标、金属污染物、无机污染物、有机污染物等。

2. 空气监测

空气监测包括室外空气监测和室内空气监测。目前空气污染物按照存在状态分为粒子状态污染物和分子状态污染物。粒子状态污染物常用 TSP、PM_{10}、$PM_{2.5}$、降尘等指标表示；分子状态污染物主要指 SO_2、NO_x、CO、H_2S、挥发性有机物(VOC)等。

3. 土壤监测

土壤污染主要来源于大气沉降、污水灌溉、固体废弃物堆放等。土壤污染直接关系人类的健康，对土壤监测主要包括土壤理化性质测定、重金属污染物测定、有机污染物测定等。

4. 固体废物监测

固体废物监测是指调查固体废物的种类、数量，测定有害固体废物中各类污染物质的含量，评价固体废物在产生、堆存过程中对环境污染和影响程度的过程。根据《中华人民共和国固体废物污染环境防治法》，固体废物分为城市生活垃圾、工业固体物和危险废物，其中危险废物是危害最大的废物，是重点监测的对象。

5. 生态监测

生态监测是指利用物理、化学、生化、生态学等技术手段，对生态环境中的各个要素、生物与环境之间的相互关系、生态系统结构和功能进行监控和测试，主要包括宏观生态监测和微观生态监测。

6. 物理性污染监测

物理性污染是指由物理因素引起的环境污染，如放射性辐射、电磁辐射、噪声、光污染等。物理性污染监测即对噪声、环境放射性和电磁辐射的监测。

(二) 按监测目的或监测任务分类

环境监测按照监测目的可分为监视性监测、特定目的监测以及研究性监测。

1. 监视性监测

监视性监测又称为例行监测或常规监测，是指按照布置好的监测采样点对规定的项目进行定期的、长时间的监测，以确定环境质量及污染源状况，评价控制措施的效果，衡量环境标准实施情况和环境保护工作的进展。

监视性监测包括污染源的监督监测和环境质量监测。

(1) 污染源的监督监测主要是掌握污染排放浓度、排放强度、负荷总量、时空变化等信息。为强化环境管理，贯彻落实有关标准、法规、制度等做好技术监督。

(2) 环境质量监测主要是指定期定点对指定范围的大气、水质、噪声、辐射、生态等各项环境质量因素状况进行监测分析，为环境管理和决策提供依据。

2. 特定目的监测(特例监测、应急监测)

(1) 污染事故监测

污染事故监测是指对突发污染事故进行的现场应急监测，用于确定污染物的种类、扩散方向、速度和污染程度及范围，查找污染发生的原因，为消除和控制污染提供解决方案及科学数据。如 2012 年广西龙江镉污染事件。这类监测常采用流动监测(车、船等)、简易监测、低空航测、遥感等手段。

(2) 纠纷仲裁监测

纠纷仲裁监测主要针对由污染事故引起的法律纠纷以及环境执法过程中所产生的矛盾

进行监测。如对污染事故的处罚、污染事故造成的经济损失赔偿等。

(3) 考核验证监测

考核验证监测一般是指从事环境监测人员业务考核、监测方法验证、排污许可证制度考核监测、"三同时"项目验收监测、污染治理项目竣工时的验收监测等。

(4) 咨询服务监测

咨询服务监测是指为政府部门、科研机构、生产单位所提供的服务性监测。通过这种监测,为国家政府部门制定环境保护法规、标准、规划提供基础数据和手段。如建设新企业应进行环境影响评价,需要按评价要求进行监测。

3. 研究性监测(科研监测)

研究性监测是针对特定科学研究目的而进行的高层次监测。通过这种监测,可以了解污染机理,弄清污染物的迁移变化规律,研究环境受到污染的程度。例如,环境本底的监测与研究、有毒有害物质对从业人员的影响研究、为监测工作本身服务的科研工作的监测(如统一方法和标准分析方法的研究、标准物质研制、预防监测等)。

二、环境污染和环境监测的特点

(一) 环境污染的特点

环境污染是各种污染物性质、环境等各种因素相互作用的结果。

1. 污染物时空分布特点

各种污染物的污染影响范围在空间和时间分布上都比较广。由于污染源强度、环境条件的不同,各种污染物质的排放浓度、扩散性、化学性存在差异。污染物进入环境空间后,随着环境介质的流动被稀释扩散,不同空间位置上污染物的浓度和强度分布是不同的。如交通噪声的强度随着时间不同而有所变化;排放到河流的污染物会随着河水的流动而不断迁移扩散。

2. 环境污染的复杂性

环境是一个由动物、植物、微生物和非生物所组成的复杂体系,进入环境的污染物种类繁多,成分、结构、物理化学性质各不相同,必须考虑环境的各种因素的综合效应对环境污染的影响,因此环境监测的污染物形态复杂、监测环境复杂。

3. 环境污染的多变性

环境污染物在环境条件的作用下会发生迁移、变化或转化,涉及物理相态,化学化合态和价态的改变等性质。污染物在环境中的迁移常常伴随着形态的转化,而污染物的危害也是多种污染物相互协同作用的结果。例如,大气中同时存在二氧化硫和硫酸气溶胶时,其危害远远超过单一污染物的危害。

4. 环境污染的社会性

环境污染的社会评价与社会制度、文明程度、技术发展水平、民族的风俗习惯、哲学、法律等问题有关。人们往往更关注与自身利益直接相关的环境问题,如噪声、烟尘等污染,对潜在危险的污染因素,如河流的污染,由于其受到污染的过程是长期的,带来的危害是慢性的,往往不会引起人们的关注。

(二) 环境监测的特点

1. 监测手段的综合性

监测手段包括化学、物理、生物化学及生物物理等一切可以表征环境质量的方法,以获取监测数据。

2. 监测对象的复杂性

监测对象包括空气、水体(江、河、湖、海及地下水)、土壤、固体废物、生物等各种要素,它们之间相互联系、相互影响,每一个要素都构成一个巨大的开放体系,污染物在其中进行复杂的迁移和转化,这种迁移和转化的方式涉及物理、化学和生物等方面。只有对空气、水体、土壤、固体废物等客体进行综合分析,才能确切描述环境质量状况。

3. 监测数据的综合性与科学性

监测数据需要进行统计处理,同时结合监测地区自然及社会各方面情况进行综合分析,才能表征环境质量。

4. 监测数据的连续性

由于环境污染具有时空性的特点,只有坚持长期测定,才能从大量的数据中揭示其变化规律,预测其变化趋势。数据越多,预测的准确度就越高。

5. 监测数据的追溯性

监测的过程是一个复杂而有联系的系统,任何一步的差错都将影响数据的质量,需有一个量值追踪体系予以监督,为此需要建立环境监测的质量保证体系。

三、环境优先污染物和优先监测

(一) 环境优先污染物和优先监测

世界上已知的化学品有 700 多万种,进入环境的已达 10 万种。由于化学物质数量庞大、种类繁多、分布范围广,受到人力、财力和物力影响,不可能对污染物进行全部监测,必须确定一个筛选原则,对众多有毒污染物进行分级排队,选出潜在危害大、出现频率高的污染物作为监测和控制对象,这一筛选过程就是数学上的优先过程,经过优先选择的污染物称为环境优先污染物(简称优先污染物)。对优先污染物进行的监测称为优先监测。

优先污染物具有以下主要特点:难以降解、在环境中有一定残留水平、出现频率较高、具有生物积累性、属于三致物质(致癌、致畸、致基因突变)、毒性较大。

美国是最早开展优先监测的国家。20 世纪 70 年代中期,出台的《清洁水法》中明确规定了 129 种优先污染物(表 1-1),其中包括 114 种有机污染物,15 种无机重金属及其化合物,其后又增加 43 种空气优先污染物。

表 1-1 美国水环境优先控制污染物名单

序号	类 别	种 类
1	可吹脱的有机物(31 种)	挥发性卤代烃类 26 种(氯仿、溴仿、氯甲烷、溴甲烷、氯乙烯、三氯乙烯、四氯乙烯、氯苯等);苯系物 3 种(苯、甲苯、乙苯);丙烯醛、丙烯腈等
2	碱性中性介质可萃取有机物 (46 种)	二氯苯、三氯苯、六氯苯、硝基苯类、酞酸酯类、多环芳烃(芴、荧蒽、苯并[a]芘)、联苯胺、*N*-亚硝基二苯胺等
3	碱性介质可萃取有机物(11 种)	苯酚、硝基苯酚、二硝基苯酚、氯苯酚、二氯酚、三氯酚、五氯酚、对-氯-间甲苯酚等
4	杀虫剂和 PCBs(26 种)	氯丹、毒杀芬、PCBs、α-硫丹、β-硫丹、α-BHC、β-BHC、γ-BHC、δ-BHC、艾氏剂、狄氏剂、4,4′-DDT、七氯、2,3,7,8-四氯代二苯并对二噁英等

表 1-1(续)

序号	类 别	种 类
5	金属(13 种)	Sb、As、Be、Cd、Cr Cu、Pb、Hg、Ni、Se、T1、Zn、Ag
6	杂类(2 种)	总氰、石棉(纤维)

1975 年,苏联开始筛选出优先监测污染物,先后公布有限监测的无机物 103 种,有机物 496 种。10 年后,陆续增加到无机物及其混合物 266 种,有机物 856 种。

1990 年,中国环境监测总站完成了《中国环境优先监测研究》,提出了"中国环境优先控制污染物黑名单",包括 14 种化学类别共 68 种有毒化学物质。随着工业不断发展,化学品的种类和性质不断变化。

2017 年,为落实国务院《水污染防治行动计划》,环境保护部发布了《优先控制化学品名录(第一批)》,包括有机物 18 类,重金属 4 类。

2020 年,为贯彻落实《中共中央 国务院关于全面加强生态环境保护 坚决打好污染防治攻坚战的意见》,生态环境部发布了《优先控制化学品名录(第二批)》,收录了 18 种/类化学品,其中包含苯和邻甲苯胺等确定的人类致癌物、全氟辛酸(PFOA)和二噁英等持久性有机污染物、苯并[a]芘等多环芳烃类物质、铊及铊化合物等重金属类物质等,涉及石化、塑料、橡胶、制药、纺织、染料、皮革、电镀、有色金属冶炼、采矿等行业。具体见表 1-2。

表 1-2 优先控制化学品名录(第二批)

编 号	化学品名称	CAS 号
PC023	1,1-二氯乙烯	75-35-4
PC024	1,2-二氯丙烷	78-87-5
PC025	2,4-二硝基甲苯	121-14-2
PC026	2,4,6-三叔丁基苯酚	732-26-3
PC027	苯	71-43-2
PC028	多芳香烃类物质,包括:	
	苯并[a]蒽	56-55-3
	苯并[a]菲	218-01-9
	苯并[a]芘	50-32-8
	苯并[b]荧蒽	205-99-2
	苯并[k]荧蒽	207-08-9
	蒽	120-12-7
	二苯并[a,h]蒽	53-70-3
PC029	多氯二苯并对二噁英和多氯二苯并呋喃	—
PC030	甲苯	108-88-3
PC031	邻甲苯胺	95-53-4
PC032	磷酸三(2-氯乙基)酯	115-96-8
PC033	六氯丁二烯	87-68-3

（二）持久性有机污染物(POPs)

在环境优先污染物中，有一类被国际社会普遍公认需要特别关注的污染物，即持久性有机污染物(persistent organic pollutants，POPs)。POPs具有长期残留性、生物蓄积性、半挥发性和高毒性（致癌、致畸、致突变，内分泌干扰毒性，生殖毒性），能够在大气环境中长距离迁移并能沉降到地表，对人类健康和环境具有严重危害。这些物质可以是天然的，也可以是人工合成的有机污染物。

1999年夏天发生的二噁英食品污染事件使世界公众第一次听到了持久性有机污染物这个名词，也使国际社会愈来愈认识到持久性有机污染物产生的环境问题。

2001年5月签署的《关于持久性有机污染物的斯德哥尔摩公约》，标志着国际社会朝着淘汰和防治这类有毒污染物迈出了重要一步。

根据该公约，各缔约国将通过法律禁止或限制使用12种对人体健康和自然环境特别有害的持久性有机污染物。这12种污染物是艾氏剂、氯丹、滴滴涕(DDT)、狄氏剂、异狄氏剂、七氯、灭蚁灵、毒杀芬等8种杀虫剂，以及多氯联苯、六氯苯、二噁英和呋喃。这些污染物能够沿食物链传播，在动物体内的脂肪聚集，它们还会引起过敏、先天缺陷、癌症、免疫系统和生殖系统受损。这些污染物已经在土壤和水体里残存了几十年，它们不仅难以进行生物降解，而且还具有很强的流动性，能够通过自然循环散布到世界各地。

在12种持久性有机污染物中，我国曾经工业化生产过DDT、毒杀芬、六氯苯、氯丹、七氯和多氯联苯。其中DDT为主农药，累计产量最大；其次是毒杀芬，用作农药；六氯苯、氯丹和七氯也曾有少量生产，分别用于生产五氯酚、五氯酚钠杀灭白蚁及地下虫害。其中DDT、氯丹和灭蚁灵三种农药目前在中国尚有少量生产和使用，DDT用作中间体生产三氯杀螨醇，氯丹用于构筑物基础防腐，灭蚁灵用于杀灭白蚁。

持久性有机污染物的筛选标准、低浓度的精确或快速检测方法、毒理作用的生物化学机制、毒性评价和环境安全性评价、在环境中的迁移转化规律、在天然或人工强化条件下的降解行为、持久性有机污染物的“源”控制技术和替代品研制、受污染环境的修复，都是环境监测工作的迫切任务。

第二节 环境监测技术概述

一、环境监测技术概述

环境监测技术包括采样技术、测试技术和数据处理技术。采样技术、数据处理技术在后面有关章节介绍，这里主要对测试技术进行简要介绍。

环境样品的测试方法是在现代分析化学各个领域的测试技术和手段的基础上发展起来的，用于研究环境污染物的性质、来源、含量、分布状态和环境背景值。随着科学技术的不断发展，除经典的化学分析、各种仪器分析为环境分析监测服务外，一些新的测试手段和技术，如色谱-质谱联用、激光、中子活化法、遥感遥测技术也很快被广泛应用于环境污染的监测中。为了及时反映监测对象和取样时的真实情况，确切掌握环境污染连续变化的状况，许多小型现场监测仪器和大型自动监测系统也获得迅速的发展。

（一）化学分析技术

化学分析技术是指以特定的化学反应为基础的分析方法，分为重量分析法和滴定分析法两类。重量分析法操作麻烦，对于污染物浓度低的，会产生较大误差。它主要用于大气中总悬浮颗粒、降尘量、烟尘、生产性粉尘及废水中悬浮固体、残渣、油类、硫酸盐、二氧化硅等的测定。随着称量工具的改进，重量分析法得到进一步发展。例如，近几年用微量测重法测定大气飘尘和空气中的汞蒸气等。滴定分析法具有操作方便、快速、准确度高、应用范围广、费用低等特点，在环境监测中得到较多应用，但灵敏度不够高，对于测定浓度太低的污染物，不能得到满意的结果。它主要用于水中的酸碱度、NH_3-N、COD、BOD、DO、Cr^{6+}、硫离子、氰化物、氯化物、硬度、酚等污染物的测定。

（二）光学分析技术

光学分析技术是一类以光辐射能与物质相互作用（发光、吸收、散射、光电子发射等）为基础的分析方法，属于仪器分析方法中的一类重要方法，可以分为光谱法和非光谱法两大类。

光谱法又可分为三种基本类型：① 发光光谱法。包括原子发射光谱分析法、原子荧光光谱法、分子荧光分析法、X 射线荧光分析法、电子能谱分析法等。② 吸收光谱法。包括紫外可见分光光度法、红外分光光度法、电子自旋共振和核磁共振光谱法、穆斯堡尔谱法、原子吸收光谱法等。③ 散射光谱法。主要有拉曼散射光谱法。非光谱法包括折射法、偏振法、旋光色散法、圆二色光谱法、X 射线衍射法和浊度分析法等。本节主要介绍常用的几种光谱法。

1. 分光光度法

分光光度法是通过测定被测物质在特定波长处或一定波长范围内光的吸收度，对该物质进行定性和定量分析的方法。它具有灵敏度高、操作简便、快速等优点。分光光度法可用于测定金属、非金属、无机和有机化合物等。常用的仪器有紫外可见分光光度计。

2. 原子吸收分光光度法

原子吸收分光光度法是在待测元素的特征波长下，通过测量样品中待测元素基态原子（蒸气）对特征谱线吸收的程度，以确定其含量的一种方法。此法操作简便、迅速、灵敏度高、选择性好、抗干扰能力强、测定元素范围广，是环境中痕量金属污染物测定的主要方法，可测定 70 多种元素，国内外都用作测定重金属的标准分析方法。

3. 发射光谱分析法

发射光谱分析法是在高压火花或电弧激发下，使原子发射特征光谱，根据各元素特征性的光谱线可做定性分析，而谱线强度可用作定量测定的方法。本法样品用量少、选择性好、不需化学分离便可同时测定多种元素，可测定铬、铅、镉、汞等 20 多种金属元素，常用仪器为电感耦合高频等离子体发射光谱仪（简称 ICP-AES），它具有灵敏度高、准确度和再现性好等特点。

4. 荧光分析法

荧光分析法是指利用某些物质被紫外光照射后处于激发态，激发态分子经历一个碰撞及发射的去激发过程所发生的能反映出该物质特性的荧光，可以进行定性或定量分析的方法。荧光分析法的最大特点是灵敏度高，对某些物质的微量分析可以检测到 10^{-10} g 数量级，如污水中的银含量用荧光分析法可以检测到 10^{-10} g 数量级。荧光分析法分为分子荧光分析和原子荧光分析。

5. 化学发光法

化学发光法是依据化学检测体系中待测物浓度与体系的化学发光强度在一定条件下呈

线性定量关系的原理，利用仪器对体系化学发光强度进行检测，从而确定待测物含量的一种痕量分析方法。化学发光法在痕量金属离子、各类无机化合物、有机化合物分析及生物领域都有广泛的应用。此方法可用于大气中 NO_x、O_3、SO_2、硫化物及水中 Co^{2+}、Cu^{2+}、Ni^{2+}、Cr^{3+}、Fe^{2+}、Mn^{2+} 等金属离子的测定。

6. 非分散红外法

非分散红外法是一种红外吸收分析方法，利用物质对特定波长的红外辐射的吸收产生热效应变化。这种变化被转化为可测量的电流信号，从而测定物质的含量。这种方法操作简单、快速，常用于分析对红外辐射具有较强吸收能力的气态物质，例如一氧化碳、二氧化碳、甲烷、氨等物质。

（三）电化学分析法

电化学分析法是仪器分析的重要组成部分。它基于溶液中物质的电化学性质及其变化规律，通过电位、电导、电流和电量等电学量与被测物质某些量之间的计量关系，对组分进行定性和定量的仪器分析方法，也称电分析化学法。该方法具有灵敏度高、准确度高、快速、应用范围广等特点。

电化学分析法包括电位分析法、电导分析法、库仑分析法、阳极溶出法、极谱法等。电位分析法可以测定水质中 pH 值、F^-、CN^-、NH_3-N、DO 等；电导分析法可测定水中的电导率、溶解氧及 SO_2；库仑分析法可测定大气中 SO_2、NO_x 及水中 BOD、COD；阳极溶出法可测定废水中 Cu、Zn、Cd、Pb 等重金属离子；极谱法广泛用于 Cr、Mn、Fe、Co、Ni、Cu、Zn、Cd、Sn、Pb、As、Bi 等元素的分析。

（四）色谱分析法

色谱分析法，又称层析法，是一种物理或物理化学分离分析方法。其分离原理是利用混合物中各组分在固定相和流动相中溶解、解析、吸附、脱附或其他亲和作用性能的微小差异。当两相做相对运动时，各组分随着移动在两相中反复作用，从而实现分离和分析。色谱分析法根据流动相和固定相的不同，分为气相色谱法和液相色谱法。

1. 气相色谱法(GC)

气相色谱法中，流动相为载气，利用物质在两相中分配系数的微小差异，使被测物质在载相之间反复多次分配，以达到分离、分析及测定的目的。气相色谱法具有灵敏度与分离效能高、快速、应用范围广、样品用量少且易于实现自动测定等优点。此外，它可以与多种仪器联用。因此，气相色谱法已成为苯、二甲苯、多氯联苯、多环芳烃、酚类、有机氯农药、有机磷农药等有机污染物的重要分析方法。

2. 高效液相色谱法

高效液相色谱法是一种以流动相为液体，采用高压泵、高效固定相和高灵敏度检测器的色谱新技术，具有分析速度快、分离效率高和操作自动化等优点。该法可用于测定高沸点、热稳定性差、相对分子质量大(＞400)的有机物质，如多环芳烃、农药、苯并芘、有机汞、酚类、多氯联苯等。

二、环境监测技术的发展

随着科学技术的不断发展和国家对生态环境保护要求的不断提高，环境分析方法与技术也随之不断发展。

现代环境监测研究对象具有以下特点：① 监测范围广，包括空气、各类地表水、地下水、海洋、土壤、陆地生态系统等；② 对象复杂，化学品种繁多，目前已超过 1 800 万种，进入环境的已超过 10 万种，同时还需对污染物的价态、形态结构进行分析等；③ 变异性，环境为多层次、多介质、多元动态的系统，分析研究对象易迁移变化，增加了分析的难度；④ 痕量分析，环境样品中的待测污染元素或化合物的含量很低，其绝对含量往往在 10^{-6}～10^{-12} g 水平。基于以上特点，要求环境监测技术也不断发展和提升，才能满足当今环境问题研究的需要。

未来的环境监测对监测技术提出了新的要求，主要包括连续自动化分析技术、多种方法和仪器的联合使用、新型分析仪器的研发、痕量和超痕量分析方法的研究等多个方面。

第三节 环境标准

环境标准是依据环境保护法和相关政策制定的，旨在保护人群健康、预防环境污染、促进生态良性循环，同时合理利用资源，推动经济发展。它规定了环境中有害成分含量和排放源的限量阈值以及技术规范，是政策、法规的具体体现。

一、环境标准的作用

环境标准是环境保护法规的主要组成部分，具有一定的法律效力，是环境执法的依据；环境标准既是环境保护和有关工作的目标，又是环境保护的手段；环境标准既是环境管理技术的基础，又是制订环境保护规划的重要依据，还是判断环境质量和衡量环保工作优劣的准绳。

二、我国环境标准体系

我国环境标准体系由国家环境保护标准、地方环境保护标准和国家环境保护行业标准三部分组成。我国环境标准体系见图 1-1。

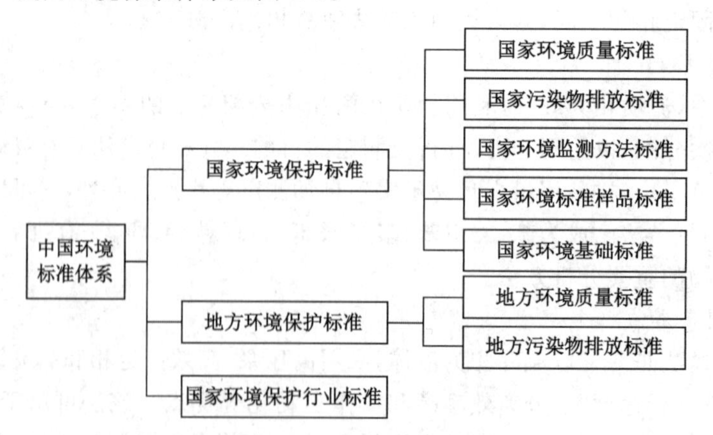

图 1-1　我国环境标准体系

（一）国家环境保护标准

国家环境保护标准主要包括国家环境质量标准、国家污染物排放标准、国家环境监测方法标准、国家环境标准样品标准、国家环境基础标准五类。

1. 国家环境质量标准

国家环境质量标准是指为保护人类健康、维持生态良性平衡和社会物质财富,并在考虑技术经济条件基础上,对环境中有害物质和因素所做的限制性规定。它是国家环境政策目标的具体体现,是衡量环境质量的依据,是制定污染物控制标准的基础。

2. 国家污染物排放标准

国家污染物排放标准是指根据国家环境质量目标,以及现代的污染控制技术、环境特点、经济承受能力,对排入环境的有害物质或有害因素所做的控制规定。它是环境质量标准实现的重要保证,也是对污染排放进行有效控制的重要手段。

3. 国家环境监测方法标准

国家环境监测方法标准是指为保证监测环境质量和污染物排放,规范采样、样品处理、分析测试、数据处理等所做的统一规定,包括对分析方法、测定方法、采样方法、试验方法、检验方法等所做的统一规定。

4. 国家环境标准样品标准

国家环境标准样品标准是指为保证环境监测数据的准确、可靠,对用于量值传递或质量控制的材料、实物样品所制定的标准样品,如水质 COD 标准样品等。它可用来评价分析仪器,鉴别其精准度及灵敏度,验证分析方法,评价分析操作人员技术的规范化。

5. 国家环境基础标准

国家环境基础标准是指为保证环境保护的正常开展,对统一技术术语、符号、代号(代码)、图形指南、导则及信息编码等所制定的标准,如《环境污染类别代码》。

除上述环境标准外,在环境保护工作中还有其他一些标准,如国家环保仪器、设备标准等,它是为了保证污染治理设备的效率和环境监测数据的可靠性和可比性,对环保仪器、设备的技术要求所做的规定。

(二) 地方环境保护标准

我国地域辽阔,环境自然条件、经济条件、产业结构等不尽相同,造成各地区的主要污染状况差异性较大,国家环境保护标准很难有效覆盖和适应各地情况,因此,制定地方环境保护标准是对国家环境保护标准的有效补充和完善。地方环境保护标准包括地方环境质量标准和地方污染物排放标准。由于地域差别较大,省市制定地方污染物排放标准应符合以下两点:① 地方标准通常增加国家标准中未做规定的污染物项目;② 地方标准制定"严于"国家排放标准中的污染物浓度限值。

所以,当国家标准与地方标准同时存在时,优先执行地方环境保护标准。例如《污水综合排放标准》(DB21/T 1627—2008)中 COD、BOD 的排放标准要比国家标准严格。

(三) 国家环境保护行业标准

污染物排放标准分为综合排放标准和行业排放标准。由于各行业的生产技术、原材料及产品不同,排放污染物的种类、强度、方式差别很大,例如,冶炼行业生产废水中以重金属污染为主,有机化工厂生产废水中以有机污染物为主。因此,针对不同行业生产工艺,产污、排污状况和污染控制技术评估、污染控制成本分析等情况,制定与行业相适应的行业排放标准。

行业排放标准是根据行业的污染情况制定的,它更具有可操作性。而综合排放标准适用于没有行业排放标准的所有领域。

随着我国各类标准的不断建立、补充和完善,可能出现地方排放标准、行业排放标准等各类标准内容交叉、重叠等现象,执行的依据是“从严”。

三、制定环境标准的原则

环境标准体现国家技术经济政策。它的制定要充分体现科学性和现实性相统一,才能既保护环境质量的良好状况,又促进国家经济技术的发展。

(一) 要有充分的科学依据

标准中指标值的确定要以科学研究的结果为依据,如环境质量标准,要以环境质量基准为基础。所谓环境质量基准,是指经科学试验确定的污染物(或因素)不对人或生物产生不良或有害影响的最大剂量或浓度。例如,SO_2 年平均浓度超过 0.115 mg/m^3 时,对人类会产生不良或有害影响。

(二) 既要技术先进,又要经济合理

污染控制标准制定的焦点是如何正确处理技术先进和经济合理之间的矛盾,标准要定在最佳实用点上。这里有“最佳实用技术法”(简称 BPT 法)和“最佳可行技术法”(简称 BAT 法)两种。BPT 法是指工艺和技术可靠,从经济条件上国内能够普及的技术。BAT 法是指技术上证明可靠、经济上合理,但属于代表工艺改革和污染治理方向的技术。

环境污染从根本上讲是资源、能源的浪费,因此标准应促使工矿企业技术改造,采用少污染、无污染的先进工艺。清洁生产是现在提倡的生产方式和未来发展的方向。

(三) 标准要与有关法律、规范、制度协调配套

环境标准是环境法规体系中的重要组成部分,必须建立在现有相关法律的基础上。同时,各类标准的颁布应该相互协调,以便更好地贯彻执行。

(四) 积极采用或等效采用国际标准

一个国家的标准反映了该国的技术、经济和管理水平。积极采用或等效采用国际标准是我国的重要技术经济政策,也是技术引进的重要部分。这有助于了解当前国际先进技术水平和发展趋势,对我国的环境保护和经济发展起到推进作用。

四、水质标准

水是人类的重要资源及一切生物生存的前提,保护水资源、控制水污染是环境保护的主要内容之一。为此,我国已颁布多部水环境质量标准和污染物排放标准,这些标准通常根据经济及处理技术的发展几年修订一次,新标准出台,老标准自然失效。目前我国颁布的主要水环境质量标准和排放标准详见表 1-3。

表 1-3 现行水环境质量标准和排放标准(部分)

	标准名称	标准号
水环境质量标准	《地表水环境质量标准》	GB 3838—2002
	《地下水质量标准》	GB/T 14848—2017
	《海水水质标准》	GB 3097—1997
	《生活饮用水卫生标准》	GB 5749—2022
	《农田灌溉水质标准》	GB 5084—2021

表 1-3(续)

	标准名称	标准号
污染物排放标准	《城镇污水处理厂污染物排放标准》	GB 18918—2002
	《医疗机构水污染物排放标准》	GB 18466—2005
	《制浆造纸工业水污染物排放标准》	GB 3544—2008
	《石油炼制工业污染物排放标准》	GB 31570—2015
	《纺织染整工业水污染物排放标准》	GB 4287—2012
	《啤酒工业污染物排放标准》	GB 19821—2005
	《电子工业水污染物排放标准》	GB 39731—2020

(一)《地表水环境质量标准》(GB 3838—2002)

该标准适用于全国领域内江河、湖泊、运河、渠道、水库等具有使用功能的地表水水域。有特定功能的水域,执行相应的专业用水水质标准。其目的是保障人体健康、维护生态平衡、保护水资源、控制水污染以及提高地表水质量和促进生产。依据地表水水域环境功能和保护目标,按功能高低依次划分为五类:

Ⅰ类 主要适用于源头水、国家自然保护区。

Ⅱ类 主要适用于集中式生活饮用水地表水源地一级保护区、珍稀水生生物栖息地、鱼虾类产卵场、仔稚幼鱼的索饵场等。

Ⅲ类 主要适用于集中式生活饮用水地表水源地二级保护区、鱼虾类越冬场、洄游通道、水产养殖区等渔业水域及游泳区。

Ⅳ类 主要适用于一般工业用水区及人体非直接接触的娱乐用水区。

Ⅴ类 主要适用于农业用水区及一般景观要求水域。

对应地表水上述五类水域功能,将地表水环境质量标准基本项目标准值分为五类,不同功能类别分别执行相应类别的标准值。水域功能类别高的标准值严于水域功能类别低的标准值。同一水域兼有多类使用功能的,执行最高功能类别对应的标准值。

《地表水环境质量标准》中的基本项目标准限值见表 1-4。

表 1-4 《地表水环境质量标准》中的基本项目标准限值 单位:mg/L

序号	项 目		分类				
			Ⅰ	Ⅱ	Ⅲ	Ⅳ	Ⅴ
1	水温/℃		认为造成的环境水温变化应限制在: 周平均最大温升≤1 周平均最大温降≤2				
2	pH(量纲为 1)		6~9				
3	溶解氧	≥	饱和率 90% (或 7.5)	6	5	3	2
4	高锰酸盐指数	≤	2	4	6	10	15
5	化学需氧量(COD)	≤	15	15	20	30	40

表 1-4(续)

序号	项　目		分　类				
			Ⅰ	Ⅱ	Ⅲ	Ⅳ	Ⅴ
6	五日生化需氧量(BOD_5)	≤	3	3	4	6	10
7	氨氮(NH_4^+-N)	≤	0.15	0.5	1.0	1.5	2.0
8	总磷(以 P 计)	≤	0.02 (湖、库 0.01)	0.1 (湖、库 0.025)	0.2 (湖、库 0.05)	0.3 (湖、库 0.1)	0.4 (湖、库 0.1)
9	总氮(湖、库,以 N 计)	≤	0.2	0.5	1.0	1.5	2.0
10	铜	≤	0.01	1.0	1.0	1.0	1.0
11	锌	≤	0.05	1.0	1.0	2.0	2.0
12	氟化物(以 F^- 计)	≤	1.0	1.0	1.0	1.5	1.5
13	硒	≤	0.01	0.01	0.01	0.02	0.02
14	砷	≤	0.05	0.05	0.05	0.1	0.1
15	汞	≤	0.000 05	0.000 05	0.000 1	0.001	0.001
16	镉	≤	0.001	0.005	0.005	0.005	0.01
17	六价铬	≤	0.01	0.05	0.05	0.05	0.1
18	铅	≤	0.01	0.01	0.05	0.05	0.1
19	氰化物	≤	0.005	0.05	0.2	0.2	0.2
20	挥发酚	≤	0.002	0.002	0.005	0.01	0.1
21	石油类	≤	0.05	0.05	0.05	0.5	1.0
22	阴离子表面活性剂	≤	0.2	0.2	0.2	0.3	0.3
23	硫化物	≤	0.05	0.1	0.2	0.5	1.0
24	粪大肠菌群/(个/L)	≤	200	2 000	10 000	20 000	40 000

(二)《城镇污水处理厂污染物排放标准》(GB 18918—2002)

为贯彻《中华人民共和国环境保护法》《中华人民共和国水污染防治法》等相关法律,促进城镇污水处理厂的建设和管理,加强城镇污水处理厂污染物的排放控制和污水资源化利用,保障人体健康,维护良好的生态环境,结合我国《城市污水处理及污染防治技术政策》,制定本标准。本标准分年限规定了城镇污水处理厂出水、废气和污泥中污染物的控制项目和标准值。

根据城镇污水处理厂排入地表水域环境功能和保护目标,以及污水处理厂的处理工艺,将基本控制项目的常规污染物标准值分为一级标准、二级标准、三级标准。一级标准分为 A 标准和 B 标准。一类重金属污染物和选择控制项目不分级。

(1) 一级标准的 A 标准是城镇污水处理厂出水作为回用水的基本要求。当污水处理厂出水引入稀释能力较小的河湖作为城镇景观用水和一般回用水时,执行一级标准的 A 标准。

(2) 当城镇污水处理厂出水排入国家和省确定的重点流域及湖泊、水库等封闭、半封闭水域时,执行一级标准的 A 标准,排入 GB 3838 地表水Ⅲ类功能水域(划定的饮用水源保护区和游泳区除外)、GB 3097 海水二类功能水域时,执行一级标准的 B 标准。

(3) 当城镇污水处理厂出水排入 GB 3838 地表水Ⅳ、Ⅴ类功能水域或 GB 3097 海水三、四类功能海域时,执行二级标准。

(4) 非重点控制流域和非水源保护区的建制镇的污水处理厂,根据当地经济条件和水污染控制要求,采用一级强化处理工艺时,执行三级标准。但必须预留二级处理设施的位置,分期达到二级标准。

城镇污水处理厂水污染物排放基本控制项目见表 1-5、表 1-6。

表 1-5 基本控制项目最高允许排放浓度(日均值)

序号	基本控制项目		一级标准		二级标准	三级标准
			A 标准	B 标准		
1	化学需氧量(COD)/(mg/L)		50	60	100	120
2	生化需氧量(BOD_5)/(mg/L)		10	20	30	60
3	悬浮物(SS)/(mg/L)		10	20	30	50
4	动植物油/(mg/L)		1	3	5	20
5	石油类/(mg/L)		1	3	5	15
6	阴离子表面活性剂/(mg/L)		0.5	1	2	5
7	总氮(以 N 计)/(mg/L)		15	20	—	—
8	氨氮(以 N 计)/(mg/L)		5(8)	8(15)	25(30)	—
9	总磷(以 P 计)/(mg/L)	2005 年 12 月 31 日前建设的	1	1.5	3	5
		2006 年 1 月 1 日起建设的	0.5	1	3	5
10	色度(稀释倍数)		30	30	40	50
11	pH 值		6～9			
12	粪大肠菌群数/(个/L)		103	104	104	—

注:(1) 下列情况下按去除率指标执行:当进水 COD 大于 350 mg/L 时,去除率应大于 60%;BOD_5 大于 160 mg/L 时,去除率应大于 50%。

(2) 括号外数值为水温>12 ℃时的控制指标,括号内数值为水温≤12 ℃时的控制指标。

表 1-6 部分一类污染物最高允许排放浓度(日均值) 单位:mg/L

序号	项目	标准值
1	总汞	0.01
2	烷基汞	不得检出
3	总镉	0.01
4	总铬	0.1
5	六价铬	0.05
6	总砷	0.1
7	总铅	0.1

五、空气和废气标准

我国已颁布的多部环境空气质量标准和污染物排放标准，具体详见表1-7。

表1-7 现行空气环境质量标准和污染物排放标准(部分)

	标准名称	标准号
空气质量标准	《环境空气质量标准》	GB 3095—2012
	《室内空气质量标准》	GB/T 18883—2022
	《乘用车内空气质量评价指南》	GB/T 27630—2011
污染物排放标准	《锅炉大气污染物排放标准》	GB 13271—2014
	《水泥工业大气污染物排放标准》	GB 4915—2013
	《轻型汽车污染物排放限值及测量方法(中国第六阶段)》	GB 18352.6—2016

(一)《环境空气质量标准》(GB 3095—2012)

《环境空气质量标准》的制定目的是控制和提高空气质量，为人民生活和生产创造清洁适宜的环境，防止生态破坏，保护人民健康，促进经济发展。

环境空气功能区分为两类：一类区为自然保护区、风景名胜区和其他需要特殊保护的区域；二类区为居住区、商业交通居民混合区、文化区、工业区和农村地区。

标准的浓度限值分为两级：一类区适用一级浓度限值，二类区适用二级浓度限值。标准将环境空气污染物分为基本项目和其他项目两类，基本项目在全国范围内实施，其他项目由环境保护行政主管部门根据实际情况，确定具体实施方式。一、二类环境空气功能区基本项目浓度限值见表1-8，其他项目浓度限值见表1-9。

表1-8 环境空气污染物基本项目浓度限值

序号	污染物项目	平均时间	浓度限值		单位
			一级	二级	
1	二氧化硫(SO_2)	年平均	20	60	μg/m³
		24 h平均	50	150	
		1 h平均	150	500	
2	二氧化氮(NO_2)	年平均	40	40	
		24 h平均	80	80	
		1 h平均	200	200	
3	一氧化碳(CO)	24 h平均	4	4	mg/m³
		1 h平均	10	10	
4	臭氧(O_3)	日最大8 h平均	100	160	μg/m³
		1 h平均	160	200	
5	颗粒物(粒径≤10 μm)	年平均	40	70	
		24 h平均	50	150	

表 1-8(续)

序号	污染物项目	平均时间	浓度限值		单位
			一级	二级	
6	颗粒物(粒径≤2.5 μm)	年平均	15	35	μg/m^3
		24 h 平均	35	75	

表 1-9　其他项目浓度限值

序号	污染物项目	平均时间	浓度限值		单位
			一级	二级	
1	总悬浮颗粒物(TSP)	年平均	80	200	μg/m^3
		24 h 平均	120	300	
2	氮氧化物(NO_x)	年平均	50	50	
		24 h 平均	100	100	
		1 h 平均	250	250	
3	铅(Pb)	年平均	0.5	0.5	
		季平均	1	1	
4	苯并[a]芘	年平均	0.001	0.001	
		24 h 平均	0.002 5	0.002 5	

(二)《锅炉大气污染物排放标准》(GB 13271—2014)

为加强对大气污染防治，提升企业生产技术，促进锅炉生产、运行和污染治理技术的进步，制定《锅炉大气污染物排放标准》(GB 13271—2014)。本标准规定了锅炉大气污染物浓度排放限值、监测和监控要求，详见表 1-10、表 1-11。本标准已经是第三次修订。

表 1-10　在用锅炉大气污染物排放浓度限值

污染物项目	限值			污染物排放监控位置
	燃煤锅炉	燃油锅炉	燃气锅炉	
颗粒物/(mg/m^3)	80	60	30	烟囱或烟道
二氧化硫/(mg/m^3)	400 550(1)	300	100	
氮氧化物/(mg/m^3)	400	400	400	
汞及其化合物/(mg/m^3)	0.05		—	
烟气黑度(林格曼黑度,级)	≤1			烟囱排放口

表 1-11　新建锅炉大气污染物排放浓度限值

污染物项目	限值			污染物排放监控位置
	燃煤锅炉	燃油锅炉	燃气锅炉	
颗粒物/(mg/m³)	50	30	20	烟囱或烟道
二氧化硫/(mg/m³)	300	200	50	
氮氧化物/(mg/m³)	300	250	200	
汞及其化合物/(mg/m³)	0.05	—	—	
烟气黑度(林格曼黑度,级)	≤1			烟囱排放口

六、土壤环境质量与固体废物控制标准

为贯彻落实《环境保护法》,加强建设用地土壤环境监管,管控污染地块对人体健康的风险,保障人居环境安全,制定《土壤环境质量 建设用地土壤污染风险管控标准(执行)》(GB 36600—2018)。

为了保护农用地土壤环境,管控农用地土壤污染风险,保障农产品质量安全、农作物正常生长和土壤生态环境,制定《土壤环境质量 农用地土壤污染风险管控标准》(GB 15618—2018)、《食用农产品产地环境质量评价标准》(HJ/T 332—2006)、《温室蔬菜产地环境质量评价标准》(HJ/T 333—2006)等标准。

为了贯彻《固体废物污染环境防治法》,防止固体废物对土壤、地表水和地下水的污染,加强固体废物尤其危险固体废物的环境监督管理,规范固体废物的清理、贮存、运输以及处理处置过程,制定了《含多氯联苯废物污染控制标准》(GB 13015—2017)、《危险废物填埋污染控制标准》(GB 18598—2019)、《生活垃圾焚烧污染控制标准》(GB 18485—2014)等系列标准。

思　考　题

1. 简述环境监测的定义、目的和分类。
2. 环境监测的特点有哪些?
3. 什么是环境优先监测?什么是环境优先监测污染物?
4. 简述我国环境标准的分类和分级。地方污染物排放标准由哪一级政府部门制定?什么条件下可以制定地方污染物排放标准?
5. 为什么制定很多行业标准?
6. 简述环境监测发展历程及未来发展方向。

知识拓展阅读

拓展 1:阅读《"十四五"生态环境监测规划》。

拓展 2:阅读世界著名八大污染事件。

拓展 3:阅读 2007 年颁布的《环境监测管理办法》(39 号令)。

拓展 4:阅读 863 计划资源环境技术领域"优控污染物监测技术研究"项目。

第二章　水和废水监测

本章知识要点

本章重点介绍河流监测方案的制订内容与方法；河流监测断面布设和采样点的确定；样品采集、保存和预处理方法；水质物理指标测定方法；水体中无机污染物、有机污染物和金属化合物的主要测定方法。

第一节　水质污染与监测

一、水资源与水污染

水是人类及一切生物赖以生存的必不可少的重要物质，是工农业生产、经济发展和环境改善不可替代的极为宝贵的自然资源。地球上的水资源，是指人类可以控制并直接可供灌溉、发电、给水、航运、养殖等用途的地表水和地下水，以及江河、湖泊、井、泉、潮汐、港湾和养殖水域等。据估计，地球上存在的总水量大约为 1.37×10^{9} km^3，其中海水约占 97.4%，淡水约占 2.6%。

我国是一个水资源短缺的国家，拥有的淡水资源总量为2.8万亿 m^3，其中地表水 2.7 万亿 m^3，地下水 0.1 万亿 m^3。我国人均水资源不足 2 200 m^3，为世界人均水资源的 1/4。

目前，随着社会经济的迅猛发展，人类的生产和生活活动日益加剧，大量工业废水、生活污水、农业回流水及其他废弃的未经处理废水直接排入天然水体，在一定程度上造成地表水和地下水的污染，引起水质恶化，出现“水质型”缺水，使水源显得更加紧张，因此，保护水资源不受污染尤为重要。

水体污染是指人类活动排放的污染物进入水体，其数量超过了水体的自净能力，使水和水体水质的理化特性和水环境中生物的特性、组成等发生改变，从而影响水的使用价值，造成水质恶化，乃至危害人体健康或破坏生态环境的现象。

依据污染物质性质，水质污染可分为化学型污染、物理型污染、生物型污染三种主要类型。

化学型污染是指随废水及其他废弃物排入无机化合物和有机化合物造成的污染，例如排入水体的酸、碱、重金属化合物等。

物理型污染是指水的外观指标发生改变，包括色度、浊度和温度的改变，是由悬浮固体、热废水及放射性物质等物理因素引起的水体污染。

生物型污染是指未经过处理的生活污水、医院污水等排入人体中，随之带入某些病原微生物引起的污染。

二、水质监测的对象和目的

水质监测可分为环境水体监测和水污染源监测。环境水体包括地表水（江、河、湖、库、海水）和地下水；水污染源包括生活污水、医院污水及各种废水。

水质监测的目的主要是对进入水体中的污染物质进行经常性的监测，以掌握水质现状及发展趋势；对排放源排放各类废水进行监视性监测，为污染源管理和排污收费提供依据；对水环境污染事故进行应急监测，为分析判断事故原因、危害、污染范围及采取对策提供依据；为国家政府部门制定环境保护法规、标准和规划，全面展开环境保护管理工作提供有关数据和资料。

三、水质监测项目

水质监测项目是根据监测目的，选择国家和地方地表水环境质量标准中要求控制的监测项目；选择对人和生物危害大、对地表水环境影响范围广的监测项目；各地区可根据本地区污染源特征和水环境保护功能，以及本地区经济、监测条件和技术水平适当增加监测项目。

下面重点介绍我国地表水、地下水、生活饮用水和废水的监测项目。

（一）地面水监测项目

1. 江、河、湖、渠、库

在《地表水环境质量标准》（GB 3838—2002）和《地表水环境质量监测技术规范》（HJ 91.2—2022）中，为了满足地表水各类功能的要求，将监测项目分为基本项目、集中式生活饮用水地表水源地补充项目、集中式生活饮用水地表水源地特定项目。具体项目详见表 2-1。

表 2-1　地表水环境质量监测项目

基本项目（24 项）	集中式生活饮用水地表水源地补充项目（5 项）	集中式生活饮用水地表水源地特定项目（80 项）
水温、pH 值、溶解氧、高锰酸盐指数、化学需氧量、五日生化需氧量、氨氮、总氮（以 N 计）、总磷（以 P 计）、铜、锌、硒、砷、汞、镉、铅、六价铬、氟化物、氰化物、硫化物、挥发酚、石油类、阴离子表面活性剂、粪大肠菌群	硫酸盐（以 SO_4^{2-} 计） 氯化物（以 Cl^- 计） 硝酸盐（以 N 计） 铁 锰	三氯甲烷、四氯化碳、三溴甲烷、二氯甲烷、1,2-二氯乙烷、环氧氯丙烷、氯乙烯、1,1-二氯乙烯、1,2-二氯乙烯、三氯乙烯、四氯乙烯、氯丁二烯、六氯丁二烯、甲醛、乙醛、丙烯醛、三氯乙醛、苯、甲苯、乙苯、二甲苯、异丙苯等 80 项

2. 海水监测项目

在《海水水质标准》（GB 3097—1997）中，按照海域的不同使用功能和保护目标，海水的监测项目共计 35 项，主要包括漂浮物、悬浮物、色臭味、水温、pH 值、溶解氧、化学需氧量、五日生化需氧量、汞、镉、铅、六价铬、总铬、铜、锌、硒、砷、镍、氰化物、硫化物、活性磷酸盐、无机氮、非离子态氨、挥发酚、石油类、六六六、滴滴涕、马拉硫磷、甲基对硫磷、苯并[a]芘、阴离子表面活性剂、大肠菌群、粪大肠菌群、病原体、放射性核素(^{60}Co、^{90}Sr、^{106}Rn、^{134}Cs、^{137}Cs)。

(二)地下水监测项目

《地下水质量标准》(GB/T 14848—2017)中地下水质量指标分为常规指标和非常规指标,其中常规指标39项,非常规指标54项。具体指标详见表2-2。

表2-2　地下水质量指标项目

常规指标				非常规指标(54项)
感官性状及一般化学指标(20项)	毒理学指标(15项)	微生物指标(2项)	放射性指标(2项)	
色度、臭和味、浑浊度、氯化物、硫酸盐、铁、锰、铜、锌、铝、挥发性酚类、阴离子表面活性剂、耗氧量、氨氮、硫化物、钠等	亚硝酸盐、氯化物、氟化物、碘化物、硝酸盐、汞、砷、硒、镉、铬、铅、三氯甲烷、四氯化碳、苯、甲苯	总大肠菌群 菌群总数	总α放射性 总β放射性	铍、硼、锑、钡、镍、钼、银、铊、二氯甲烷、1,2-二氯乙烷、1,1,1-三氯丙烷、1,2-二氯丙烷、三溴甲烷、氯乙烯、1,1-二氯乙烯、1,2-二氯乙烯、三氯乙烯、四氯乙烯、氯苯、邻二氯苯、对二氯苯、三氯苯、乙苯、二甲苯、苯乙烯、2,4-二硝基甲苯、2,6-二硝基甲苯、萘、蒽、荧蒽、苯并[b]荧蒽、苯并[b]芘、多氯联苯、γ-六六六、滴滴涕、六氯苯、七氯、2,4-滴、克百威等

(三)生活饮用水监测项目

2022年3月1日我国颁布了《生活饮用水卫生标准》(GB 5749—2022),并于2023年4月1日实施。标准中规定生活饮用水水质应符合下列基本要求,保证用户饮用安全:生活饮用水中不应含有病原微生物;生活饮用水中化学物质不应危害人体健康;生活饮用水中放射性物质不应危害人体健康;生活饮用水的感官性状良好;生活饮用水应经消毒处理。

生活饮用水水质监测指标97项,常规指标43项,扩展指标54项。具体指标详见表2-3。

表2-3　生活饮用水水质监测指标项目

常规指标(43项)	微生物指标(3项)	总大肠菌群、菌群总数、大肠埃希氏菌
	毒理指标(18项)	砷、镉、铬(六价)、铅、汞、氰化物、氟化物、硝酸盐、三氯甲烷、一氯二溴甲烷、二氯一溴甲烷、三溴甲烷、三卤甲烷、二氯乙酸、三氯乙酸、溴酸盐、亚氯酸盐、氯酸盐
	感官性状及一般化学指标(16项)	色度、臭和味、浑浊度、肉眼可见物、pH值、铝、铁、锰、铜、锌、硫酸盐、氯化物、溶解性总固体、总硬度、高锰酸盐指数、氮(以N计)
	放射性指标(2项)	总α放射性、总β放射性
	饮用水消毒剂指标(4项)	游离氯、总氯、臭氧、二氧化氯

表 2-3(续)

扩展指标(54 项)	微生物指标(2 项)	贾第鞭毛虫、隐孢子虫
	毒理指标(47 项)	锑、钡、铍、硼、钼、镍、银、铊、硒、高氯酸盐、二氯甲烷、1,2-二氯乙烷、四氯化碳、氯乙烯、四氯乙烯、六氯丁二烯、苯并[a]芘、苯、甲苯、二甲苯、苯乙烯、氯苯、1,4-二氯苯、三氯苯、六氯苯、七氯苯、马拉硫磷、乐果、灭草松、百菌清、呋喃丹、毒死蜱、草甘膦、敌敌畏、莠去津、溴氰菊酯、2,4-滴、乙草胺、五氯酚、2,4,6-三氯酚、邻苯二甲酸二(2-乙基己基)酯等
	感官性状及一般化学指标(5 项)	挥发酚类、阴离子合成洗涤剂、2-甲基异莰醇、土溴素、钠等

(四) 废水监测项目

由于不同行业生产过程中产生含有不同污染物的生产废水,我国颁布了《污水综合排放标准》(GB 8978—1996)、《电子工业水污染物排放标准》(GB 39731—2020)、《船舶水污染物排放控制标准》(GB 3552—2018)等许多污水排放标准,每个标准所规定的监测指标略有不同。下面只介绍《污水综合排放标准》(GB 8978—1996)所规定的监测指标。该标准按照污水排放去向,分年限规定了 69 种水体中污染物最高允许排放浓度及部分行业最高允许排放量。

本标准将排放的污染物按其性质及控制方式分为两类。

第一类污染物:是指在环境或动植物体内能蓄积,对人类健康产生长远不良影响的污染物。不分行业和污水排放方式,也不分受纳水体的功能类别,一律在车间或车间处理设施排放口采样,其最高允许排放浓度必须达到本标准要求。

第二类污染物:是指毒性、影响小于第一类的污染物。在排污单位排放口采样,其最高允许排放浓度必须达到本标准要求。具体监测指标详见表 2-4。

表 2-4 污水综合排放标准监测指标

第一类污染物监测项目(13 项)	第二类污染物监测项目(26 项)
总汞、烷基汞、总镉、总铬、六价铬、总砷、总铅、总镍、苯并[a]芘、总铍、总银、总 α 放射性、总 β 放射性。	pH 值、色度、悬浮物、生化需氧量、化学需氧量、石油类、动植物油、挥发性酚、总氰化物、硫化物、氨氮、氟化物、磷酸盐、甲醛、苯胺类、硝基苯类、阴离子表面活性剂、总铜、总锌、总锰、彩色显影剂、显影剂及氧化物总量、元素磷、有机磷农药、粪大肠菌群数、总余氯(采用氯化消毒的医院污水)

为了保障人体健康,维护生态平衡,尤其为了更好地保护水环境,控制水体污染,维持江河、湖泊、运河、渠道、水库和海洋等地面水以及地下水水质的良好状态,我国相继颁布了水环境质量标准、水污染排放标准等一系列标准,在环境监测中,先根据监测对象和监测目的选择监测标准,再确定监测项目。

四、水质监测分析方法

正确选择监测分析方法是获得准确结果的关键因素之一。为使监测数据具有可比性,生态环境部在大量实践基础上,对各类水体中的不同污染物编制相应的分析方法,监测方法的选择原则,有国家标准方法的,一律采用国家标准方法。如没有国家标准方法,可以参考其他国家的分析方法。水质监测常用的分析方法详见表 2-5。

表 2-5　水质监测常用的分析方法

方法名称	监　测　项　目
重量法	悬浮物、可滤残渣、矿化度、油类、硫酸根、Ca^{2+}等
容量法	酸度、碱度、溶解氧、总硬度、Ca^{2+}、Mg^{2+}、NH_4^+-N、Cl^-、F^-、CN^-、SO_4^{2-}、S^{2-}、Cl_2、COD、BOD、高锰酸盐指数、挥发酚、挥发酸等
分光光度法	Ag、Al、As、Be、Bi、Ba、Cd、Co、Cr、Cu、Hg、Fe、Mn、Ni、Pb、Sb、Se、Th、U、Zn、NH_4^+-N、NO_2^--N、NO_3^--N、凯氏氮、PO_4^{3-}、Cl^-、F^-、SO_4^{2-}、BO_3^{3-}、SiO_3^{2-}、Cl_2、挥发酚、甲醛、三氯乙醛、苯胺类、硝基苯类、阴离子表面活性剂等
荧光光谱法	Hg、As、Se、Be、油类、苯并[a]芘等
原子吸收光谱法	Ag、Al、Ba、Be、Bi、Ca、Cd、Co、Cr、Cu、Fe、Hg、K、Mg、Mn、Na、Ni、Pb、Sb、Se、Sn、Te、Zn 等
氢化物及冷原子吸收光谱法	As、Sb、Bi、Ge、Sn、Pb、Se、Te、Hg 等
原子荧光法	As、Sb、Bi、Se、Hg 等
电极法	pH、DO、Cl^-、F^-、CN^-、S^{2-}、NO_3^-、K^+、Na^+、NH_3 等
离子色谱法	Cl^-、F^-、Br^-、NO_2^-、NO_3^-、SO_4^{2-}、SO_3^{2-}、$H_2PO_4^-$、K^+、Na^+、NH_4^+ 等
气相色谱法	苯系物、挥发性卤代烃、氯苯类、BHC、DDT、有机磷农药、三氯乙醛等
高效液相色谱法	多环芳烃类、氯酚类、苯并[a]芘、邻苯二甲酸二酯类等
ICP-AES	K、Mg、Mn、Na、Ca、Zn、Pb、Cd、Co、Fe、Cr 等
气相分子吸收光谱法	NO_2^-、NO_3^-、氨氮、凯氏氮、总氮、S^{2-}
气相色谱-质谱法	挥发性有机化合物、苯系物、二氯酚和五氯酚、有机氯农药、多环芳烃、多氯联苯等

第二节　水质监测方案的制订

水质监测方案是完成水质监测任务的总体构思和设计。在明确监测目的和实地考察调研的基础上，确定水质监测项目，优化布设监测采样点，合理安排采样时间和采样频次，选定采样方法和标准分析方法，明确监测要求，制订水质监测质量保证措施及实施细则等。

一、地面水质监测方案的制订

生态环境部 2022 年 8 月颁布了《地表水环境质量监测技术规范》(HJ 91.2—2022)，该标准规定了地表水环境质量监测的布点与采样、监测项目与分析方法、监测数据处理、质量保证与质量控制、原始记录等内容。

(一) 基础资料的收集与实地调研

在制订监测方案之前，应尽可能完备地收集与监测水体及所在区域有关的资料，包括城市规划、环境保护、工业布局、水利资源利用、气象等相关资料，并对实地进行考察。

(1) 水体的水文、气候、地质和地貌资料。例如水位、水量、流速及流向的变化，降水量、蒸发量，河流的宽度、深度、河床结构及地质状况，湖泊沉积物的特性、间温层分布、等深线等。

(2) 水体沿岸城市分布、人口分布、工业布局、污染源及其排污情况，城市排水及农田灌溉排水情况，化肥和农药施用种类和用量等情况。

(3) 水体沿岸的资源现状和水资源的用途，饮用水源分布和重点水源保护区，水体流域土地功能及近期使用计划等。

(4) 收集监测水域历年的水质监测资料。

（二）河流、湖泊监测断面和采样点的设置

1. 河流监测断面的布设原则

根据《地表水环境质量监测技术规范》(HJ 91.2—2022)要求，布设监测断面需要遵循以下原则：

(1) 监测断面的布设在宏观上能反映流域（水系）或所在区域的水环境质量状况和污染特征；布设应避开死水区、回水区、排污口处，尽量设置在顺直河段上，选择河床稳定、水流平稳、水面宽阔且方便采样处。

(2) 监测断面布设在采样活动方便的地方，尽量利用现有的桥梁和其他人工构筑物，要具有相对的长远性。布设后应在地图上标明准确位置，在岸边设置固定标志。

(3) 监测断面的布设最好与水文测流断面重叠，以便利用其水文参数，实现水质监测与水量监测的结合。

(4) 监测断面的设置数量应考虑人类活动影响，通过优化以最少的监测断面、垂线和监测点位获取具有充分代表性的监测数据，有助于了解污染物时空分布和变化规律。

2. 河流监测断面的布设

为评价整体流域或整条河流水系的水质质量，需要布设背景断面、控制断面、消减断面和对照断面。具体设置见图 2-1。

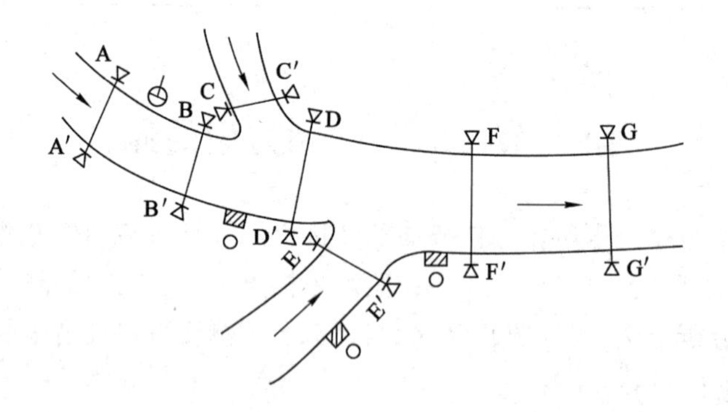

图 2-1　河流监测断面设置示意图

(1) 背景断面

背景断面是为了取得水系和河流的背景监测值而设置的。该断面原则上设置在水系源头，未受或很少受人类活动影响，远离城市居民区、工业区、农药化肥施用区及主要交通路线。

(2) 对照断面

对照断面是为了解监测水体在大型污染源汇入之前的水质状况而设置的（图 2-1A—A′断面）。该断面应设置在河流流经本区域大型污染源之前，避开废水、污水流入或回流处。

一个河段一般只设一个对照断面，有主要支流时可酌情增加。

(3) 控制断面

控制断面是为评价、监测河段两岸污染源对水体水质影响而设置的(图 2-1B—B′、C—C′、D—D′、E—E′、F—F′断面)。该断面设置在排污区(口)下游、污水与地表水基本混匀处。控制断面的数量、控制断面与排污区(口)的距离可根据以下因素决定：主要污染区数量及间距、各污染源实际情况、主要污染物迁移转化规律和其他水文特征等。如果某河段的各控制断面均有至少 5 年的监测资料，可根据现有资料优化断面，确定控制断面的位置和数量。

(4) 消减断面

消减断面是指工业废水或生活污水在水体内流经一定距离而达到最大程度混合，污染物受到稀释、降解和自净作用，其主要污染物浓度明显降低的断面(图 2-1G—G′断面)。

3. 湖泊、水库监测垂线(或断面)的设置

湖泊和水库通常只设置监测垂线，如有特殊情况可参照河流的有关规定设置监测断面。

(1) 湖泊和水库的不同水域，如进水区、出水区、深水区、浅水区、湖心区、岸边区等，按水体类别设置监测垂线；

(2) 湖泊和水库若无明显功能区别，可用网格法均匀设置监测垂线；

(3) 受污染物影响较大的重要湖泊和水库，应在污染物主要迁移途径上设置控制断面。

4. 采样点位的设置

地表水监测断面确定后，根据各水面的宽度合理布设监测断面上采样垂线，再根据此处的水深确定采样点的位置和数量。具体详细情况见表 2-6、表 2-7、表 2-8。

表 2-6　江河、渠道采样垂线数的设置

水面宽度(b)	垂线数
$b \leqslant 50$ m	一条(中泓线)
50 m$<b\leqslant$100 m	二条(左、右岸有明显水流出)
$b>100$ m	三条(左、中、右)

注：(1) 垂线布设应避开污染带，监测污染带应另加垂线。

(2) 确能证明断面水质均匀时，可仅在中泓线设置垂线。

(3) 凡在该断面要计算污染物通量时，应按本表设置垂线。

表 2-7　江河、渠道采样垂线上采样点的设置①

水深(h)	采样点数
$h\leqslant 5$ m	上层②一点
5 m$<h\leqslant$10 m	上层、下层③两点
$h>10$ m	上层、中层④、下层三点

注：① 凡在该断面要计算污染物通量时，应按本表设置垂线。

② 水面下或冰下 0.5 m 处。水深不到 0.5 m 时，在 1/2 水深处。

③ 河底以上 0.5 m 处。

④ 1/2 水深处。

表 2-8　湖泊、水库监测垂线采样点的设置

水深(h)	采样点数
$h \leqslant 5$ m	一点(水面下 0.5 m 处,水深不足 1 m 时,在 1/2 水深处设置采样点)
5 m$<h \leqslant 10$ m	二点(水面下 0.5 m,水底上 0.5 m)
$h>10$ m	三点(水面下 0.5 m,中层 1/2 水深处,水底上 0.5 m)

注:(1) 根据监测目的,如需要确定变温层(温度垂直分布梯度≥0.2 ℃/m 的区间),可从水面向下每隔 0.5 m 测定并记录水温、溶解氧和 pH 值,计算水温垂直分布梯度。

(2) 湖泊、水库有温度分层现象时,可在变温层增加采样点。

(3) 有充分数据证实垂线上水质均匀时,可酌情减少采样点。

(4) 受客观条件所限,无法实现底层采样的深水湖泊、水库,可酌情减少采样点。

(三) 采样时间和采样频次的确定

根据不同的水体功能、水文要素、污染源和污染物排放等实际情况,力求以最低的采样频次,获得具有时间代表性的样品,既要满足反映水质状况的要求,又要确保可行性。

地表水环境质量例行监测可按月开展。若月度内断面所处河流因自然原因或人为干扰使其河流特征属性发生较大变化,可开展加密监测。上年度内每月均未检出的指标,可降低采样频次。

背景断面或者上年度内水质稳定为Ⅰ、Ⅱ类的断面,可降低采样频次,如按水文周期或季节进行采样。受潮汐影响的监测断面,可分别采集涨潮和退潮水样并测定。涨潮水样应在水面涨平时采样,退潮水样应在水面退平时采样。仅评价地表水环境质量时,可只采集退潮水样。

二、地下水质监测方案的制订

地下水是指储存在土壤和岩石空隙中的水。地下水是水资源的重要组成部分,由于水量稳定且水质好,因此成为农业灌溉、工矿和城市的重要水源之一。地下水具有流动性缓慢、水质参数相对稳定的特性,因此,地下水在受到污染后很难治理与恢复。

为了保护地下水环境,防止地下水污染,保障人体健康,2021 年 9 月 15 日国务院颁布了《地下水管理条例》。生态环境部 2020 年 12 月颁布了《地下水环境监测技术规范》(HJ 164—2020),规定了地下水环境监测点布设、环境监测井建设与管理、样品采集与保存、监测项目和分析方法、监测数据处理、质量保证和质量控制以及资料整编等方面的要求。

(一) 基础资料收集和实地调查

(1) 汇总监测区域的水文、地质、气象等方面的有关资料和以往的监测资料,如地质图、剖面图、测绘图、水井的参数和地下水质类型、地下水补给、径流和流向以及温度、降水量等。

(2) 调查监测区域内城市发展规划、工业分布、地下水资源开发和土地利用等情况,尤其是地下工程规模、应用等;了解化肥和农药的施用面积和施用量;调查地面水污染现状、污水灌溉等情况。

(3) 根据调研资料,确定主要污染源、主要污染物和监测项目。进行现场实地测量水位、水深,确定监测区域的水文地质单元划分和采样方法和采样程序。

(二) 地下水环境监测点布设

1. 监测点布设原则与要求

(1) 监测点总体上能反映监测区域内的地下水环境质量状况,监测点不宜变动,尽可能保持地下水监测数据的连续性；对地下水质监测网的运行状况定期进行调查评价，及时优化调整。

(2) 对于监测面积较大的区域，沿地下水流向为主与垂直地下水流向为辅相结合布设监测点；对同一个水文地质单元，可根据地下水的补给、径流、排泄条件布设控制性监测点；地下水存在多个含水层时，监测井应为层位明确的分层监测井。

(3) 地下水饮用水源地的监测点布设以开采层为监测重点。

(4) 对化学品生产企业以及工业集聚区，需在地下水污染源的上游、中心、两侧及下游区分别布设监测点；尾矿库、危险废物处置场和垃圾填埋场等区域在地下水污染源的上游、两侧及下游分别布设监测点；污染源位于地下水水源补给区时，可根据实际情况加密地下水监测点。

2. 地下水监测点布设方法

由于地下水的监测目的不同、地下水的利用情况不同，布设监测点位置及数量也不尽相同。

(1) 区域监测点布设方法

区域地下水监测点布设参照国土资源部颁布《区域地下水质监测网设计规范》(DZ/T 0308—2017)要求执行。区域地下水监测属于国土资源部门对地下水水质的日常监测。

(2) 地下水饮用水源保护区监测点布设方法

监测点按网格法布设。地下水饮用水源保护区和补给区面积小于50 km^2 时，水质监测点不少于7个；面积为50～100 km^2 时，监测点不得少于10个；面积大于100 km^2 时，每增加25 km^2，监测点至少增加1个。

(3) 污染源地下水监测点布设方法

对地下水造成污染的来源不同，污染区域的水文地质条件、地下水开采情况、污染物的分布和扩散形式以及区域水化学特征等因素不同，监测点的布设位置及数量也不同。下面只介绍工业污染源的布设方法。

① 对照监测点布设1个，设置在工业集聚区地下水流向上游边界处；

② 污染扩散监测点至少布设5个，垂直于地下水流向呈扇形布设不少于3个，在集聚区两侧沿地下水流方向各布设1个监测点；

③ 工业集聚区内部监测点要求3～5个/10 m^2，若面积大于100 km^2 时，每增加15 km^2，监测点至少增加1个。

（三）采样频次和采样时间的确定

不同监测对象的地下水采样频次见表2-9，有条件的地方可按当地地下水水质变化情况适当增加采样频次。

表2-9　不同监测对象的地下水采样频次

监测对象	采样频次
地下水饮用水源取水井	常规指标采样宜不少于每月1次，非常规指标采样宜不少于每年1次
地下水饮用水源保护区和补给区	采样宜不少于每年2次(枯、丰水期各1次)
区域监测	区域采样频次参照DZ/T 0308的相关要求执行

表 2-9(续)

监测对象	采样频次
污染源监测	危险废物处置场参照《危险废物填埋污染控制标准》(GB 18598—2019)要求执行
	生活垃圾填埋场参照《生活垃圾填埋场污染控制标准》(GB 16889—2008)要求执行
	一般工业固体房屋贮存、外置场地下水采样频次参照《一般工业固体废物贮存和填埋污染控制标准》(GB 18599—2020)要求执行
	其他污染源,对照监测点采样频次宜不少于每年 1 次,其他监测点采样频次宜不少于每年 2 次,发现有地下水污染现象时需增加采样频次

三、水污染源监测方案的制订

水污染源包括工业废水、生活污水和医院污水等。

水污染源监测方案的主要内容包括监测目的、监测点位、监测项目、监测方法、采样频次、采样器材、现场测试仪器、样品保存、运输和交接、采样安全以及监测质量保证和质量控制措施等。

(一) 水样类型

根据《污水监测技术规范》(HJ 91.1—2019)规定,污水水样类型有瞬时水样、等时混合水样和等比例混合水样。

1. 瞬时水样

瞬时水样是指从污水中随机手工采集的单一水样。适用于排污单位的生产工艺过程连续且稳定,污水处理设施正常运行,污水排放稳定(浓度变化不超过 10%)的情况。瞬时水样具有较好的代表性。

2. 等时混合水样

等时混合水样是指在某一时段内,在同一采样点位按等时间间隔所采等体积水样的混合水样。适用于污水流量变化小于平均流量的 20%,污染物浓度基本稳定的情况。

3. 等比例混合水样

等比例混合水样是指在某一时段内,在同一采样点位所采水样量随时间或流量成比例的混合水样。适用于污水的流量、浓度甚至组分都有明显变化的污水。

(二) 监测点的设置

1. 工业废水和医院污水

(1) 当污水中含有难以降解或能在动植物体内蓄积,对人体健康和生态环境产生长远不良影响,具有致癌、致畸、致突变污染物时,在车间或车间预处理设施的出水口设置监测点位。对于其他污染物,监测点位设在排污单位的总排放口。

(2) 如工业企业有污水处理设施,为了监测处理设施运行效率,在各污水进入污水处理设施的进水口和污水处理设施的出水口设置监测点位。

(3) 排污单位应雨污分流,雨水经收集后由雨水管道排放,监测点位设在雨水排放口。

2. 城市污水

评价城市污水处理厂的效果时,监测点布设在污水进口、处理后排放进入受纳水体的总排口处。这样可在污水处理厂进水口、各处理单元出水口以及总排放口处进行采样,以评估污水处理效果。

（三）采样时间和采样频次

我国颁布的《水污染物排放总量监测技术规范》（HJ/T 92—2002）和《污水监测技术规范》（HJ 91.1—2019）中，对采样时间和采样频次提出了明确要求。

一般情况下，按照生产周期确定采样频次。生产周期在 8 h 以内的，采样时间间隔应不小于 2 h；生产周期大于 8 h 的，采样时间间隔应不小于 4 h；每个生产周期内采样频次应不少于 3 次。如无明显生产周期，稳定、连续生产，采样时间间隔应不小于 4 h，每个生产日内采样频次应不少于 3 次。

重点污染源（日排水量大于 100 t 的企业），采样频次为每年 4 次以上（一般每个季度一次）；一般污染源（日排水量 100 t 以下的企业），采样频次为每年 2～4 次（上、下半年各 1～2 次）。

第三节　水样的采集和保存

水样采集和保存是水质分析的重要环节。水样采集和保存的主要原则是：① 水样必须具有足够的代表性；② 水样必须避免受到任何可能引入的污染。

一、地面水样的采集

地表水、地下水、废水和污水采样前，首先根据监测项目的性质和采样方法的要求，选择适宜材质的盛水容器和采样器，并清洗干净。还需准备好交通工具（船、汽车等），确定采样体积和现场用保护性试剂、标签等用品。

（一）采样器

对采样器具的材质要求是化学性能稳定，大小和形状适宜，不吸附欲测组分，容易清洗并可反复使用。盛水容器材质的稳定性顺序为：聚四氟乙烯＞聚乙烯＞石英玻璃＞硼硅玻璃。通常塑料容器（聚四氟乙烯、聚乙烯等材质）常用作测定金属、放射性元素和其他无机物的盛水容器；玻璃容器常用作测定有机物和生物类等的盛水容器。

从一定深度的水中采样时，需要用专门的采样器。急流采样器如图 2-2 所示。采样前塞紧橡胶塞，然后垂直沉入要求的深处，打开上部橡胶塞夹，水即沿长玻璃管通至采样瓶中，瓶内空气由短玻璃管沿橡胶管排出。采集水样因与空气隔绝，可用于水中溶解性气体的测定。

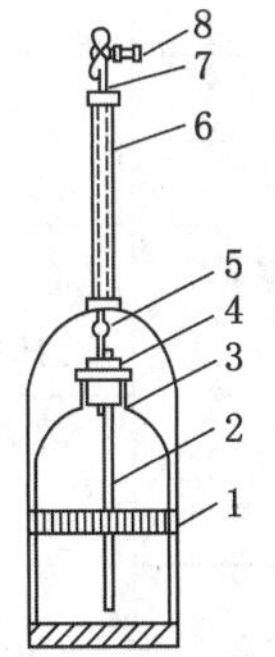

1—铁框；2—长玻璃管；3—采样瓶；4—橡胶管；5—短玻璃管；6—钢管；7—橡胶管；8—夹子。

图 2-2　急流采样器

采集水样量大时，可借助采样泵采集水样，图 2-3 展示了一种机械（泵）式自动采样器，该采样器用泵通过采样管抽吸预定水层的水样。

（二）采样量和采样方法

1. 采样量

我国颁布的《地下水环境监测技术规范》（HJ 164—2020）中，不仅对具体的监测项目所需的盛水容器的材质做出了明确规定，而且对洗涤方法、水样的保存方法、采样量等做了明确规定。详见表 2-10。

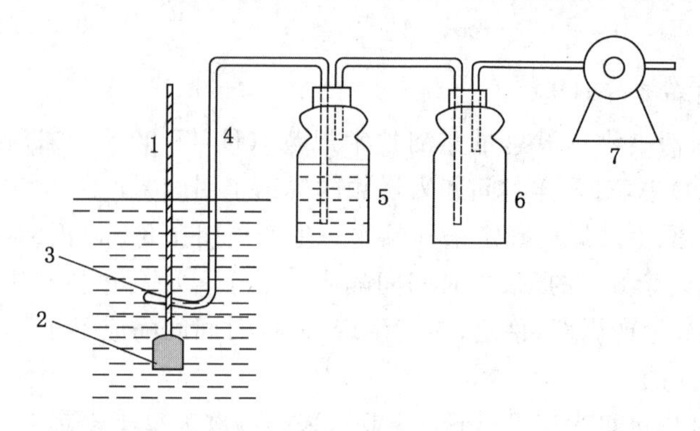

1—细绳；2—铅锤；3—采样头；4—采样管；5—采样瓶；6—安全瓶；7—泵。

图 2-3　泵式自动采样器

表 2-10　水样采集容器、保存方法和采样量

监测项目	采样容器	保存方法	保存期	采样量/mL[1]
温度	G	现场测定	—	—
浊度	G、P[2]	尽量现场测定	12 h	250
色度	G、P	尽量现场测定	12 h	250
pH 值	G、P	尽量现场测定	12 h	250
电导率	G、P	尽量现场测定	12 h	250
悬浮物	G、P	低温(1～5 ℃)冷藏，避光保存	14 h	500
硬度	G、P	低温(1～5 ℃)冷藏	7 d	250
碱度	G、P	低温(1～5 ℃)避光保存	12 h	500
酸度	G、P	低温(1～5 ℃)避光保存	12 h	500
COD_{cr}[3]	G	加 H_2SO_4 酸化至 pH≤2	2 d	500
高锰酸盐指数[3]	G	加 H_2SO_4 酸化至 pH≤2(1～5 ℃)，尽快分析	2 d	500
DO	溶解氧瓶	加 $MnSO_4$＋KI，现场固定，避光保存	24 h	250
BOD_5[3]	溶解氧瓶	低温(1～5 ℃)暗处冷藏	12 h	250
TOC[3]	G	加 H_2SO_4，酸化至 pH≤2	7 d	250
F^-	P	低温(1～5 ℃)冷藏，避光保存	14 d	250
Cl^-	G、P		30 d	250
Br^-	G、P		14 h	250
I^-	G、P	加 NaOH 调至 pH＝12，0～4 ℃低温冷藏	14 h	250
余氯	G、P	加 NaOH 固定	6 h	250
SO_4^{2-}	G、P	低温(1～5 ℃)冷藏，避光保存	30 d	250
PO_4^{3-}[3]	C、P	加 NaOH 或 H_2SO_4 调至 pH＝12，$CHCl_3$，0.5％	7 d	250
总磷[3]	G、P	加 HCl 或 H_2SO_4 调至 pH≤2	24 h	250
氨氮	G、P	加 H_2SO_4 酸化至 pH＜2	24 h	250
NO_2^--N	G、P	低温(1～5 ℃)冷藏，避光保存	24 h	250
NO_3^--N[3]	G、P	低温(1～5 ℃)冷藏，避光保存	24 h	250

表 2-10(续)

监测项目	采样容器	保存方法	保存期	采样量/mL[①]
总氮[③]	G、P	加浓 HNO_3，酸化至 pH<2	7 d	250
硫化物	G、P	加 NaOH 调至 pH=9；加 5%抗坏血酸、饱和 EDTA 试剂，滴加饱和 $Zn(Ac)_2$ 至胶体产生，常温避光	24 h	250
总氰化物	G、P	加 NaOH 调至 pH≥12	14 d	250
Mg、Ca	G、P	加浓 HNO_3 酸化至 pH<2	14 d	250
B、K、Na	P			
Be、Mn、Fe、Pb、Ni、Ag、Cd	G、P	加浓 HNO_3 酸化至 pH<2	14 d	250
Cu、Zn	P	加浓 HNO_3 酸化至 pH<2	14 d	250
Cr(Ⅵ)	P	加 NaOH 调至 pH=8～9	24 h	250
总 Cr	G、P	加浓 HNO_3 酸化至 pH<2	14 d	250
As	G、P	加浓 HNO_3 或浓 HCl 酸化至 pH<2	14 d	250
Se、Sb	G、P	加 HCl 酸化至 pH<2	14 d	250
Hg	G、P	加 HCl 酸化至 pH<2	14 d	250
硅酸盐	P	酸化滤液至 pH<2，低温(1～5 ℃)保存	24 h	250
总硅	P		数月	250
油类	G	加浓 HCl 酸化至 pH<2	7 d	500
农药类	G	加抗坏血酸 0.01～0.02 g 除去残余氯，低温(1～5 ℃)避光保存	24 h	1 000
除草剂类				
邻苯二甲酸酯类(酞酸酯类)				
挥发性有机物	G	用(1+10)HCl 调至 pH=2，加 0.01～0.02 g 抗坏血酸除去残余氯，低温(1～5 ℃)避光保存	24 h	1 000
甲醛	G	加 0.2～0.5 g/L 硫代硫酸钠除去残余氯，低温(1～5 ℃)避光保存	24 h	250
酚类	G	用 H_3PO_4 调至 pH=2，用 0.01～0.02 g 抗坏血酸除去残余氯，低温(1～5 ℃)避光保存	24 h	1 000
阴离子表面活性剂	G、P	加 H_2SO_4 酸化至 pH≤2，低温(1～5 ℃)保存	48 h	250
非离子表面活性剂	G	加 4%甲醛使其含量达 1%，充满容器，冷藏保存	30 d	
微生物	灭菌容器	加硫代硫酸钠 0.2～0.5 g/L 除去残余物，4 ℃保存	尽快	—
生物	G、P	不能现场测定时用甲醛固定	12 h	—

注：① 微生物及生物指标的最少采样量取决于待分析指标的数量及类型，具体见 HJ 493—2009。表中数据为单项样品的最少采样量。

② G 为硬质玻璃，P 为聚乙烯瓶(桶)。

③ 也可以用塑料瓶存放，在−20 ℃条件下冷冻保存 1 个月。

2. 采样方法

对于地表水表层水的采集，选用适当的容器，并借助船只、桥梁、索道或涉水等方式进行水样采集。

(1) 船只采样：按照监测计划预定的采样时间、采样地点，将船只停在采样点下游方向，逆流采样，以避免船体搅动起沉积物而污染水样。

(2) 桥梁采样：确定采样断面时应考虑尽量利用现有的桥梁采样。在桥上采样安全、方便，不受天气和洪水等气候条件的影响，适于频繁采样，并能在空间上准确控制采样点的位置。

(3) 索道采样：适用于地形复杂、险要、地处偏僻的小河流的水样采样。

(4) 涉水采样：适用于较浅的小河流和靠近岸边水浅的采样点。采样时采样人应站在下游，向上游方向采集水样，以避免涉水时搅动水下沉积物而污染水样。

采样时，应注意避免水面上的漂浮物混入采样器；正式采样前要用水样冲洗采样器 2～3 次，洗涤废水不能直接回倒入水体中，以避免搅起水中的悬浮物。测定油类指标的水样采样时，要避开水面上的浮油，在水面下 5～10 cm 处采集水样。

二、地下水样的采集

地下水受水文、气象因素的直接影响小，含水层的厚度不受季节变化的支配，水质不易受人为活动污染，因此水质比较稳定，采集的瞬时水样能有较好的代表性。

1. 监测井采样

从监测井采得的水样只能代表一个含水层的水平向或垂直向的局部情况。采集水样常利用抽水机设备，启动后放水数分钟后采集水样。

2. 泉水、自来水

对于自喷的泉水，可在涌口处直接采样。采集不自喷的泉水时，将停滞在抽水管的水汲出，新水更替之后，再进行采样。

采集自来水龙头水样时，应先将水龙头完全打开，放水 3～5 min，使积留在水管中的旧水排出，再采集水样。

三、废(污)水样的采集

对不同的监测项目，应根据《水质采样 样品的保存和管理技术规定》(HJ 493—2009)选择合适的容器材质和保存剂，确定水样的保存期、水样的体积和容器的洗涤方法等。

(1) 浅层废(污)水：在浅埋排水管、沟道中采样，可用采样容器或聚乙烯塑料长把勺采集。

(2) 深层废(污)水：废水或污水处理池中的水样采集，可使用专制的深层采样器采集。

(3) 自动采样：采样用自动采样器进行时，有时间比例采样和流量比例采样。当污水排放量较稳定时可采用时间比例采样，否则必须采用流量比例采样。

(4) 采样的位置：废水采样应在采样断面的中心位置。当水深大于 1 m 时，应在表层下 1/4 处采样；当水深小于或等于 1 m 时，应在水深的 1/2 处采样。

四、样品标签设计

水样采集后，根据不同的分析要求，分装成数份，并分别加入保存剂，对每一份样品都应附一张完整的水样标签。内容一般包括：采样目的、项目唯一性编号、监测点数目和位置、采样时间、采样人员，保存剂的加入量等。标签应用不褪色的墨水填写，并牢固地粘贴于盛装水样的容器外壁上。

需要现场测试的项目，如 pH 值、电导率、温度、流量等应按表 2-11 进行记录，并妥善保管现场记录。

表 2-11　采样现场数据记录

采样地点	样品编号	采样日期	时间		pH 值	温度	其他参量			备注
			采样开始	采样结束						

采样人：　　　　交接人：　　　　复核人：　　　审核人：

注：备注中应根据实际情况填写如下内容：水体类型、气象条件（气温、风向、风速、天气状态）、采样点周围环境状况、采样点经纬度、采样点水深、采样层次等。

五、水样的运输和保存

（一）水样的运输

水样采集后必须立即送回实验室。根据采样点的地理位置和每个项目分析前最长可保存时间，选用适当的运输方式。在现场工作开始之前，就要安排好水样的运输工作，以防延误。

（1）水样运输前应将容器的外（内）盖盖紧。装箱时应用泡沫塑料等材料进行分隔，以防止破损。运输过程不仅要防震、避免日光照射和低温运输，还要防止新的污染物进入容器和弄脏瓶口使水样变质。

（2）每个水样瓶均需贴上标签，内容有采样点位编号、采样日期和时间、测定项目、保存方法，并写明何种保存剂。

（3）在水样运送过程中，应有押运人员，每个水样都要附有一张管理程序管理卡。在转交水样时，转交人和接收人都必须清点和检查水样并在登记卡上签字，注明日期和时间。

（二）水样的保存方法

各种水质的水样，从采集到分析这段时间内，由于物理的、化学的、生物的作用会发生不同程度的变化，为了使这种变化降低到最小的程度，必须在采样和运输时对样品加以保护。根据不同监测项目的要求，采取适宜的保存方法。

1. 水样变化的原因

（1）物理作用：光照、温度、静置或震动，敞露或密封等保存条件及容器材质都会影响水样的性质。如温度升高或强震动会使得一些物质如氧、氰化物及汞等挥发，长期静置会使 $Al(OH)_3$、$CaCO_3$、$Mg_3(PO_4)_2$ 等沉淀。某些容器的内壁能不可逆地吸附或吸收一些有机物或金属化合物等。

（2）化学作用：水样及水样各组分可能发生化学反应，从而改变某些组分的含量与性质。例如空气中的氧能使二价铁、硫化物等氧化，聚合物解聚，单体化合物聚合等。

(3) 生物作用:细菌、藻类以及其他生物体的新陈代谢会消耗水样中的某些组分,产生一些新组分,改变一些组分的性质。生物作用会对样品中待测的一些项目如溶解氧、二氧化碳、含氮化合物、磷及硅等的含量及浓度产生影响。

2. 水样样品的保存

(1) 冷藏或冷冻法

样品的冷藏、冷冻可以抑制微生物活动,减缓物理挥发和化学反应速度。冷藏、冷冻的样品一般选用塑料容器,强烈推荐聚氯乙烯或聚乙烯等塑料容器

(2) 加入化学试剂保存法

① 控制溶液 pH 值:测定金属离子的水样常用硝酸酸化至 pH 为 1~2,既可以防止重金属的水解沉淀,又可防止金属在器壁表面上的吸附,还能抑制生物的活动。用此方法,大多数金属可稳定数周或数月。例如测定氰化物的水样调至 pH 为 12;测定六价铬的水样调至 pH 为 8。

② 加入抑制剂:为了抑制生物作用,可在样品中加入抑制剂。如在测氨氮、硝酸盐氮和 COD 的水样中,加氯化汞或三氯甲烷、甲苯作防护剂以抑制生物对亚硝酸盐、硝酸盐、铵盐的氧化还原作用。在测含酚水样时用磷酸调溶液的 pH 值,加入硫酸铜以控制苯酚分解菌的活动。

③ 加入氧化剂:水样中痕量汞易被还原,引起汞的挥发性损失,加入硝酸-重铬酸钾溶液可使汞维持在高氧化态,汞的稳定性大为改善。

④ 加入还原剂:测定硫化物的水样,加入抗坏血酸对保存有利。含余氯水样,能氧化氰离子,可使酚类、烃类、苯系物氯化生成相应的衍生物,为此在采样时加入适当的硫代硫酸钠予以还原,除去余氯干扰。保存剂纯度最好是优级纯。

(三) 水样的过滤和离心分离

采样时或采样后,用滤器(滤纸、聚四氟乙烯滤器、玻璃滤器)等过滤样品或将样品离心分离都可以除去其中的悬浮物、沉淀物、藻类及其他微生物。一般测有机项目时选用砂芯漏斗和玻璃纤维漏斗,而在测定无机项目时常用 0.45 μm 的滤膜过滤。

过滤样品的目的就是区分被分析物的可溶性和不可溶性的比例(如可溶和不可溶金属部分)。

第四节　水样的预处理

环境水样或废(污)水样品中污染物种类多,组成十分复杂,而且各组分的浓度差异很大,一种物质往往以多种形态存在。因此,水样需要进行预处理,以获得待测组分满足分析方法要求的形态和浓度,并最大限度地分离干扰性物质。

样品预处理在环境分析中是不可或缺的重要步骤,甚至可以说是整个监测过程成功的关键。有统计资料指出,样品预处理在整个分析过程中占用时间的比例为 61%,其他步骤所占时间比例分别为采样 6%、分析测定 6%、数据处理 27%。

一、样品消解

当测定环境水样中的无机元素时,需要进行消解处理。消解处理的目的是破坏有机物,溶解悬浮性固体,将各种价态的欲测元素氧化成单一高价态或转变成易于分离的无机化合

物。消解后的水样清澈、透明、无沉淀。常用的消解方法有湿式消解法、干式消解法和微波消解法。

（一）湿式消解法

在进行水样消解时，应根据水样的类型及测定方法选择消解方法。最常使用的一元酸为硝酸，采用多元酸的目的是提高消解温度、加快氧化速率和改善消解效果。

1. 硝酸消解法

对于较清洁的水样，可用硝酸消解法。2013 年环境保护部颁布了《水质 金属总量的消解 硝酸消解法》(HJ 677—2013)。该方法要求控制温度为(95±5) ℃，利用硝酸和过氧化氢分解样品中的有机质，氧化消解水样，适用于地表水、地下水、生活污水和工业废水中 20 种金属元素总量的硝酸消解预处理。

2. 硝酸-硫酸消解法

硫酸是一种高沸点酸，与硝酸混合使用，可以大大提高消解温度和消解效果。该方法适用于多种类型水样的消解，是最常用的消解组合。然而该方法不适用于处理含易生成难溶硫酸盐组分(如铅、钡、锶)的水样，这种情况下可以考虑使用硝酸-盐酸混合酸体系。

3. 硝酸-高氯酸消解法

两种酸都是强氧化性酸，联合使用可消解含难氧化有机物的水样。该方法的要点是取适量水样于烧杯或锥形瓶中，加 5～10 mL 硝酸，在电热板上加热、消解大部分有机物。取下烧杯，稍冷，加 2～5 mL 高氯酸，继续加热至开始冒白烟。取下烧杯冷却，用 2% HNO_3 溶解，如有沉淀，应过滤，滤液冷至室温定容备用。

4. 硝酸-氢氟酸消解法

氢氟酸能与硅酸盐和硅胶态物质发生反应，生成四氟化硅而挥发分离，消除干扰。

5. 多元消解法

为提高消解效果，在某些情况下(如处理测总铬的废水时)，特别是样品基体比较复杂时，需要使用三元以上混合酸消解体系。通过多种酸的配合使用，达到单元酸或二元酸消解所起不到的作用。例如土壤或沉积物背景值调查时，需要进行全元素分析，这时采用 $HCl-HNO_3-HF-HClO$ 体系，消解效果比较理想。

6. 碱分解法

碱分解法适用于按上述酸消解法不易分解或会造成某些元素的挥发性损失的环境样品。碱分解法所采用的试剂主要有 $NaOH+H_2O_2$ 或 $NH_3 \cdot H_2O+H_2O_2$。

（二）干式消解法(高温分解法)

多用于固态样品如沉积物、底泥等底质以及土壤样品的消解。

方法过程：取适量水样于白瓷或石英蒸发皿中，置于水浴上或用红外灯蒸干，移入马福炉内，于 450～550 ℃灼烧到残渣呈灰白色，使有机物完全分解除去。取出蒸发皿，冷却，用适量 2% HNO_3(或 HCl)溶解样品灰分，过滤，滤液定容后供测定。

本方法不适用于处理易挥发组分(如砷、汞、镉、硒、锡等)的水样。

（三）微波消解法

微波消解法是将高压消解和微波快速加热相组合的新技术。这种方法能够快速、完全地分解样品，减少挥发性元素的损失，降低试剂消耗，操作简单，处理效率高且对环境污染小。因此，微波消解法深受分析工作者的青睐，被誉为“绿色化学反应技术”。

2013 年环境保护部颁布了《水质 金属总量的消解 微波消解法》(HJ 678—2013)。该方法主要适用于地表水、地下水、生活污水和工业废水中 20 种金属元素的微波消解预处理。

二、样品分离与富集

由于水样的成分复杂，干扰因素较多，而待测组分含量低于分析方法的检测限，因此必须进行水样中待测组分的分离和富集，消除共存干扰组，提高待测物浓度，满足分析方法的要求。常用的方法有过滤、挥发、蒸馏、溶剂萃取、固相萃取、吸附、离子交换、层析、低温浓缩、吹脱捕集等，要结合具体情况选择使用。

（一）蒸馏法

蒸馏法是利用水样中各污染组分具有不同的沸点而使其彼此分离的方法。当加热时，沸点低的组分富集在蒸气相中，对蒸气相进行冷凝或吸收得到富集。蒸馏法主要有常压蒸馏法和减压蒸馏法两种。

常压蒸馏法适用于沸点在 40～150 ℃之间的化合物的分离，常用的蒸馏装置见图 2-4。测定水样中的挥发酚、氰化物和氨等监测项目时，采用的均是常压蒸馏方法。

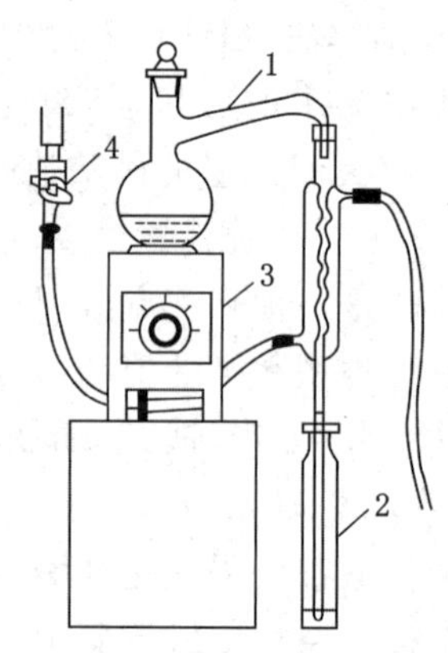

1—500 mL 全玻璃蒸馏器；
2—接收瓶；3—电炉；4—水龙头。
图 2-4　挥发酚、氰化物的蒸馏装置

减压蒸馏法适用于沸点高于 150 ℃(常压下)或沸点虽低于此温度但在蒸馏过程中极易分解的化合物的分离。减压蒸馏法在水样中痕量有机物的分离富集中应用十分广泛，也是液-液萃取溶液高倍浓缩的有效手段。因此，蒸馏具有消解、富集和分离三种作用。

（二）溶剂萃取法

1. 溶剂萃取原理

溶剂萃取法是基于物体在不同溶剂相中分配系数不同而达到组分富集与分离的方法。在水相-有机相中的分配系数(K_D)可以用分配定律表示：

$$K_D=\frac{[M]_{有}}{[M]_{水}}$$

当某组分 K_D 值较大时，该组分容易进入有机相；而 K_D 值很小的组分则会留在水溶液中。在恒定温度下，K_D 值为常数。分配系数(K_D)中所指欲分离组分在两相中的存在形式相同，但实际情况并非如此。欲分离组分往往在两相中存在副反应，如配位反应、聚合反应等，导致组分在两相中的存在形式有所不同。因此，通常用分配比 D 来表示溶质在两相中的分配情况。分配比 D 是指溶质在有机相中各种存在形态的总浓度 $c_{有}$ 与在水相中各种存在形态的总浓度 $c_{水}$ 之比，即

$$D=\frac{c_{有}}{c_{水}}$$

D 值越大，表示被萃取物质转入有机相的数量越多(当两相体积相等时)，萃取就越完全。在萃取分离中，一般要求分配比在 10 以上。分配比反映萃取体系达到平衡时的实际分配情况，具有较大的实用价值。

被萃取物质在两相中的分配也可以用萃取率(E)表示，即

$$E=\frac{\text{被萃取物质在有机相中的总量}}{\text{被萃取物质的总量}}\times 100\%$$

E 与分配比 D 的关系为：

$$E=\frac{c_{有}V_{有}}{c_{水}V_{水}+c_{有}V_{有}}\times 100\%$$

$$E=\frac{D}{D+\frac{V_{水}}{V_{有}}}\times 100\%$$

当用体积相同的有机相和水相的溶剂萃取时（$V_{水}=V_{有}$）：

$$E=\frac{D}{1+D}\times 100\%$$

若要求 E 大于 90%，则 D 必须大于 9。增加萃取的次数，可提高萃取效率，但将增大萃取操作的工作量，因此，在很多情况下是不现实的。

2. 溶剂萃取类型

萃取的机理既有物理的溶解作用，又有化学的配合作用，是一个复杂的物理溶解过程。按照萃取机理的不同，萃取体系可分为简单分子萃取体系、中性配合萃取体系、螯合萃取体系、离子缔合体系、协同萃取体系等。

在环境监测中，采用溶剂萃取的物质多数是有机污染物和无机的金属离子等物质。对有机物的萃取采用的是简单分子萃取，选择适合的有机萃取剂就可以完成分离和富集过程。例如测挥发酚用三氯甲烷进行萃取浓缩；有机农药（六六六、DDT）用石油醚萃取。

对无机物的金属离子萃取过程较为复杂，在环境监测中螯合萃取体系用得较多。多数无机金属离子在水相中均以水和离子状态存在，故无法用有机溶剂直接萃取，为实现用有机溶剂萃取，需先在水相加入一种试剂（螯合剂），使其与被测金属离子生成一种不带电、易溶于有机溶剂的中性螯合物，然后用三氯甲烷（或四氯化碳）萃取。

（三）固相萃取法

固相萃取（solid phase extraction，简称 SPE）是从 20 世纪 80 年代中期开始发展起来的一项样品前处理技术。该法主要用于样品的分离、纯化和富集，目的在于降低样品基质干扰，提高检测灵敏度。

SPE 技术基于液-固相色谱理论，是一种包括液相和固相的物理萃取过程，可近似地看作一种简单的色谱过程。固定相是吸附剂，流动相是水样。水样中欲测组分与共存干扰组分在固相萃取剂上作用力强弱不同，使它们彼此分离。固相萃取剂是含 C18 或 C8、腈基、氨基等基团的特殊填料。

典型的 SPE 一般分为五个步骤：① 根据分离和富集目标物的性质确定吸附剂类型及用量；② 对选取的柱子进行条件化，即通过适当的溶剂进行活化，再通过去离子水进行条件化；③ 水样转移入柱并使组分保留在柱上；④ 对柱子进行样品净化，即洗脱某些非目标物，这时所选用的溶剂主要与非目标物的性质有关；⑤ 用 1～5 mL 洗脱剂对吸附柱进行洗脱，收集洗脱液即可用于后续分析。

（四）吸附法

吸附是利用多孔性的固体吸附剂将水样中一种或数种组分吸附于表面，以达到分离的目的。常用的吸附剂有活性炭、分子筛、大网状树脂等。被吸附富集于吸附剂表面的污染组分可用有机溶剂或加热解吸出来供测定。

按吸附机理，吸附可分为物理吸附和化学吸附。常用于水样预处理的吸附剂有活性炭、氧化铝、多孔高分子聚合物和巯基棉等。活性炭主要用于吸附金属离子或有机物；多孔高分子聚合物是多孔且孔径均一的网状结构树脂，主要用于吸附有机物；巯基棉是含有巯基的纤维素，巯基棉的巯基官能团对许多元素具有很强的吸附力，可用于分离水样中的烷基汞、汞、铜、镉、铅等，详见图 2-5、图 2-6、图 2-7。

图 2-5　活性炭

图 2-6　多孔高分子聚合物

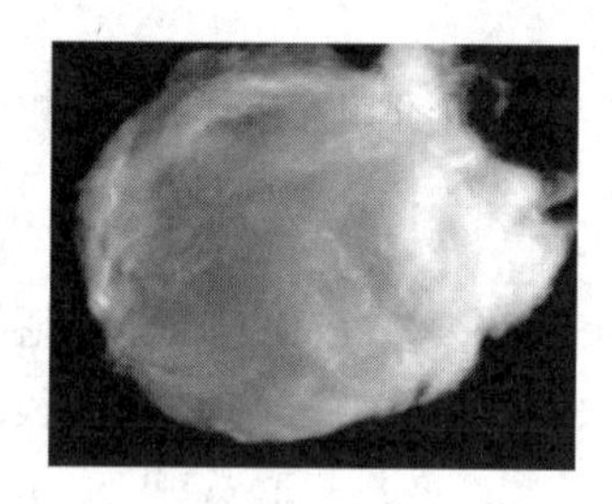

图 2-7　巯基棉

（五）离子交换法

离子交换法是利用离子交换剂与溶液中的离子发生交换反应进行分离的方法。

离子交换树脂是具有渗透性的三维网状高分子聚合物小球，在网状结构的骨架上含有可电离的活性基团，与水样中的离子可发生交换反应。根据官能团不同，可分为阳离子交换树脂、阴离子交换树脂、特殊离子交换树脂。强酸性阳离子交换树脂含有活性基团 $—SO_3H$、$—SO_3N$，一般用于富集金属阳离子。强碱性阴离子交换树脂含有 $—N(CH_3)_3^+X^-$ 基团，其中 X 代表 OH^-、Cl^-、NO_3^- 等，能在酸性、碱性、中性溶液中与强酸或弱酸阴离子交换，应用较广泛。特殊离子交换树脂含有螯合、氧化还原等活性基团，能与水样中的离子发生螯合或氧化还原反应。

离子交换树脂法的操作程序包括三步：① 交换柱的制备。例如分离阳离子，选择强酸性阳离子交换树脂。将其在稀盐酸中浸泡，以除去杂质并使之溶胀和完全转变成 H 式，然后用蒸馏水洗至中性，装入充满蒸馏水的交换柱中。② 交换。将试液以适宜的流速倾入交换柱，进行离子交换。③ 洗脱。将洗脱溶液以适宜的速度倾入洗净的交换柱，对阳离子交换树脂，常用盐酸溶液作为洗脱液，洗下交换在树脂上的离子，达到分离的目的；对阴离子交换树脂，常用盐酸溶液、氯化钠或氢氧化钠溶液作为洗脱液。

离子交换法在富集和分离微量或痕量元素方面的应用较为广泛，例如水样先流经阳离子交换柱，再流经阴离子交换柱，可以分离水中的 K^+、Na^+、Ca^{2+}、Mg^{2+}、SO_4^{2-}、Cl^- 等组分。

（六）吹扫捕集法

吹扫捕集法（又称动态顶空浓缩法）常用于在线监测样品的预处理。该方法利用氮气、氦气或其他惰性气体将挥发性及半挥发性被测物从样品中抽提出来。在吹扫捕集技术中，气体需要连续通过样品，将易挥发组分从样品中吹脱后在吸附剂或冷阱中进行捕集和浓缩，然后经热解吸将样品送入气相色谱仪或气质联用仪进行分析。

影响吹扫效率的因素主要有吹扫温度、样品的溶解度、吹扫气的流速及流量、捕集效率和解吸温度及时间等。吹扫捕集法在挥发性和半挥发性有机化合物分析、有机金属化合物的形态分析中起着越来越重要的作用，环境监测中常用吹扫捕集技术分析饮用水或废水中的臭味物质、易挥发有机污染物，如《水质 烷基汞的测定 吹扫捕集/气相色谱-冷原子荧光光谱法》(HJ 977—2018)、《水质 挥发性有机物的测定 吹扫捕集/气相色谱-质谱法》(HJ 639—2012)、《水质 乙腈的测定 吹扫捕集/气相色谱法》(HJ 788—2016)等。

第五节　物理性质的检验

一、水温的测定

水的许多物理化学性质与水温密切相关，水的温度对密度、黏度、蒸气压、pH 值、盐度、溶解度等性质有明显影响。水温还影响水中生物和微生物的活动。温度的变化能引起水中生存的鱼类品种的改变，稍高的水温还可使一些藻类和污水霉菌的繁殖速度加快，影响水体的景观。

水的温度因水源不同而有很大差异。地下水温度较稳定，一般为 8～12 ℃。地表水的温度随季节和气候而变化，大致范围为 0～30 ℃。生活污水水温通常为 10～15 ℃。工业废水的温度因工业类型、生产工艺的不同而差别较大。

水温必须是现场测定的项目之一，测定方法参照《水质 水温的测定 温度计或颠倒温度计测定法》(GB 13195—91)，采用温计法测量。

(一) 测量仪器

1. 水温计

水温计适用于测量水的表层温度[图 2-8(a)]。

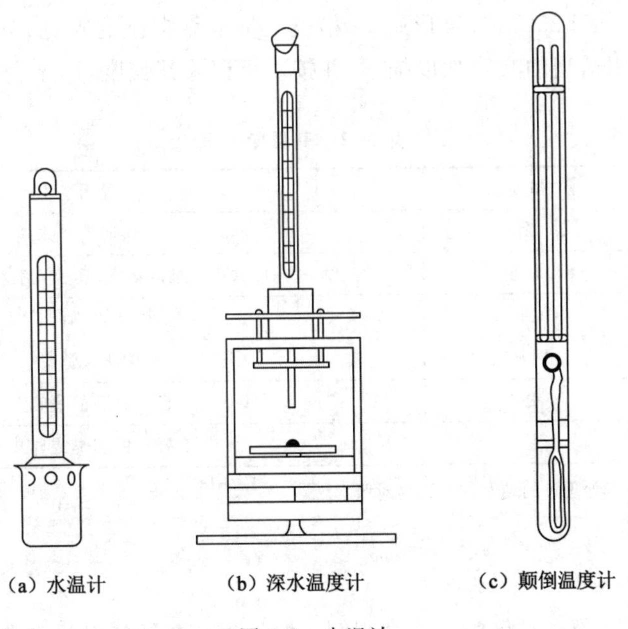

(a) 水温计　(b) 深水温度计　(c) 颠倒温度计

图 2-8　水温计

水温计安装在特制金属套管内，套管开有可供温度计读数的窗孔，套管上端有一提环，以供系住绳索，套管下端旋紧着一只有孔的盛水金属圆筒，水温计的球部应位于金属圆筒的中央。

水温计的测量范围为−6～+40 ℃，分度值为0.2 ℃。

2. 深水温度计

深水温度计适用于水深40 m以内的水温的测量[图2-8(b)]。

深水温度计的结构与水温计相似。盛水圆筒较大，并有上、下活门，利用其放入水中和提升时的自动开启和关闭功能，使筒内装满所测温度的水样。深水温度计的测量范围为−2～+40 ℃，分度值为0.2 ℃。

3. 颠倒温度计(闭式)

颠倒温度计适用于测量水深在40 m以上的各层水温[图2-8(c)]。

闭端(防压)式颠倒温度计由主温计和辅温计组装在厚壁玻璃套管内构成，套管两端完全封闭。主温计测量范围为−2～+32 ℃，分度值为0.10 ℃，辅温计测量范围为−20～+50 ℃，分度值为0.5 ℃。

(二) 测量方法

将水温计投入水中至待测深度，感温5 min后，迅速上提并立即读数。从水温计离开水面至读数完毕应不超过20 s，读数完毕后，将筒内水倒净。

二、臭和味

水中的异味和臭味主要来源于生活污水和工业废水中的污染物、天然物质的分解或与之有关的微生物活动。生活饮用水和水源水都要求不得具有异味、臭味。臭和味的检验方法和标准参照《生活饮用水标准检验方法 第4部分:感官性状和物理指标》(GB/T 5750.4—2023)。

取100 mL水样于250 mL锥形瓶中，检验人员依靠自己的嗅觉，分别在常温下和煮沸稍冷后闻其气味，用适当的文字加以描述，并按六级记录其强度，详见表2-12。

表2-12 臭强度等级

等级	强度	说明
0	无	无任何臭和味
1	微弱	一般饮用者难以察觉，嗅觉灵敏者可以觉察
2	弱	一般饮用者刚能觉察
3	明显	已能明显觉察
4	强	已有显著的臭味
5	很强	有强烈的恶臭或异味

注:必要时可用活性炭处理过的纯水作为无臭对照水。

三、色度

色度、浊度、悬浮物等是反映水体外观的指标。色度是水样颜色深浅的量度。纯水为无色透明，天然水的颜色主要来源于水中的腐殖质、泥土、浮游生物、金属离子和无机矿物质等。生活污水和工业废水因含有多种有机和无机组分、生物色素、有色悬浮物等而呈现不同颜色。有颜色的水可减弱水体的透光性，影响水生生物生长。

水的颜色可分为真色和表色两种。真色是指去除悬浮物后水的颜色;没有去除悬浮物的水所具有的颜色称为表色。水的色度一般是指真色。

(一) 铂钴标准比色法

该方法适用于生活饮用水及其水源水色度的测定。测定前应除去水中悬浮物。

用氯铂酸钾(K_2PtCl_6)与氯化钴($CoCl_2 \cdot 6H_2O$)配成标准色列,再与水样进行目视比色确定水样的色度。规定每升水中含 1 mg 铂和 0.5 mg 钴所具有的颜色为 1 度,作为标准色度单位。即使轻微的浑浊度也干扰测定,浑浊水样测定时需先离心使之清澈。

(二) 稀释倍数法

该方法适用于生活污水和工业废水色度的测定。测定方法参考《水质 色度的测定 稀释倍数法》(HJ 1182—2021)。测定时,首先用文字描述水样颜色的种类和深浅程度,然后取一定量水样,将样品稀释至与纯水相比无视觉感官区别,用稀释后的总体积与原体积的比表达颜色的强度,单位为倍。

四、浊度

浊度也称浑浊度,是指溶液对光线通过时所产生的阻碍程度。水中含有的泥土、粉砂、微细有机物、无机物、浮游生物等悬浮物和胶体物都可能导致水质变得浑浊而呈现一定的浊度。通常浊度越高,溶液越浑浊。

浊度通常适用于天然水、饮用水和部分工业用水水质的测定。目前测定浊度的方法有目视比浊法、散射法、浊度计法。测定浊度的水样尽量现场测定,或者必须在 4 ℃冷藏、12 h 内测定,测定前要激烈振摇水样并恢复到室温。

(一) 目视比浊法

目视比浊法以福尔马肼(Formazine)为标准,用于测定生活饮用水及其水源水的浑浊度。该法的最低检测浑浊度为 1 散射浑浊度单位(NTU)。

硫酸肼与环六亚甲基四胺在一定温度下可聚合生成一种白色的高分子化合物,可用作浑浊度标准溶液。通过配制成浑浊度为 0NTU,2NTU,4NTU,…,40NTU 的标准混悬液,然后利用目视比浊法把水样与标准混悬液进行对比,从而测定水样的浑浊度。

(二) 散射法

散射法是一种测定生活饮用水及其水源水浑浊度的方法,以福尔马肼为标准。将一定量的硫酸肼与六次甲基四胺聚合,生成白色高分子聚合物,以此作为浊度标准溶液。利用散射光浑浊仪测定散射光的强度,在相同条件下测定水样的散射光强度,从而确定水样的浊度。散射光的强度越大,表示浑浊度越高。

(三) 浊度计法

该方法适用于地表水、地下水和海水浊度的测定。具体测定参照《水质 浊度的测定 浊度计法》(HJ 1075—2019)。该方法检出限为 0.3 NTU。

1. 原理

水中悬浮物及胶体微粒会散射和吸收通过样品的光线,利用这些微粒物质对光的散射特性来表征浊度。在测量过程中,一束稳定光源发出光线穿过盛有待测样品的样品池,传感器位于与光线垂直的位置上,用于测量散射光强度。当光束射入样品时产生的散射光强度与样品中浊度在一定浓度范围内呈比例关系,从而可以测定样品的浊度。

2. 浊度计结构

浊度计由光源、样品池和光电检测器等组成。光源配置 LED 光源[(860±30) nm]或钨灯(400～600 nm)。浊度计的结构如图 2-9 所示。

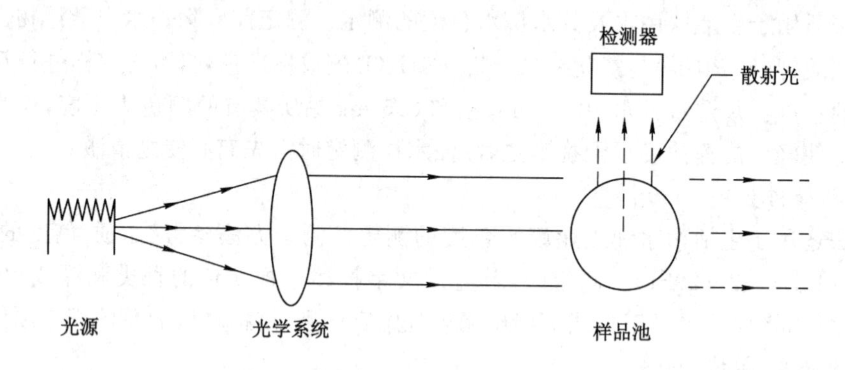

图 2-9　浊度计结构示意图

五、固体物质

将水样置于容器中蒸发至干燥,放在烘箱中在一定温度下烘干至恒重时所得残余物质称为总固体物,也称为蒸发残渣。

水中固体物根据溶解性的不同可分为溶解固体物和悬浮固体物。一般,将能通过 2.0 μm或更小孔径滤纸或滤膜的固体物称作溶解固体物,不能通过滤膜的称为悬浮固体物。水中固体物采用重量法测定,结果以 mg/L 为单位表示。

(一) 总固体物

总固体物是水和废水在一定的温度下蒸发、烘干后剩余的物质,包括溶解固体物和悬浮固体物。其测量方法是取适量振荡均匀的水样放入称至恒重的蒸发皿中,在蒸气浴或水浴上蒸干,移入 103～105 ℃烘箱内烘干至恒重,称量所增加的重量即为总固体物。计算方法如下:

$$\text{总固体物(mg/L)}=\frac{(A-B)\times 1\ 000}{V}$$

式中　A——总固体物和蒸发皿的质量,mg;

B——蒸发皿的质量,mg;

V——水体体积,mL。

(二) 溶解固体物

将过滤后的水样放在事先称至恒重的蒸发皿内蒸干,再在一定温度下烘至恒重得到的物质称为溶解固体物。一般烘干温度为 103～105 ℃ ,但有时要求是(180±2) ℃。计算方法同总固体物。

(三) 悬浮固体物

水样经过 0.45 μm 滤膜过滤后留在过滤器上的固体物质,于 103～105 ℃烘至恒重得到的物质称为悬浮固体物,包括泥沙、各种污染物、微生物及难溶无机物等。其测定过程参考《水质 悬浮物的测定 重量法》(GB 11901—89)。

六、矿化度

矿化度是水化学成分测定的重要指标，用于评价水中总含盐量，是农田灌溉用水适用性评价的主要指标之一，一般只用于天然水。对无污染的水样，测得的矿化度值与该水样在103～105 ℃烘干时的溶解固体物相近。

矿化度的测定方法有重量法、电导法、阴阳离子法、离子交换法、比重计法等。

重量法测定原理是将水样经过滤去除漂浮物及沉降性固体物（清水可以不用过滤）后，取一定量的水样放入称至恒重的蒸发皿内蒸干，并用过氧化氢去除有机物，然后在105～110 ℃下烘干至恒重称重，所得数据即可计算该水样的水质矿化度(mg/L)。

七、电导率

电导率(electrical conductivity，EC，一般用符号 γ 或 σ 表示）表示的是水溶液传导电流的能力。电导率的大小取决于溶液中所含离子的种类、总浓度、迁移性和价态，该指标常用于推测水中离子的总浓度或含盐量。一般，新鲜蒸馏水的电导率为 0.5～2 μS/cm，超纯水的电导率小于 0.1 μS/cm，天然水的电导率多在 50～500 μS/cm 之间，含酸、碱、盐的工业废水电导率往往超过 10 000 μS/cm，海水的电导率约为 30 000 μS/cm。

电导率自动分析仪由检测单元、信号转换器、显示记录、数据处理、信号传输单元等构成。对于采集的水样，应尽快进行测定，若水样中含有粗大悬浮物质、油和脂会干扰测定，因此需要进行过滤和萃取处理。根据《电导率水质自动分析仪技术要求》(HJ/T 97—2003)规定，测定电导率的标准温度为(25.0±0.5) ℃，测定时的温度是关键因素。温度每高1 ℃，电导率约增加 2%。

第六节　非金属无机物的测定

一、pH 值

pH 值是最常用的水质指标之一。pH 值表示水的酸碱性强弱。天然水的 pH 值多在6～9范围内；饮用水的 pH 值在 6.5～8.5 之间；某些工业用水的 pH 值必须保持在 7.0～8.5之间，以防止金属设备和管道被腐蚀。测定水的 pH 值的方法有比色法和电极法。

（一）比色法

酸碱指示剂在其特定的 pH 范围的水溶液中产生不同颜色，在已知 pH 值的系列缓冲溶液中加入适当的指示剂制成标准色液，在待测试样中加入与标准系列同样的指示剂，然后进行目视比色，以确定水样的 pH 值。本法适用于色度和浊度很低的天然水、饮用水等。如水样有色、浑浊，或含较高的游离余氯、氧化剂、还原剂，均干扰测定。

（二）电极法

生态环境部于 2020 年 11 月颁布了《水质 pH 值的测定 电极法》(HJ 1147—2020)，该方法适用于地表水、地下水、生活污水和工业废水中 pH 值的测定。该方法能够准确、快速地测定 pH 值，且不受水体色度、浊度、胶体物质、氧化剂、还原剂及盐度等因素的干扰。

pH 值是通过测量电池的电动势而确定的。该电池通常由参比电极和氢离子指示电极组成。

电极与待测溶液组成的原电池为

$$(-)Ag,AgCl|0.1\ mol/L\ HCl|\text{玻璃膜}|\text{试液}||\text{饱和}\ KCl|Hg_2Cl_2,Hg(+)$$

|←——— 玻璃电极 ———→| |←—饱和甘汞电极—→|

此原电池的电动势符合能斯特方程，当待测溶液为 25 ℃时，与溶液的 pH 值存在下列关系：

$$E=\varphi_{\text{甘汞}}-\varphi_{\text{玻璃}}=\varphi_{\text{甘汞}}-(\varphi_0+0.059\lg\alpha_{H^+})=E^0+0.059pH$$

在实际测量时，E^0是个常数值，但很难获得具体数值，因此一般采用实际测量法。即用电极同时测待测溶液 x 和已知 pH 值的标准溶液 s 的电动势，测得的电动势分别为 E_x 和 E_s，有

$$E_s=K+0.059pH_s\quad E_x=K+0.059pH_x$$

两式相减移项得：

$$pH_x=pH_s+\frac{E_x-E_s}{0.059}$$

在 25 ℃下，溶液每变化 1 个 pH 单位，电位差变化 59 mV，将电压表的刻度变为 pH 刻度，便可直接读出溶液 pH 值，温度差异可通过仪器上补偿装置进行校正。

二、溶解氧

溶解于水中的分子态氧称为溶解氧(DO)。天然水中的溶解氧主要来自大气，含量与大气压力、水温和含盐量等因素有关。清洁的地表水中溶解氧一般接近饱和，当水体受到有机、无机还原性物污染时，它们在氧化过程中会消耗溶解氧，此时厌氧菌繁殖，导致水质恶化。水中溶解氧低于 3～4 mg/L 时，许多鱼类呼吸困难，甚至窒息而死。

水中的溶解氧并不是污染物质，但通过测定溶解氧的含量，可以大体估算水中以有机物为主的原性物质的含量，这是衡量水质优劣的重要指标。一般规定水体中的溶解氧在 4 mg/L以上。在废水生化处理过程中，溶解氧也是一项重要控制指标。

采集测定溶解氧的水样时，水样应充满容器并在现场加入溶解氧固定剂(硫酸锰和碱性碘化钾溶液)，以避免运输和保存过程中的损失。

测定水中溶解氧的方法有《水质 溶解氧的测定 碘量法》(GB 7489—87)、修正的碘量法、《水质 溶解氧的测定 电化学探头法》(HJ 506—2009)、荧光光谱法等。清洁水可用碘量法；受污染的地面水和工业废水必须用修正的碘量法或电化学探头法。

(一) 碘量法

碘量法是测定溶解氧的基本方法，适用于溶解氧浓度大于 0.2 mg/L 的水样。

在水样中加入硫酸锰和碱性碘化钾，水中溶解氧能将低价锰(Mn^{2+})氧化为高价锰(Mn^{4+})，并生成棕色的氢氧化物沉淀。加入硫酸后，沉淀溶解，高价锰(Mn^{4+})在酸性溶液中又能氧化碘离子(I^-)为游离碘，释放出的游离碘量即相当于水中原有的溶解氧量，以淀粉为指示剂，用硫代硫酸钠标准溶液滴定水样中析出的碘，可计算出溶解氧含量。

反应方程式如下：

$$MnSO_4+2NaOH=\!=\!=Na_2SO_4+Mn(OH)_2\downarrow$$

$$2Mn(OH)_2+O_2=\!=\!=2MnO(OH)_2\downarrow\text{(棕色沉淀)}$$

$$MnO(OH)_2+2H_2SO_4=\!=\!=Mn(SO_4)_2+3H_2O$$

$$Mn(SO_4)_2+2KI=\!=\!=MnSO_4+K_2SO_4+I_2$$

$$2Na_2S_2O_3+I_2=\!=\!=Na_2S_4O_6+2NaI$$

测定结果按下式计算：

$$DO(O_2, mg/L) = \frac{c \times V \times 8 \times 1\ 000}{V_{水}}$$

式中　c——$Na_2S_2O_3$ 标准溶液浓度，mol/L；

V——消耗 $Na_2S_2O_3$ 标准溶液的体积，mL；

$V_{水}$——水样体积，mL；

8——1/2O 的摩尔质量，g/mol。

当水中含氧化性物质、还原性物质及有机物时，会干扰测定，应预先消除，并根据不同的干扰物质采用修正的碘量法。

（二）叠氮化钠修正碘量法

当水样中含有亚硝酸盐时，因其与 KI 作用释放 I_2，从而造成测定结果的误差，因此向水样中加入叠氮化钠消除干扰。叠氮化钠分解亚硝酸盐的反应如下：

$$2NaN_3 + H_2SO_4 = 2HN_3 + Na_2SO_4$$

$$HNO_2 + HN_3 = N_2O + N_2 + H_2O$$

叠氮化钠是剧毒、易爆试剂，不能将碱性碘化钾-叠氮化钠溶液直接酸化，以免产生有毒叠氮酸雾。

（三）电化学探头法

该方法适用于地表水、地下水、生活污水、工业废水和盐水中溶解氧的测定。

测定溶解氧的电化学探头根据其工作原理分为极谱型和原电池型两种，广泛应用的是极谱型的聚四氟乙烯薄膜电极。氧电极由黄金阴极、银-氯化银阳极、聚四氟乙烯薄膜、壳体等部分组成，见图 2-10。电极腔内充入氯化钾溶液，聚四氟乙烯薄膜将内电解液和被测水样隔开，溶解氧通过薄膜渗透扩散。当两极间加上 0.5～0.8 V 固定极化电压时，水样中的溶解氧扩散通过薄膜，并在阴极上还原，产生与氧浓度成正比的扩散电流，即在一定的温度下该电流与水中氧的分压（或浓度）成正比。电极反应如下：

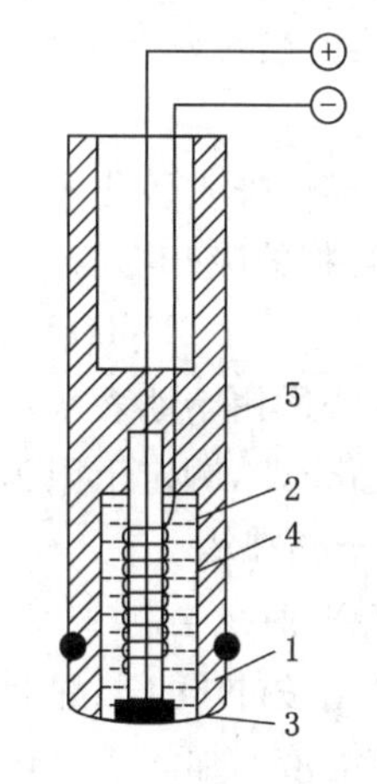

1—黄金阴极；2—银丝阳极；3—薄膜；4—KCl 溶液；5—壳体。

图 2-10　溶解氧电极结构

阴极：$O_2 + 2H_2O + 4e = 4OH^-$

阳极：$4Ag + 4Cl^- = 4AgCl + 4e$

产生的还原电流：

$$I_d = K \cdot \frac{P_m}{L} c_0$$

三、含氮化合物

水体中含氮化合物是水质的一项重要指标，它反映水体的受污染程度和过程。水体中氮的主要存在形式有氨氮（$NH_3 + NH_4^+$）、亚硝酸盐氮（NO_2^-）、硝酸盐氮（NO_3^-）、有机氮（蛋白质、尿素、氨基酸、胺类等）和总氮。水体中含氮物质通过生物化学作用相互转化，有机氮首先被分解转化为氨氮，氨氮在亚硝化细菌和硝化细菌的作用下被氧化成亚硝酸盐和硝酸盐。

当水中含有大量有机氮和氨氮时，说明水体近期接受大量的污染物，具有较大的潜在健康风险。氮也是藻类生长所需的营养元素之一，当水体中含氮、磷和其他营养物质过多时，将促使浮游藻类的大量繁殖，形成“水华”或“赤潮”，造成水体的富营养化。藻类会分泌藻毒素，同时藻类会消耗水体中大量的溶解氧，将引起水生生物因缺氧而死亡。

（一）氨氮

水中氨氮主要来源于生活污水中含氮有机物受微生物作用的分解产物、焦化和合成氨等工业废水以及农田排水等。当水体中氨氮含量超过 1 mg/L 时，水生生物血液结合氧的能力降低；含量超过 3 mg/L 时，许多鱼类会死亡。

氨氮是以游离氨（也称非离子氨 NH_3）和离子氨（NH_4^+）形式存在于水体中的，二者的组成比取决于水体的 pH 值，当 pH 值较高时，NH_4^+ 含量较高，反之，则 NH_3 含量较高。

氨氮的测定方法有《水质 氨氮的测定 纳氏试剂分光光度法》（HJ 535—2009）、《水质 氨氮的测定 水杨酸分光光度法》（HJ 536—2009）、《水质 氨氮的测定 蒸馏-中和滴定法》（HJ 537—2009）、《水质 氨氮的测定 气相分子吸收光谱法》（HJ/T 195—2005）、《水质 氨氮的测定 流动注射-水杨酸分光光度法》（HJ 666—2013）、《水质 氨氮的测定 连续流动-水杨酸分光光度法》（HJ 665—2013）等，结果均以 N（mg/L）计。

1. 纳氏试剂分光光度法

（1）原理

在水样中加入碘化汞和碘化钾的强碱溶液（纳氏试剂），则与氨反应生成淡红棕色络合物，该络合物的吸光度与氨氮的含量成正比，于 420 nm 波长测定吸光度值。

$$2K_2HgI_4+3KOH+NH_3 = NH_2Hg_2IO+7KI+2H_2O$$

该方法适用于地表水、地下水、生活污水和工业废水中氨氮的测定。本法最低检出浓度为 0.025 mg/L，测定上限为 2.0 mg/L，测定下限为 0.10 mg/L。

（2）分析步骤

① 标准曲线绘制

用氯化铵（NH_4Cl）配制氨氮含量分别为 0、5.0、10.0、20.0、40.0、60.0、80.0 和 100 μg 系列标准溶液。加入 10 mL 酒石酸钾钠溶液，摇匀，再加入纳氏试剂 1.5 mL 或 1.0 mL 摇匀。放置 10 min 后，在波长 420 nm 下，用 20 mm 比色皿，以水作参比，测量吸光度。以空白校正后的吸光度为纵坐标，以其对应的氨氮含量（μg）为横坐标，绘制标准曲线。

② 样品测定

清洁水样：直接取 50 mL，按与标准曲线相同的步骤测量吸光度。

有悬浮物或色度干扰的水样：取经预处理的水样 50 mL（若水样中氨氮质量浓度超过 2 mg/L，可适当少取水样体积），按与标准曲线相同的步骤测量吸光度。

③ 空白值测定

用纯水代替水样，按与样品相同的步骤进行前处理和测定。

④ 结果计算

水中氨氮的质量浓度按下式计算：

$$\rho_N=\frac{A_s-A_b-a}{b\times V}$$

式中　ρ_N——水样中氨氮的质量浓度(以 N 计),mg/L;

A_s——水样的吸光度;

A_b——空白试样的吸光度;

a,b——分别为标准曲线的截距、斜率;

V——试料体积,mL。

2. 水杨酸分光光度法

在碱性介质(pH=11.7)和亚硝基铁氰化钠下,水中的氨、铵离子与水杨酸盐和次氯酸离子反应生成蓝色化合物,在 697 nm 处用分光光度计测量吸光度。

$$NH_3 + HOCl \longrightarrow NH_2Cl + H_2O$$

该方法适用于地下水、地表水、生活污水和工业废水中氨氮的测定。

当取样体积为 8.0 mL,使用 10 mm 比色皿时,最低检出限为 0.01 mg/L,测定下限为 0.04 mg/L,测定上限为 1.0 mg/L;当取样体积为 8.0 mL,使用 30 mm 比色皿时,检出限为 0.004 mg/L,测定下限为 0.016 mg/L,测定上限为 0.25 mg/L(均以 N 计)。

3. 气相分子吸收光谱法

该方法适用于地表水、地下水、海水、饮用水、生活污水及工业污水中氨氮的测定。该方法的最低检出限为 0.020 mg/L,测定下限为 0.080 mg/L,测定上限为 100 mg/L。

经过处理的水样在酸性介质中,加入无水乙醇煮沸除去亚硝酸盐等干扰,然后用次溴酸盐氧化剂将氨及铵盐氧化成等量亚硝酸盐,亚硝酸盐会迅速分解生成二氧化氮,接着将该气体用净化空气载入气相分子吸收光谱仪的吸收管中,测量该气体对锌空心阴极灯发射的 213.9 nm 特征波长的吸光度,并使用标准曲线法进行定量分析。

(二) 亚硝酸盐氮

亚硝酸盐氮是以 NO_2^- 形式存在的无机氮化合物,是氨氮在硝化反应的中间产物,不稳定,容易被氧化为硝酸盐(NO_3^-),因此天然水体中亚硝酸盐氮含量不高,一般不超过 0.1 mg/L。水中的亚硝酸盐主要来源于生活污水、化肥和酸洗等工业废水、农田排水等。

亚硝酸盐氮的测定方法主要有《水质 亚硝酸盐氮的测定 分光光度法》(GB 7493—87)、《水质 亚硝酸盐氮的测定 气相分子吸收光谱法》(HJ/T 197—2005)、《水质 无机阴离子(F^-、Cl^-、NO_2^-、Br^-、NO_3^-、PO_4^{3-}、SO_3^{2-}、SO_4^{2-})的测定 离子色谱法》(HJ 84—2016)。

1. *N*-(1-萘基)-乙二胺分光光度法

该方法适用于测定饮用水、地下水、地面水及废水中的亚硝酸盐氮。

在 pH 为(1.8±0.3)的磷酸介质中,亚硝酸盐与对氨基苯磺酰胺生成重氮盐,再与 *N*-(1-萘基)-乙二胺偶联生成红色染料,于 540 nm 处进行比色测定。采用光程长为 10 mm 的比色皿,试样体积为 50 mL,以吸光度 0.01 单位所对应的浓度值为最低检出限浓度,此值为0.003 mg/L,采用光程长为 30 mm 的比色皿,试样体积为 50 mL,最低检出浓度为 0.001 mg/L。

2. 气相分子吸收光谱法

该方法适用于地表水、地下水、海水、饮用水、生活污水及工业污水中亚硝酸盐氮的测定。用 213.9 nm 波长测定,最低检出限为 0.003 mg/L,测定下限为 0.012 mg/L,测定上限为 10 mg/L;用波长 279.5 nm 测定,测定上限可达 500 mg/L。

测定原理是在 0.15~0.3 mol/L 柠檬酸介质中,加入无水乙醇做催化剂,将水样中亚硝酸盐迅速分解成二氧化氮(NO_2),并通过空气载入气相分子吸收光谱仪的吸收管中,在213.9 nm特征波长处测定吸光度值,吸光度值与亚硝酸盐氮符合朗伯-比尔定律。

（三）硝酸盐氮

硝酸盐是最稳定的含氮化合物,硝酸盐氮(NO_3^--N)是含氮有机物氧化分解的最终产物。清洁的地面水中硝酸盐氮含量较低,受污染水体和深层地下水中硝酸盐氮含量较高,尤其是制革废水、化肥废水等工业废水会含有大量硝酸盐。

水中硝酸盐氮的测定方法有《水质 硝酸盐氮的测定 酚二磺酸分光光度法》(GB 7480—87)、《水质 硝酸盐氮的测定 紫外分光光度法(试行)》(HJ/T 346—2007)、《水质 硝酸盐氮的测定 气相分子吸收光谱法》(HJ/T 198—2005)、《水质 无机阴离子(F^-、Cl^-、NO_2^-、Br^-、NO_3^-、PO_4^{3-}、SO_3^{2-}、SO_4^{2-})的测定 离子色谱法》(HJ 84—2016)和离子选择电极法等。

1. 酚二磺酸分光光度法

该方法适用于测定饮用水、地下水和清洁水面中的硝酸盐氮。测定硝酸盐氮浓度范围在0.02～2.0 mg/L之间。

该方法的原理是在无水条件下硝酸盐与酚二磺酸反应生成硝基二磺酸酚,随后在碱性溶液中生成黄色的化合物,在410 nm波长处测定吸光度值,并将其与标准溶液吸光度进行比较,实现定量分析。

2. 气相分子吸收光谱法

该方法适用于地表水、地下水、海水、饮用水、生活污水及工业污水中硝酸盐氮的测定。方法的最低检出限为0.006 mg/L,测定上限为10 mg/L。

该方法的原理是在2.5 mol/L盐酸介质中,于70 ℃±2 ℃温度下,三氯化钛可将水样中的硝酸盐迅速还原分解,生成的NO气体被空气载入气相分子吸收光谱仪的吸收管中,通过测量其对镉空心阴极灯发射的214.4 nm特征波长光的吸光度,根据朗伯-比尔定律推断硝酸盐氮浓度,从而确定水样中硝酸盐氮的含量。

3. 紫外分光光度法

该方法适用于地表水、地下水中硝酸盐氮的测定。该方法最低检出浓度为0.08 mg/L,测定下限为0.32 mg/L,测定上限为4 mg/L。

该方法的原理是通过测量硝酸根离子在220 nm波长处的吸光度而定量测定硝酸盐氮。水样经过处理后,先在波长220 nm处测定硝酸盐和溶解有机物的吸光度,得到A_{220},再在波长275 nm处测得溶解有机物的吸光度A_{275},而硝酸根离子在波长275 nm处没有吸收。根据两次测得的吸光度值,引入吸光度的经验校正值$A_{校}$,经验校正值为:$A_{校}=A_{220}-A_{275}$,得到$A_{校}$后,从标准曲线中查得相应的硝酸盐氮量,即为水样测定结果(mg/L)。水样若经稀释后测定,则结果应乘以稀释倍数。

（四）凯氏氮

凯氏氮是指以凯氏法测得的含氮量。它包括氨氮和在此条件下能转化为铵盐而被测定的有机氮化合物。有机氮化合物主要有蛋白质、氨基酸、肽、胨、核酸、尿素以及合成的氮为负三价形态的有机氮化合物,但不包括叠氮化合物、硝基化合物等。

凯氏氮的测定方法有《水质 凯氏氮的测定》(GB 11891—89)、《水质 凯氏氮的测定 气相分子吸收光谱法》(HJ/T 196—2005)。下面主要介绍蒸馏法测定凯氏氮的原理。

蒸馏法适用于测定工业废水、湖泊、水库和其他受污染水体中的凯氏氮。

1. 蒸馏法原理

凯式法包括水样消解和蒸馏滴定两步。取适量水样，加入浓硫酸、催化剂和硫酸钾加热消解，将有机氮、氨氮转变为硫酸氢铵，硫酸钾可以提高沸腾温度和消解速率，催化剂为汞盐，可以缩短消解时间。

消解后水样，在碱性介质中蒸馏出氨，用硼酸溶液吸收，以分光光度法或滴定法测定氨氮含量。汞盐在消解时形成汞铵络合物，因此在碱性蒸馏时，应同时加入适量硫代硫酸钠，使络合物分解。

蒸馏和滴定反应如下：

$$NH_4^+ + OH^- = NH_3\uparrow + H_2O$$

$$NH_3 + HCl = NH_4^+ + Cl^-$$

$$NaOH + HCl_{(剩余)} = NaCl + H_2O$$

2. 分析步骤

(1) 水样消解：加入密度为 1.84 g/mL 硫酸10.0 mL、20 mL 硫酸汞溶液、6.0 g 硫酸钾和数粒玻璃珠于凯氏瓶中，混匀，置通风柜内加热煮沸至冒三氧化硫白色烟雾并使液体变清（无色或淡黄色），调节热源继续保持沸腾 30 min，放冷，加 250 mL 蒸馏水，混匀。

(2) 水样蒸馏：凯氏定氮法蒸馏装置如图 2-11 所示。将凯氏瓶倾斜约 45°，沿瓶颈加入 40 mL 硫代硫酸钠-氢氧化钠溶液，在瓶底形成碱液层，迅速连接氮球和冷凝管，以 50 mL 硼酸溶液为吸收液，导管管尖伸入吸收液液面下约 1.5 cm，摇动凯氏瓶使溶液充分混合，加热蒸馏，至收集馏出液达 200 mL 时，停止蒸馏。

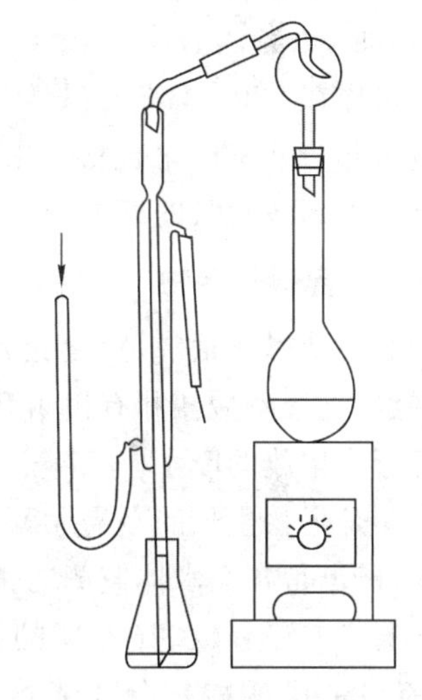

图 2-11　凯氏定氮法蒸馏装置

(3) 氨的测定：加 2～3 滴甲基红-亚甲蓝指示液于馏出液中，用硫酸标准溶液滴定至溶液颜色由绿色至淡紫色为终点，记录所消耗硫酸标准溶液用量。同时做空白试验。

(4) 凯氏氮含量计算如下：

$$c_N = (V_1 - V_0) \times c \times 14.01 \times \frac{1\,000}{V}$$

式中　c_N——凯氏氮含量，mg/L；

V_1——试样滴定所消耗的硫酸标准溶液体积，mL；

V_0——空白试验滴定所消耗的硫酸标准溶液体积，mL；

V——试样体积，mL；

c——滴定用硫酸标准溶液浓度，mol/L；

14.01——氮(N)的摩尔质量。

(五) 总氮

水体总氮含量是衡量水质的重要指标之一，其测定有助于评价水体被污染和自净状况。总氮是水中各种形态无机氮和有机氮的总量，包括 NO_3^-、NO_2^- 和 $NH_4{}^+$ 等无机氮和蛋白质、氨基酸和有机胺等有机氮。

总氮的测定方法有《水质 总氮的测定 气相分子吸收光谱法》(HJ/T 199—2005)、《水质 总氮的测定 碱性过硫酸钾消解紫外分光光度法》(HJ 636—2012)、《水质 总氮的测定 连续流动-盐酸萘乙二胺分光光度法》(HJ 667—2013)、《水质 总氮的测定 流动注射-盐酸萘乙二胺分光光度法》(HJ 668—2013)。

1. 气相分子吸收光谱法

该方法适用于地表水、水库、湖泊、江河水中总氮的测定。检出限为 0.050 mg/L,测定下限为 0.200 mg/L,测定上限为 100 mg/L。

在水样中加入碱性过硫酸钾溶液,于 120～124 ℃温度下,将水样中氨、铵盐、亚硝酸盐以及大部分有机氮化合物氧化成硝酸盐后,以硝酸盐氮的形式利用气相分子吸收光谱法进行总氮的测定。

2. 碱性过硫酸钾消解紫外分光光度法

该法主要适用于地表水、地下水、工业废水和生活污水中总氮的测定。当样品量为 10 mL时,该方法的检出限为 0.05 mg/L,测定范围为 0.20～7.00 mg/L。

水样在 120～124 ℃碱性介质中,加入过硫酸钾氧化剂,将水样中的氨、铵盐、亚硝酸盐以及大部分有机氮化合物氧化成硝酸盐,然后采用紫外分光光度法测定硝酸盐氮含量,具体测定详见硝酸盐氮的紫外分光光度法。

四、含磷化合物

水中磷以元素磷、磷酸盐和有机磷化合物等形式存在。水中的磷酸盐主要以正磷酸盐、偏磷酸盐、聚磷酸盐和有机磷酸盐等形态存在。水体中磷主要来源于化肥、冶炼、合成洗涤剂等行业排放的废水。

磷是生物生长的必需元素之一,但磷含量过高,会导致水体富营养化,造成水质恶化。因此,磷也是各类水体监测的重要指标,一般测定水体中总磷和磷酸盐的含量。

测定方法有《水质 总磷的测定 钼酸铵分光光度法》(GB 11893—89)、《水质 总磷的测定 流动注射-钼酸铵分光光度法》(HJ 671—2013)、《水质 磷酸盐和总磷的测定 连续流动-钼酸铵分光光度法》(HJ 670—2013)、《水质 磷酸盐的测定 离子色谱法》(HJ 669—2013)。

(一) 钼酸铵分光光度法

该方法适用于地面水、污水和工业废水总磷的测定。总磷包括溶解磷、颗粒磷、有机磷和无机磷。该方法最低检出浓度为 0.01 mg/L,测定上限为 0.6 mg/L。在酸性条件下,砷、铬、硫干扰测定结果。

水样经过硫酸钾或硝酸-高氯酸消解后,将所含各种形态磷全部氧化为正磷酸盐。在酸性条件下,正磷酸盐与钼酸铵反应,在酒石酸锑氧钾[$K(SbO)C_4H_4O_7 \cdot 1/2H_2O$]存在条件下生成磷钼杂多酸,再被抗坏血酸还原,生成蓝色络合物(磷钼蓝),于 700 nm 波长处测量吸光度,用标准曲线法定量。

(二) 连续流动-钼酸铵分光光度法

该方法适用于地表水、地下水、生活污水和工业废水中磷酸盐和总磷的测定。当检测光程为 50 mm 时,测定磷酸盐(以 P 计)的检出限为 0.01 mg/L,测定范围为 0.04～1.00 mg/L;测定总磷(以 P 计)的检出限为 0.01 mg/L,测定范围为 0.04～5.00 mg/L。该方法测定的样品中正磷酸盐的总和包括 PO_4^{3-}、HPO_3^{2-}、HPO_4^{-}。

(1) 磷酸盐的测定:试样中的正磷酸盐在酸性介质中且锑盐存在下,与钼酸铵反应生成磷钼杂多酸,该化合物立即被抗坏血酸还原生成蓝色络合物,于波长 880 nm 处测量吸光度。

(2) 总磷的测定:试样中加入过硫酸钾溶液,经紫外消解和 107 ℃+1 ℃酸性水解,各种形态的磷全部氧化成正磷酸盐,正磷酸盐的测定参考"(1) 磷酸盐的测定"。

五、氟化物

氟是人体必需的微量元素之一,主要分布在骨骼、牙齿中。痕量的氟有利于预防龋齿,若水中的氟含量小于 0.5×10^{-6},龋齿的病发率会达到 70%～90%。但如果饮用水中氟含量超过 1×10^{-6},牙齿则易患斑齿病,会逐渐产生斑点并变脆。饮用水中氟含量超过 4×10^{-6}时,人易患氟骨病,导致骨髓畸形。

氟的化学性质极为活泼,是氧化性最强的物质之一。氟是自然界中广泛分布的元素之一。自然界中氟主要以萤石(CaF_2)、冰晶石($Na_3[AlF_6]$)及氟磷灰石($Ca_{10}(PO_4)_6F_2$)存在。氟化物也广泛存在于天然水体中。

测定氟化物的方法有《水质 氟化物的测定 离子选择电极法》(GB 7484—87)、《水质 氟化物的测定 氟试剂分光光度法》(HJ 488—2009)、《水质 氟化物的测定 茜素磺酸锆目视比色法》(HJ 487—2009)、《水质 无机阴离子(F^-、Cl^-、NO_2^-、Br^-、NO_3^-、PO_4^{3-}、SO_3^{2-}、SO_4^{2-})的测定 离子色谱法》(HJ 84—2016)。

(一) 离子色谱法

本标准适用于地表水、地下水、工业废水和生活污水中 8 种可溶性无机阴离子(F^-、Cl^-、NO_2^-、PO_4^{3-}、Br^-、NO_3^-、SO_3^{2-}、SO_4^{2-})的测定。当进样量为 25 μL 时,该方法 8 种可溶性无机阴离子的方法检出限和测定下限见表 2-13。

表 2-13　方法检出限和测定下限　　单位:mg/L

离子名称	F^-	Cl^-	NO_2^-	Br^-	NO_3^-	PO_4^{3-}	SO_3^{2-}	SO_4^{2-}
检出限	0.006	0.007	0.016	0.016	0.016	0.051	0.046	0.018
测定下限	0.024	0.028	0.064	0.064	0.064	0.204	0.184	0.072

1. 原理

离子色谱法是利用离子交换原理,连续对共存的多种阴离子或阳离子进行分离、定性和定量测量的方法。水质样品中的阴离子经阴离子色谱柱交换分离,用氢氧化钠(碳酸钠-碳酸氢钠)溶液作为洗提液,基于各种阴离子对低容量阴离子交换树脂的亲和力不同而彼此分开,在不同时间内随洗提液进入抑制柱,在此洗提液被强酸性树脂中和,变成低电导的去离子水或二氧化碳,使待测阴离子得以依次进入电导检测器测定。根据保留时间定性,峰高或峰面积定量与混合标准溶液相应阴离子的峰高比较,即可知水中各阴离子浓度。

离子色谱仪器由洗提液贮罐、输液泵、进样阀、分离柱、抑制柱和电导检测装置和数据处理器、记录仪等组成。

2. F^-、Cl^-、NO_2^-、PO_4^{3-}、Br^-、NO_3^-、SO_3^{2-}、SO_4^{2-} 的分析测定条件

(1) 阴离子分离柱

碳酸盐淋洗液Ⅰ($c_{Na_2CO_3}=6.0$ mmol/L,$c_{NaHCO_3}=5.0$ mmol/L),流速为1.0 mL/min,配备抑制型电导检测器和连续自循环再生抑制器;或碳酸盐淋洗液Ⅱ($c_{Na_2CO_3}=3.2$ mmol/L,$c_{NaHCO_3}=1.0$ mmol/L),流速为0.7 mL/min,配备抑制型电导检测器、连续自循环再生抑制器和CO_2抑制器。每次进样量为25 μL。

(2) 氟离子选择电极法

该方法适用于测定地面水、地下水和工业废水中的氟化物。水样有颜色、浑浊不影响测定。该方法最低检测浓度为0.05 mg/L,测定上限可达1 900 mg/L。

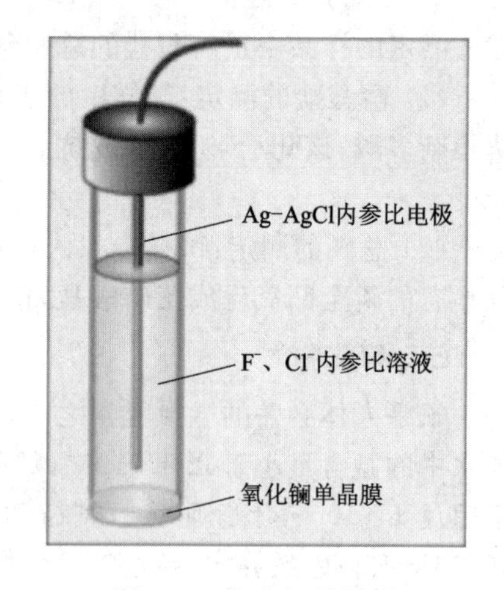

图 2-12　氟电极结构图

氟电极是用氟化镧单晶片制成的固体膜电极,对氟离子具有选择透过性。氟电极结构如图2-12所示。氟电极作为阴极,与作为阳极的饱和甘汞电极以及待测溶液共同构成原电池,工作电池可表示为:

$$Ag|AgCl,Cl^-(0.3\ mol/L),F^-(0.001\ mol/L)|LaF_3\parallel 试液\parallel 外参比电极$$

当把氟电极插入水样中时,原电池的电动势E随溶液中氟离子的活度α_{F^-}的变化而改变,其关系符合能斯特方程。当溶液的总离子强度为定值时,电池电动势和氟离子活度符合下列方程:

$$E=E_0-S\lg\alpha_{F^-}$$

式中　E——测得的电极电位;

E_0——参比电极的电极电位;

S——氟离子选择电极斜率,25 ℃时为0.59 V。

(二) 氟试剂分光光度法

该方法适用于地表水、地下水和工业废水中氟化物的测定。该方法的检出限为0.02 mg/L,测定下限为0.08 mg/L。

该方法的原理是在pH值为4.1的乙酸盐缓冲介质中,氟离子与氟试剂即茜素络合剂(ALC)及硝酸镧反应生成蓝色三元络合物。这种络合物在620 nm波长处的吸光度与氟离子浓度成正比,因此,可以用来定量测定氟化物(F^-)浓度。

六、硫酸盐与硫化物

(一) 硫酸盐

硫酸盐在自然界中广泛存在,经常存在于地表水和地下水中,其主要来源于地层矿物质,多以硫酸钙、硫酸镁的形态存在。生活污水、化肥、含硫地热水、矿山废水、制革、造纸废水等都可以使水体中硫酸盐含量增高。

硫酸盐的测定方法有《水质 硫酸盐的测定 重量法》(GB 11899—89)、《水质 硫酸盐的测定 铬酸钡分光光度法(试行)》(HJ/T 342—2007)和离子色谱法。

1. 重量法

该方法适用于地面水、地下水、含盐水、生活污水及工业废水的测定。该方法可以准确地测定硫酸盐含量在10 mg/L以上的水样,测定上限为5 000 mg/L。

在盐酸溶液中,硫酸盐与加入的氯化钡反应形成硫酸钡沉淀。沉淀反应在接近沸腾的温度下进行，并在陈化一段时间后过滤。用水洗到无氯离子，烘干或灼烧沉淀，待冷却后称硫酸钡的质量，计算硫酸盐在水样中的含量。

硫酸盐（SO_4^{2-}）的含量（mg/L）按下式计算：

$$SO_4^{2-}(\text{mg/L})=\frac{m\times 0.411\ 6\times 1\ 000}{V}$$

式中　m——从试样中沉淀出来的硫酸钡的质量，mg；

V——试样的体积，mL；

0.411 6——$BaSO_4$ 质量换算为 SO_4^{2-} 的质量系数。

2. 铬酸钡分光光度

该方法适用于一般地表水、地下水中含量较低硫酸盐的测定。本方法适用的浓度范围为 8～200 mg/L。

在酸性溶液中，铬酸钡与硫酸盐生成硫酸钡沉淀，并释放出铬酸根离子。其化学反应式为：

$$SO_4^{2-}+BaCrO_4 = BaSO_4+CrO_4^{2-}$$

溶液中和后多余的铬酸钡及生成的硫酸钡仍是沉淀状态，经过滤除去沉淀。在碱性条件下，铬酸根离子呈现黄色，在 420 nm 波长处测定其吸光度，利用标准曲线求得硫酸盐的含量。

硫酸盐（SO_4^{2-}）的含量（mg/L）按下式计算：

$$SO_4^{2-}(\text{mg/L})=\frac{m}{V}\times 1\ 000$$

式中　m——从标准曲线查得 SO_4^{2-} 的含量，mg；

V——试样的体积，mL。

测定过程注意水样中碳酸根也会与钡离子形成沉淀，在加入铬酸钡之前，应将样品酸化并加热以除去碳酸盐。

（二）硫化物

硫化物是表征水体污染的重要指标之一。天然水体和废水都含有硫化物。硫化物主要来源于火山喷发、含硫矿石以及焦化、造纸、印刷、制革等工业废水。水中硫化物包括溶解性的硫化氢（H_2S）、硫氢根离子（HS^-）和硫离子（S^{2-}），酸溶性的金属硫化物以及不溶性的硫化物。硫化氢具有明显的恶臭，且毒性很大，能危害细胞色素和氧化酶，导致细胞组织缺氧，甚至危及生命。此外硫化氢还能腐蚀管道和设备。我国《地表水环境质量标准》（GB 3838—2002）中对各类饮用水源水的硫化物提出了限制性指标，《生活饮用水卫生标准》（GB 5749—2022）中要求硫化物的浓度小于 0.02 mg/L。

测定水中硫化物的方法有《水质 硫化物的测定 碘量法》（HJ/T 60—2000）、《水质 硫化物的测定 气相分子吸收光谱法》（HJ/T 200—2005）、《水质 硫化物的测定 亚甲基蓝分光光度法》（GB/T 16489—1996）、《水质 硫化物的测定 流动注射-亚甲基蓝分光光度法》（HJ 824—2017）。

1. 碘量法

该方法适用于测定天然水和废水中的硫化物。该方法测定的硫化物是指水体和废水中溶解性的无机硫化物和酸溶性金属硫化物。试样体积 200 mL，用 0.01 mol/L 硫代硫酸钠溶液滴定时，测定含硫化物在 0.40 mg/L 以上的水样。

水样中的硫化物与乙酸锌生成白色硫酸锌沉淀，将其用酸溶解后，加入过量碘溶液，则碘与硫化物反应析出硫，用硫代硫酸钠标准溶液滴定剩余的碘，根据硫代硫酸钠标准溶液消耗量和水样体积间接计算硫化物含量。

其化学反应方程式：

$$Zn^{2+}+S^{2-}=\!=\!=ZnS\downarrow（白色）$$

$$ZnS+2HCl=\!=\!=H_2S+ZnCl_2$$

$$H_2S+I_2=\!=\!=2HI+S\downarrow$$

$$I_2（过量）+2Na_2S_2O_3=\!=\!=Na_2S_4O_6+2NaI$$

测定结果计算按下式计算：

$$硫化物(S^{2-},mg/L)=\frac{(V_0-V_1)\times c\times 16.03\times 1\,000}{V}$$

式中 V_0——空白试验硫代硫酸钠标准溶液用量，mL；

V_1——滴定试样消耗硫代硫酸钠标准溶液量，mL；

V——水样体积，mL；

c——硫代硫酸钠标准溶液浓度，mol/L；

16.03——硫离子($1/2S^{2-}$)的摩尔质量，g/mol。

2. 流动注射-亚甲基蓝分光光度法

该方法适用于地表水、地下水、生活污水和工业废水中硫化物的测定。当检测光程为 10 mm 时，本标准的方法检出限为 0.004 mg/L，测定范围为 0.016～2.00 mg/L（以 S^{2-} 计）。

在酸性介质下，样品通过 65 ℃±2 ℃在线加热释放的硫化氢气体被氢氧化钠溶液吸收。吸收液中硫离子与对氨基二甲基苯胺和三氯化铁反应生成亚甲基蓝，于 660 nm 波长处测量吸光度。

第七节　金属及其化合物的测定

金属在自然界中广泛存在，在生活中应用极为普遍，在现代工业中是非常重要和应用最多的一类物质。水体中的金属有些是人体必需的微量元素，如铁、锰、锌等；有些对人体危害较大，如铜、铁、汞、铅、镉、六价铬等。重金属通常难以被生物降解，相反却能在食物链的生物放大作用下，成千上万倍地富集，最后进入人体。这些重金属在人体内能和蛋白质及酶等发生强烈相互作用，导致它们失去活性，也可能在人体的某些器官中累积，引发慢性中毒。

金属及其化合物的主要测定方法有分光光度法、原子吸收光谱法、原子发射光谱法、原子荧光光谱法、示波极谱法和滴定分析法等。

一、分光光度法

（一）分光光度法的原理

不同的物质粒子由于结构不同而具有不同的量子化能级，所以物质对光的吸收具有选择性。让不同波长的单色光透过某一固定浓度和厚度的有色溶液，测量每一波长下溶液对光的吸收程度(即吸光度 A),然后将 A 对波长 λ 作图,即可得吸收曲线(吸收光谱,absorption spectrum)。它描述了物质对不同波长光的吸收能力。邻二氮菲-亚铁的吸收曲线如图 2-13所示,该配合物对 510 nm 的光吸收最多,和吸收峰相对应的波长称最大吸收波长,用 λ_{max}表示。不同物质吸收曲线的形状和最大吸收波长各不相同,据此可作为鉴别物质的定性分析依据。

在一定的范围内,不同浓度的同一物质,最大吸收波长不变,λ_{max}处测定吸光度灵敏度最高,在吸收峰处的吸光度随浓度增大而增大,因此最大吸收波长处的吸光度与被测物质的浓度之间的关系符合朗伯-比尔定律,即在一定的试验条件下二者呈线性关系,这是定量分析的基础。

$$A=kbc$$

式中,k 是吸光物质在特定波长和溶剂情况下的一个特征常数,数值上等于浓度为 1 mol/L 吸光物质在 1 cm 光程中的吸光度,是物质吸光能力大小的量度;b 是液层厚度,cm;c 是溶液浓度,mol/L。

由于 k 值较难确定,通常采用标准曲线法进行定量求得试样浓度。固定液层厚度及入射光的波长和强度,测定一系列不同浓度标准溶液的吸光度,以吸光度对标准溶液浓度作图,得到标准曲线(或称工作曲线)见图 2-14。根据朗伯-比尔定律,标准曲线是通过原点的直线。在相同条件下测得试样的吸光度,从标准曲线查得试样的浓度。

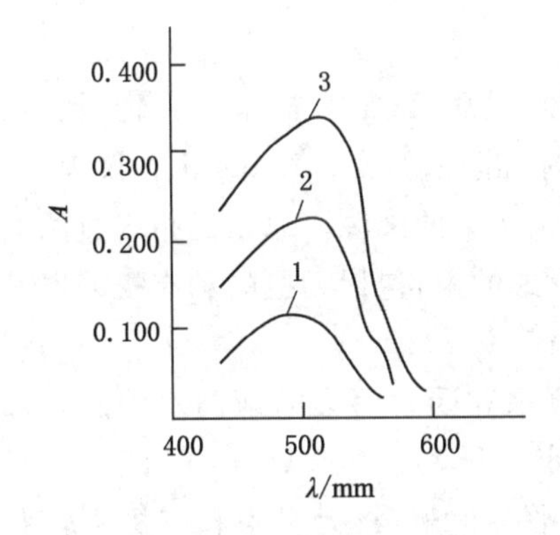

1—浓度为 0.002 mg/mL;2—浓度为 0.004 mg/mL;
3—浓度为 0.006 mg/mL。

图 2-13　邻二氮菲-亚铁的溶液吸收曲线

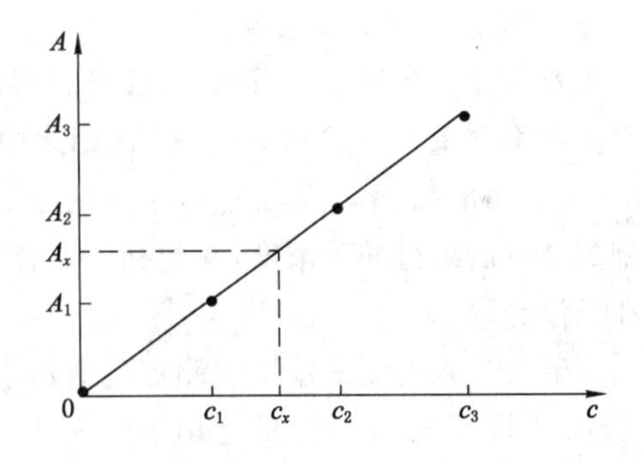

图 2-14　标准曲线法示意图

(二) 分光光度计的结构

常用的分光光度计是紫外-可见光分光光度计。分光光度计的结构主要包括光源、单色器、样品吸收池、检测器。

1. 光源

光源的作用是能够在所需波长范围内发出强而稳定的连续光谱。

可见光区常用钨丝灯作为光源,钨丝灯工作温度一般为 2 600～2 870 K(钨的熔点为 3 680 K)。钨丝加热到白炽时,发射出 320～2 500 nm 波长的连续光谱,光强度分布随灯丝温度而变化。

紫外光区常用氢灯或氘灯作为光源,它们发射 180～375 nm 波长的连续光谱。

2. 单色器

单色器的作用是将复合光分解成单色光。单色器由棱镜或光栅等色散元件及透镜和狭缝等组成。

3. 样品吸收池

样品吸收池亦称比色皿,用于盛放待测试液。

样品吸收池本身应能透过所需波长的光线。可见光区可用无色透明、能耐腐蚀的玻璃吸收池,紫外光区使用石英吸收池。大多数仪器都配有液层厚度为 0.5 cm、1 cm、2 cm、3 cm等的长方形吸收池。

4. 检测器

检测器的作用是将光强度转换成电流来测量吸光度。

检测器对测定波长范围内的光应有快速、灵敏的响应,产生的光电流应与照射于检测器上的光强度成正比。可见分光光度计常使用硒光电池或光电管作检测器,采用毫伏表作读数装置。检测器常与计算机联机,在显示器上显示结果。

(三) 分光光度法的应用案例

分光光度法在金属化合物的测定中广泛应用,有《水质 镉的测定 双硫腙分光光度法》(GB 7471—87)、《水质 锌的测定 双硫腙分光光度法》(GB 7472—87)、《水质 总汞的测定 高锰酸钾-过硫酸钾消解法 双硫腙分光光度法》(GB 7469—87)等。

1. 双硫腙分光光度法测定总汞

汞及其化合物属于剧毒物质,轰动世界的日本"水俣病"就是有机汞化合物引起的。天然水体中汞含量不超过 0.1 μg/L,饮用水中汞含量标准限值为 0.001 mg/L。仪表厂、食盐电解、贵金属冶炼、军工等工业废水中的汞是水体中汞污染的来源。总汞是指未过滤的水样经剧烈消解后测得的汞浓度,它包括了水样中所有形式的汞,包括无机的和有机的以及可溶的和悬浮的。

双硫腙分光光度法适用于测定生活污水、工业废水和受汞污染的地面水中的总汞。取 250 mL 水样测定,汞的最低检出浓度为 2 μg/L,测定上限为 40 μg/L。

水样于 95 ℃,在酸性介质中用高锰酸钾和过硫酸钾消解,将无机汞和有机汞转变为二价汞。用盐酸羟胺还原过剩的氧化剂,加入双硫腙溶液,与汞离子生成橙色螯合物,用三氯甲烷或四氯化碳萃取,再用碱溶液洗去过量的双硫腙,于 485 nm 波长处测定吸光度,以标准曲线法定量。

2. 双硫腙分光光度法测定镉

金属镉毒性很低,但其化合物毒性很大,镉具有很强的富集性。20 世纪 40 年代,日本富山地区出现的"骨痛病"就是居民吃下受镉污染的大米所致。水体中镉主要来源于生产废水,如电镀、染料、农药、油漆、玻璃、陶瓷、照相材料等行业生产和加工排放的废水。

双硫腙分光光度法适用于测定天然水和废水中的微量镉,测定镉的浓度范围在 1～50 μg/L之间,镉的浓度高于 50 μg/L 时,可对样品作适当稀释后再进行测定。当使用光程长为 20 mm 的比色皿,试样体积为 100 mL 时,检出限为 1 μg/L。

测定原理:在强碱性介质中,水中镉离子与双硫腙反应,生成红色螯合物,用三氯甲烷萃取分离后,在 518 nm 波长处测其吸光度,用标准曲线法定量。

3. 二苯碳酰二肼分光光度法测定铬

铬是生物体所必需的微量元素之一。三价铬能参与正常的糖代谢过程，而六价铬有强毒性，为致癌物质，并易被人体吸收而在体内蓄积。因此通常分别测定水体中六价铬和总铬的含量。

水中铬的污染主要来自铬矿石的加工、金属表面处理、皮革加工、印染、照相材料、皮革鞣制等行业排放的废水。

该方法适用于地面水和工业废水中六价铬的测定。试样体积为 50 mL，使用光程长为 30 mm 的比色皿，本方法的最小检出量为 0.2 μg 六价铬，最低检出浓度为 0.004 mg/L，使用光程为 10 mm 的比色皿，测定上限浓度为 1.0 mg/L。

测定原理：在酸性溶液中，六价铬与二苯碳酰二肼(DPC)反应，生成紫红色络合物，于最大吸收波长 540 nm 处测定其吸光度，用标准曲线法求出六价铬的含量。

如果测定水体中的总铬含量，需要先将水样中的三价铬氧化成六价铬，过量的高锰酸钾用亚硝酸钠分解，过量的亚硝酸钠用尿素分解，然后，加入二苯碳酰二肼显色，于 540 nm 处比色测定。

二、原子吸收光谱法

原子吸收光谱法(atomic absorption spectroscopy，AAS)可测定 70 多种元素，具有灵敏度高、选择性好、准确度高、测定范围广、操作简便、分析速度快、应用范围广、可在同一试样中分别测定多种元素等优点。目前使用广泛的是火焰原子吸收光谱法和石墨炉原子吸收光谱法。

(一) 原子吸收光谱法的原理

原子由原子核和核外电子组成，核外电子分布在不同的电子能级轨道上并绕核旋转。通常情况下，电子都处于各自最低的能级轨道上，这时原子能量最低也最稳定，称为基态，处于基态的原子称为基态原子。

原子受外界能量激发，最外层电子可能吸收能量向高能级轨道跃迁，这就是原子吸收过程。电子从基态跃迁到能量最低的激发态(称为第一激发态)，为共振跃迁，所产生的谱线称为共振吸收线(简称共振线)。当电子从第一激发态跃回基态时，则发射出同样频率的谱线，称为共振发射线(也简称共振线)。各种元素的原子结构和外层电子排布不同，因此各种元素的共振线不同而各有其特征，所以共振线称为元素的特征谱线。特征谱线是元素所有谱线中最灵敏的线。原子吸收光谱法就是利用待测元素原子在蒸气中基态原子对光源发出的特征谱线的吸收来进行分析的。

(二) 原子吸收分光光度计

1. 工作原理

将含待测元素的溶液通过原子化系统喷成细雾，随载气进入火焰，并在火焰中解离成基态原子，当空心阴极灯辐射出待测元素特征波长光通过火焰时，光被火焰中待测原子吸收，当原子蒸气厚度不变，其他试验条件一定时，特征波长光强的变化与火焰中待测元素基态原子的浓度符合朗伯-比尔定律，试样中待测元素的浓度 c 与吸光度 A 之间的定量关系为 $A=K'\times c$，其中，K' 与吸收光谱条件有关，在一定试验条件下是一个常数。

2. 结构组成

原子吸收分光光度计由光源、原子化系统、分光系统、检测系统四个主要部分构成，详见图 2-15。

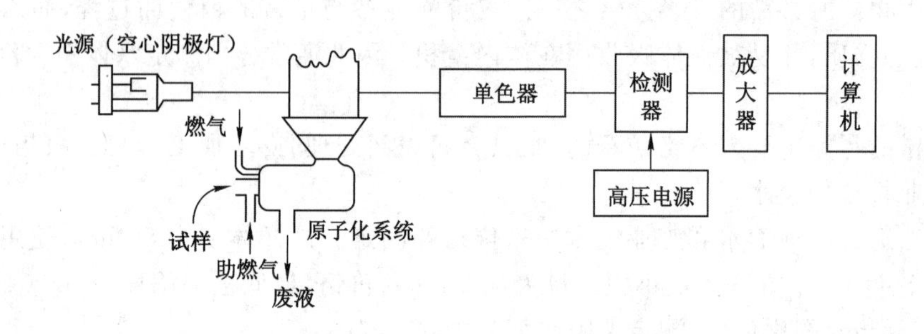

图 2-15　原子吸收分光光度计结构示意图

(1) 光源

光源的作用是发射待测元素的特征谱线，由空心阴极灯作为光源。

空心阴极灯(图 2-16)是一种气体放电管，包括一个阳极和一个圆筒形阴极。两电极密封于带有石英窗(或玻璃窗)的玻璃管中，管中充有低压惰性气体(氖或氩)。当正、负两极间施加适当电压时，电子将从空心阴极内壁流向阳极，向阴极内壁猛烈轰击，使阴极表面金属原子溅射出来，从而发射出阴极物质的共振线。阴极由待测元素材料制成。

(2) 原子化系统

原子化系统的作用是将试样中待测元素转变成基态原子蒸气。将待测元素由化合物解离成基态原子的过程，称为原子化过程，目前常用的方法有火焰原子化法和石墨炉原子化法。

① 火焰原子化装置

火焰原子化装置包括雾化器和燃烧器两部分。

A. 雾化器:雾化器是原子化系统的重要部件，其作用是将试样雾化，其性能对测定的精密度和化学干扰等产生显著影响，因此要求雾化器喷雾稳定、雾滴细小且均匀、雾化效率高。目前普遍采用的是同心雾化器，其结构如图 2-17 所示。

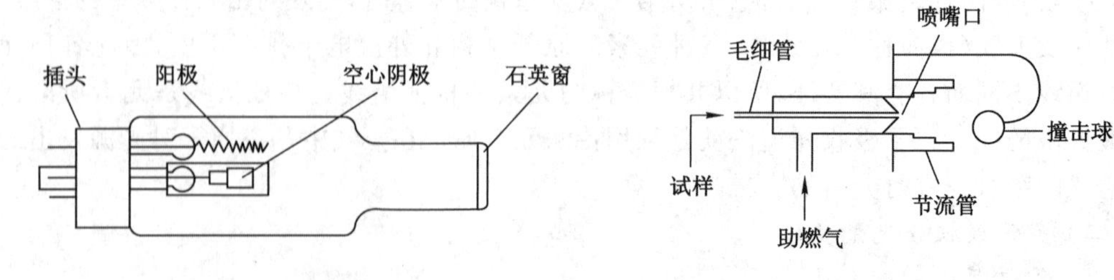

图 2-16　空心阴极灯的结构示意图

图 2-17　同心雾化器结构示意图

B. 燃烧器:燃烧器的作用是形成火焰，使进入火焰的试样微粒原子化。试样雾化后进入预混合室，与燃气在室内充分混合，其中较大的雾滴凝结在壁上形成液珠，从废液管排出，而细的雾滴则进入火焰中。

② 火焰

火焰的作用是提供一定的能量，促使试样雾滴蒸发、干燥，并经过热解离或还原作用产生大量基态原子。原子吸收光谱法中应用最多的火焰有空气-乙炔、氧化亚氮-乙炔。

A. 空气-乙炔火焰：空气-乙炔火焰是用途最广的一类火焰，最高温度约 2 600 K，能测定 35 种以上的元素。它燃烧速度稳定，重复性好，噪声低，对多数元素有足够的灵敏度。

B. 氧化亚氮-乙炔火焰：氧化亚氮-乙炔火焰的最高温度达 3 300 K，不但温度较高，而且还可形成强还原气氛。使用这种火焰可以测定 70 多种元素，能用于测定空气-乙炔火焰所不能分析的难解离元素，如 Al、B、Be、Ti、Si 等，且可消除在其他火焰中可能存在的化学干扰现象。

(3) 分光系统

原子吸收分光光度计的分光系统主要由色散元件、凹面镜和狭缝组成，这样的系统也可简称为单色器，它的作用是将待测元素的共振线与邻近谱线分开。为了阻止非检测谱线进入检测系统，单色器通常放在原子化系统后的光路中。

(4) 检测系统

检测系统主要由检测器(光电倍增管)放大器和计算机等组成。原子吸收分光光度计中，常用光电倍增管作检测器，其作用是将经过原子蒸气吸收和单色器分光后的微弱光信号转换为电信号，再经过放大器放大后，便可在计算机上显示出来。

(三) 定量分析方法

1. 标准曲线法

标准曲线法是最常用的方法，适用于共存组分间互不干扰的试样。

配制一组浓度合适的标准溶液系列(试样浓度应尽量包含在内)，由低浓度到高浓度分别测定吸光度，以浓度为横坐标，吸光度为纵坐标作图，绘制 A-c 标准曲线图。在相同条件下，测定试样溶液吸光度，由 A-c 标准曲线内插求得试样溶液中待测元素浓度。对于相同基体但含有不同浓度待测元素的系列标准溶液，也分别测其吸光度。绘制相应的标准曲线后，在同样操作条件下测定试样溶液的吸光度，然后从标准曲线上查找对应的浓度。

2. 标准加入法

若试样基体组成复杂且基体成分对测定又有明显干扰，此时可采用标准加入法。

取若干份(如四份)等量的试样溶液，分别加入浓度为 0、c_1、c_2、c_3 的标准溶液，然后用蒸馏水稀释到相同体积后摇匀，在相同的试验条件下分别测定吸光度为 A_x、A_1、A_2、A_3。以加入的被测元素浓度为横坐标，对应吸光度为纵坐标，绘制 A-c 曲线图，延长该曲线至与横坐标相交于一点 c_x，即为试样溶液中待测元素的浓度，如图 2-18 所示。

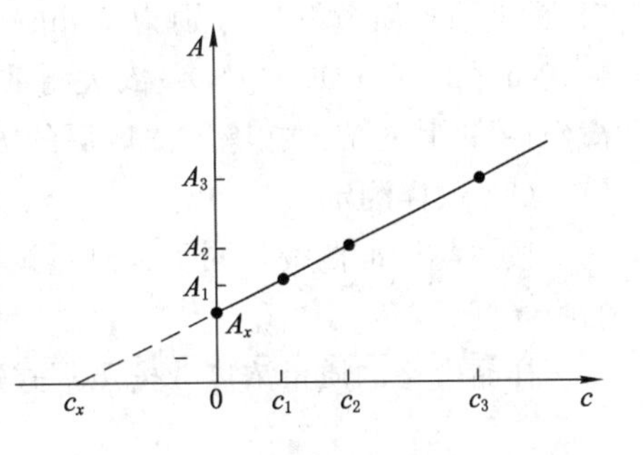

图 2-18　标准加入法示意图

(四) 应用案例——火焰原子吸收光谱法测定铬

铬广泛存在于自然界中，主要形成铬铁矿。铬的化合物有二价、三价和六价。三价铬和六价铬对人体健康都有害。一般认为六价铬的毒性强，更易为人体吸收，而且可在体内蓄积。六价铬的毒性比三价铬要高 100 倍，是强致突变物质，可诱发肺癌和鼻咽癌。水体中的铬及其化合物主要来源于劣质化妆品原料、皮革制剂、金属部件镀铬、工业颜料以及橡胶和陶瓷原料等污水排放。测定方法有分光光度法、原子吸收光谱法、电感耦合等离子发射光谱法等。下面介绍《水质 铬的测定 火焰原子吸收分光光度法》(HJ 757—2015)。

该方法适用于水和废水中高浓度可溶性铬和总铬的测定。当取样体积与试样制备后定容体积相同时，本方法测定铬的检出限为 0.03 mg/L，测定下限为 0.12 mg/L。

1. 方法原理

试样经过滤或消解后喷入空气-乙炔火焰，在高温火焰中形成的铬基态原子对铬空心阴极灯或连续光源发射的 357.9 nm 特征谱线产生选择性吸收，在一定条件下，其吸光度值与铬的质量浓度成正比。

2. 试样的制备

(1) 可溶性铬试样

量取一定体积的水样于 50 mL 容量瓶中，加入 5 mL 氯化铵溶液和 3 mL 盐酸溶液，用水稀释至标线。

(2) 总铬试样

总铬试样制备可以采用电热板消解法和微波消解法。下面只介绍微波消解法。

量取 25 mL 混合均匀的水样于微波消解罐中，加入 1.0 mL 过氧化氢，加入消解液(2∶4浓硝酸和 1.0 mL 浓盐酸)，观察溶液，如有大量气泡产生，置于通风橱中静置，待反应平稳后加盖旋紧。放入微波消解仪中，升温 10 min，180 ℃消解 15 min。消解完后取出消解罐置于通风橱内冷却，待罐内温度与室温平衡后，将消解液转移到 50 mL 容量瓶中，加入 5 mL氯化铵溶液和 1 mL 盐酸溶液用水稀释定容至标线。

3. 试样分析

(1) 测定条件

测定波长为 357.9 nm，通带宽度为 0.2 nm，燃烧器高度为 10 mm，火焰类型选用空气-乙炔火焰。

(2) 标准曲线绘制

分别移取 0 mL、0.50 mL、1.00 mL、2.00 mL、3.00 mL、4.00 mL、5.00 mL 铬标准使用液放入 50 mL 容量瓶中，分别加入 5 mL 氯化铵溶液和 3 mL 盐酸溶液，用水定容至标线，摇匀，标准系列质量浓度分别为 0 mg/L、0.50 mg/L、1.00 mg/L、2.00 mg/L、3.00 mg/L、4.00 mg/L 和 5.00 mg/L。依次测量标准系列溶液的吸光度。以铬的质量浓度(mg/L)为横坐标，以其对应的扣除零浓度后的吸光度为纵坐标，建立标准曲线。

(3) 试样测定

按照与标准曲线相同步骤测量试样的吸光度。按照与标准曲线相同步骤测量空白试样的吸光度。

样品中铬的质量浓度 ρ 按照下式进行计算。

$$\rho=\frac{(\rho_1-\rho_0)\times V_1\times f}{V}$$

式中 ρ——样品中可溶性铬或总铬的质量浓度，mg/L；

ρ_1——由标准曲线得到的试样中可溶性铬或总铬的质量浓度，mg/L；

ρ_0——由标准曲线得到的空白试样中可溶性铬或总铬的质量浓度，mg/L；

V_1——试样制备后定容体积，mL；

V——取样体积，mL；

f——稀释倍数。

三、原子发射光谱法

(一) 原子发射光谱法的原理

原子发射光谱法(atomic emission spectrometry,AES),是利用物质在热激发或电激发下,根据待测元素发射出的特征光谱而对元素组成进行分析的方法。在正常状态下,原子处于基态,原子在受到热(火焰)或电(电火花)激发时,外层电子可由基态跃迁至较高能级,此时原子处于激发状态,激发态的原子是不稳定的,在返回基态过程中,多余能量便以光的形式发射出来。由于各原子内部结构不同,发射出的谱线带有特征性,故称为特征光谱。测量各元素特征光谱的波长和强度便可对元素进行定性和定量分析。

原子发射光谱的谱线强度 I 与试样中被测组分的浓度 c 成正比,二者关系符合罗马金-赛伯经验公式,即 $I=ac^b$,式中,b 是自吸收系数,与谱线自吸有关;a 是发射系数,与试样的蒸发、激发和组成有关。常用的定量分析方法有标准曲线法和标准加入法。

原子发射光谱法的优点是:灵敏度高,选择性好,试样消耗少,适用于微量样品和痕量无机物组分分析,广泛用于金属、矿石、合金和各种材料的分析检验。

(二) 原子发射光谱仪的结构

原子发射光谱法一般都要经历试样蒸发、激发和发射,复合光分光以及谱线记录检测三个过程,因此原子发射光谱仪通常由激发光源、分光系统和检测器三部分组成。

1. 激发光源

激发光源的主要作用是提供试样蒸发、解离、原子化和激发所需的能量。为了获得较高灵敏度和准确度,激发光源应满足如下条件:① 能够提供足够的能量;② 光谱背景小,稳定性好;③ 结构简单,易于维护。

常用的激发光源有直流电弧、交流电弧、火花放电及电感耦合等离子体火炬等,其中电感耦合等离子体火炬是目前性能最好且应用广泛的光源。它由高频电发生器、等离子体矩管和雾化系统三部分构成。详见图 2-19。

(1) 高频电发生器:作用是产生高频磁场,提供电磁能量。

(2) 等离子体矩管:是电感耦合等离子体火炬的核心部件,等离子体一个由三层同心石英管制成的玻璃管。工作气体通常是氩气,提供三部分需要:外层石英管中切向方向引入气体作为冷却气(也称等离子体气),用于冷却外管壁和维持等离子体;中间管引入气体作为辅助气,用于点燃等离子体;管内气体称为载气,用于输送试样气溶胶进入等离子体。

电感耦合等离子体火炬温度可达 6 000～8 000 K,当将试样由进样器引入雾化器,并被氩载气带入火炬时,试样中组分被原子化、电离、激发,以光的形式发射出能量。

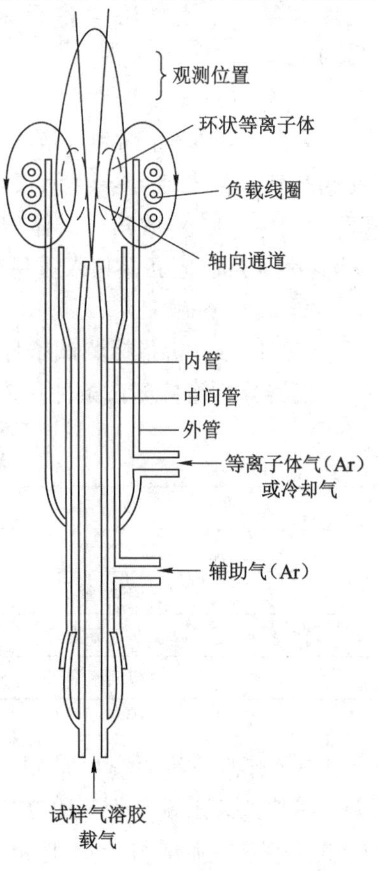

图 2-19　电感耦合等离子体火炬结构示意图

(3) 雾化系统:作用是将试样溶液雾化成极细的雾珠,形成气溶胶,由载气送入等离子体。常用的雾化装置有气动雾化器、超声雾化器等。

2. 分光系统

分光系统由透镜、光栅等组成,用于将各种元素发射的特征光按波长依次分开。根据分光元件不同,可分为棱镜分光和光栅分光。光栅单色器的分辨率要比棱镜单色器大得多,后者目前采用较多,分光原理和原子吸收分光光度计中分光系统类似。

3. 检测器

原子发射光谱仪的检测目前多采用光电检测法。用光栅作为分光元件,光电倍增管或电感耦合器件(CCD)作为检测器,直接测出谱线强度并显示读数和含量,这种光谱仪称为光电直读光谱仪。光电直读光谱仪具有准确度高、工作波长范围宽和分析速度快等优点。

(三) 应用案例

原子发射光谱法可以测定水质中几十种金属及其化合物,应用最广泛的是电感耦合等离子体发射光谱法(ICP-AES)。下面介绍《水质 32 种元素的测定 电感耦合等离子体发射光谱法》(HJ 776—2015)。该方法适用于地表水、地下水、生活污水及工业废水中 32 种金属元素的测定。该方法中各元素的检出限为 0.009～0.1 mg/L,测定下限为 0.036～0.39 mg/L。

1. 样品的采集和保存

采样前,用洗涤剂和水依次洗净聚乙烯瓶,置于硝酸溶液中浸泡 24 h 以上,用试验用水彻底洗净。若测定可溶性元素,样品采集后应立即通过水系微孔滤膜过滤,弃去初始的 50～100 mL滤液,收集所需体积的滤液,加入适量硝酸使硝酸含量达到 1%。如测定元素总量,样品采集后应立即加入适量硝酸,使硝酸含量达到 1%。

2. 试样分析

(1) 仪器分析指标测试条件

仪器分析指标测试条件见表 2-14。

表 2-14 仪器分析指标测试条件

观察方法	水平、垂直或水平垂直交替使用
发射功率	1 150 W
载气流量	0.7 L/min
辅助气流量	1.0 L/min
冷却气流量	12.0 L/min

(2) 标准曲线的绘制

根据地表水及废水等浓度范围分组配制标准溶液,在各自浓度范围内,至少配制 5 个浓度点。以发射强度值为纵坐标,目标元素系列质量浓度为横坐标,建立目标元素的标准曲线。

(3) 样品测定

在与建立标准曲线相同的条件下,测定试样的发射强度。由发射强度值在标准曲线上查得目标元素含量。样品测量过程中，若样品中待测元素浓度超出标准曲线范围，样品需稀释后重新测定。同时按照与试样测定的相同条件测定空白试样。

样品中元素含量按照下列公式计算：

$$\rho=(\rho_1-\rho_0)\times f$$

式中　ρ——样品中目标元素的质量浓度，mg/L；

ρ_1——试样中目标元素的质量浓度，mg/L；

ρ_0——空白试样中目标元素的质量浓度，mg/L；

f——稀释倍数。

四、原子荧光光谱法

（一）原子荧光光谱法的原理

原子荧光光谱法（atomic fluorescence spectrometry，AFS）是指待测物质的气态原子蒸气受到激发光源特征辐照后，由基态跃迁到激发态，然后由激发态跃回基态，同时发射出与激发光源特征波长相同的原子荧光，根据发射出荧光的强度对待测物质进行定量分析的方法。原子荧光光谱是原子吸收光子而被光激发辐射出的光谱，与原子发射光谱不同。原子发射光谱是由于原子受到热运动粒子碰撞而被激发，辐射出的光谱。

原子荧光光谱法依据朗伯-比尔定律，原子发射荧光强度 I_F 与试样中待测元素浓度 c 成正比，即

$$I_F=K\cdot c$$

式中，K 为常数，与发射的荧光效率有关。

原子荧光光谱法具有检出极限低（如 Cd 可达 10^{-6} ng/L，Zn 可达 10^{-5} ng/L）、灵敏度高、谱线简单、干扰小、线性范围宽（可达 3～5 数量级）等特点，目前已有 20 多种元素的检出限优于原子吸收光谱法和原子发射光谱法，主要用于金属元素的测定，如汞、铋、锡、锑、碲、铅、镉、锌、铊、锗、镍等。

（二）原子荧光光谱仪的结构

原子荧光光谱仪由激发光源、原子化器、分光系统和检测系统组成，它与原子吸收分光光度计结构类似，主要区别在于原子吸收分光光度计中各组成部分排在一条直线上，而原子荧光光谱仪中分光系统和检测系统与激发光源和原子化器按 90°排列，详见图 2-20。

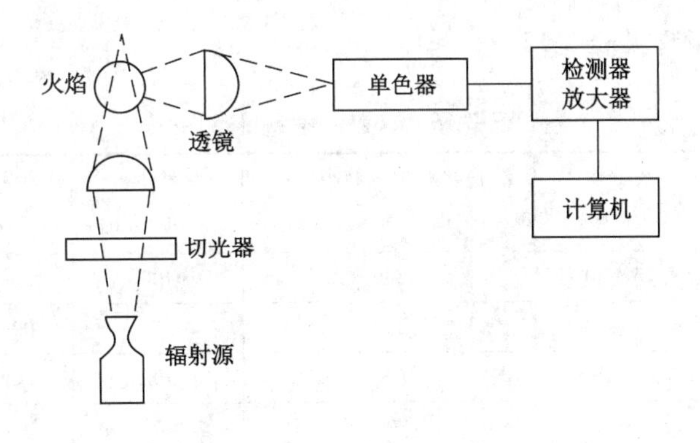

图 2-20　原子荧光光谱仪结构示意图

1. 激发光源

激发光源的作用是提供试样蒸发、解离、原子化和激发所需的特征谱线，可用连续光源或锐线光源。连续光源常用氙弧灯，功率为150～450 W。连续光源波长范围宽，光源稳定，操作简便，寿命长，可以进行多种元素测定。

2. 原子化器

原子化器的主要作用是将待测元素解离成自由基态原子。原子化器主要有火焰原子化器、电热原子化器、电感耦合等离子体火炬。火焰原子化器多采用氩-氢火焰。氩-氢火焰背景低，稳定，荧光效率高，不足之处是火焰温度较低，因此适用于易解离元素的测定，如As、Sb、Bi、Cd、Hg、Zn等。电热原子化器常用的是石墨炉，它的背景和热辐射较小，荧光效率较高。电感耦合等离子体火炬火焰温度高，干扰小，对难熔元素分析特别有利，作为一种新型火焰原子化器，已被广泛采用。

3. 分光系统

分光系统的主要作用是充分接收荧光信号，减少和去除杂散光。分光系统有非色散和色散两种基本类型。由于原子荧光的谱线简单，多采用非色散类型。

4. 检测系统

色散型原子荧光光谱仪的检测系统采用光电倍增管，非色散型原子荧光光谱仪的检测系统多采用日盲型光电倍增管，适合波长在160～280 nm范围的元素测定。

（三）应用案例

原子荧光光谱法主要用于测定汞、砷、硒、锑和铋等金属元素，测定方法有《水质 汞、砷、硒、铋和锑的测定 原子荧光法》（HJ 694—2014）、《水质 汞的测定 冷原子荧光法（试行）》（HJ/T 341—2007）等。

1. 方法原理

经过预处理后的试样进入原子荧光光谱仪中，在酸性条件下，通过硼氢化钾（或硼氢化钠）的还原作用，生成砷化氢、铋化氢、锑化氢、硒化氢气体和汞原子。这些氢化物在氩氢火焰中形成基态原子，与汞原子一起受元素（汞、砷、硒、铋和锑）灯发射光的激发而产生原子荧光，原子荧光强度与试样中待测元素含量在一定范围内成正比。

2. 试样分析

(1) 仪器参考测量条件

仪器参考测量条件见表2-15。

表2-15 仪器参考测量条件

元素	负高压/V	灯电流/mA	原子化器预热温度/℃	载气流量/(mL/min)	屏蔽气流量/(mL/min)	积分方式
Hg	240～280	15～30	200	400	900～1 000	峰面积
As	260～300	40～60	200	400	900～1 000	峰面积
Se	260～300	80～100	200	400	900～1 000	峰面积
Sb	260～300	60～80	200	400	900～1 000	峰面积
Bi	260～300	60～80	200	400	900～1 000	峰面积

(2) 标准曲线绘制

配制标准溶液，浓度由低到高依次测定系列标准溶液的原子荧光强度，以原子荧光强度为纵坐标，待测元素质量浓度为横坐标，绘制标准曲线。

(3) 试样的测定

① 汞：按照与绘制标准曲线相同的条件测定试样的原子荧光强度。

② 砷、锑：量取 5.0 mL 试样于 10 mL 比色管中，加入 2 mL 盐酸溶液、2 mL 硫脲-抗坏血酸溶液，室温放置 30 min(室温低于 15 ℃时，置于 30 ℃水浴中保温 30 min)，用水稀释定容，混匀，按照与绘制标准曲线相同的条件进行测定。

③ 硒、铋：量取 5.0 mL 试样于 10 mL 比色管中，加入 2 mL 盐酸溶液，用水稀释定容，混匀，按照与绘制标准曲线相同的条件进行测定。

超过标准曲线高浓度点的样品，对其消解液稀释后再进行测定，稀释倍数为 f。

④ 空白试验：按照与测定试样相同的步骤测定空白试样。

(4) 结果计算

样品中待测元素的质量浓度 ρ 按下列公式计算：

$$\rho=\frac{\rho_1\times f\times V_1}{V}$$

式中 ρ——样品中待测元素的质量浓度，μg/L；

ρ_1——标准曲线上查得的待测元素的质量浓度，μg/L；

f——试样稀释倍数(样品若有稀释)；

V_1——分取后测定试样的定容体积，mL；

V——分取试样的体积，mL。

五、金属及其化合物的主要测定方法

由于废水和地表水中需要检测的金属及其化合物种类较多，随着检测技术的发展和仪器技术水平的提升，测定方法也在逐渐增多，表 2-16 中列出几种危害较大的金属及其化合物的测定方法。其他测定方法可以查阅《水和废水监测分析方法》，或在中华人民共和国生态环境部网站上查询。

表 2-16 部分金属及其化合物的测定方法

金属名称	测定方法	标准号
汞	水质 总汞的测定 高锰酸钾-过硫酸钾消解法 双硫腙分光光度法	GB 7469—87
	水质 总汞的测定 冷原子吸收分光光度法	HJ 597—2011
	水质 汞的测定 冷原子荧光法	HJ/T 341—2007
	水质 汞、砷、硒、铋和锑的测定 原子荧光法	HJ 694—2014
	水质 烷基汞的测定 气相色谱法	GB/T 14204—93
	水质 烷基汞的测定 吹扫捕集/气相色谱-冷原子荧光光谱法	HJ 977—2018
镉	水质 镉的测定 双硫腙分光光度法	GB 7471—87
	水质 铜、锌、铅、镉的测定 原子吸收分光光度法	GB 7475—87
	水质 32 种元素的测定 电感耦合等离子体发射光谱法	HJ 776—2015

表 2-16(续)

金属名称	测定方法	标准号
铅	水质 铅的测定 双硫腙分光光度法	GB 7470—87
	水质 铜、锌、铅、镉的测定 原子吸收分光光度法	GB 7475—87
	水质 铅的测定 示波极谱法	GB/T 13896—92
	水质 32 种元素的测定 电感耦合等离子体发射光谱法	HJ 776—2015
铬	水质 六价铬测定 二苯碳酰二肼分光光度法	GB 7467—87
	水质 六价铬测定 流动注射-二苯碳酰二肼光度法	HJ 908—2017
	水质 总铬测定	GB 7466—87
	水质 铬的测定 火焰原子吸收分光光度法	HJ 757—2015
	水质 32 种元素的测定 电感耦合等离子体发射光谱法	HJ 776—2015
铜	水质 铜、锌、铅、镉的测定 原子吸收分光光度法	GB 7475—87
	水质 铜的测定 二乙基二硫代氨基甲酸钠分光光度法	HJ 485—2009
	水质 铜的测定 2,9-二甲基-1,10-菲啰啉分光光度法	HJ 486—2009
	水质 32 种元素的测定 电感耦合等离子体发射光谱法	HJ 776—2015
锌	水质 铜、锌、铅、镉的测定 原子吸收分光光度法	GB 7475—87
	水质 锌的测定 双硫腙分光光度法	GB 7472—87
	水质 32 种元素的测定 电感耦合等离子体发射光谱法	HJ 776—2015
砷	水质 痕量砷的测定 硼氢化钾-硝酸银分光光度法	GB 11900—89
	水质 总砷的测定 二乙基二硫代氨基甲酸银分光光度法	GB 7485—87
	水质 汞、砷、硒、铋和锑的测定 原子荧光法	HJ 694—2014

第八节　有机化合物的测定

环境中有机物数目众多,据统计可达几千万种。水体中的有机物主要来源于自然环境与人工合成。天然来源有淀粉、纤维素、蛋白质、煤和石油等;人工合成有化肥、农药和洗涤剂等,有机物通过降雨、地表径流和污水排放等途径进入水体造成水体生态系统的破坏,危害人体健康,所以,有机污染物的指标是一类评价水体污染状况非常重要的指标。

水中有机物种类繁多,组成复杂,且往往含量很低,在多数情况下很难分辨和逐个测定。因此,目前环境监测中,多以有机物的综合指标,如化学需氧量(COD)、生化需氧量(BOD)、总有机碳(TOC)等,及特定有机化合物的类别指标,如挥发酚、油类、硝基苯等,来表征水体有机污染物含量。但是,许多痕量有毒有机物对综合指标 BOD、COD 和 TOC 等的贡献极小,但具有更大的潜在危害,往往具有"三致性",因此对这类有机污染物,采用高效的分析手段逐一分析测定,我国的《水和废水监测分析方法》一书中收录了 300 多种有机污染物的测定方法。

一、综合指标的测定

(一) 化学需氧量

化学需氧量(chemical oxygen demand,COD) 是指水样在一定条件下,氧化 1 L 水样中还原性物质所消耗的氧化剂的量，以氧(O_2)的浓度(mg/L)表示。化学需氧量反映了水中受还原性污染的程度。基于水体被有机物污染是很普遍的现象，该指标也作为有机物相对含量的综合指标之一。

化学需氧量的测定方法有《水质 化学需氧量的测定 重铬酸盐法》(HJ 828—2017)、《水质 化学需氧量的测定 快速消解分光光度法 》(HJ/T 399—2007)、《高氯废水 化学需氧量的测定 氯气校正法》(HJ/T 70—2001)、《高氯废水 化学需氧量的测定 碘化钾碱性高锰酸钾法》(HJ/T 132—2003)、《化学需氧量(COD_{Cr})水质在线自动监测仪技术要求及检测方法》(HJ 377—2019)等。

1. 重铬酸盐法(COD_{Cr})

该方法适用于地表水、生活污水和工业废水中化学需氧量的测定，不宜用于含氯化物浓度大于 1 000 mg/L(稀释后)的水中化学需氧量的测定。当取样体积为 10.0 mL 时，本方法的检出限为 4 mg/L，测定下限为 16 mg/L。未经稀释的水样测定上限为 700 mg/L，超过此限时须稀释后测定。

在水样中加入已知量的重铬酸钾，并在强酸介质下以银盐作催化剂，经沸腾回流后，重铬酸钾将水中的还原性物质(主要是有机物)氧化，以试亚铁灵作指示剂，用硫酸亚铁铵溶液滴定水样中未被还原的重铬酸钾，根据所消耗的重铬酸钾量计算出水样中的化学需氧量，以氧的 mg/L 表示。

重铬酸钾与有机物反应式如下：

$$2Cr_2O_7^{2-}+16H^++3C(\text{代表有机物})\longrightarrow 4Cr^{3+}+8H_2O+3CO_2$$

$$Cr_2O_7^{2-}+14H^++6Fe^{2+}\longrightarrow 6Fe^{3+}+2Cr^{3+}+7H_2O$$

化学需氧量的计算公式：

$$COD_{Cr}(O_2,mg/L)=\frac{(V_0-V_1)\cdot c\times 8\times 1\,000}{V}$$

式中　V_0——滴定空白溶液消耗硫酸亚铁铵标准溶液体积，mL；

V_1——滴定水样消耗硫酸亚铁铵标准溶液体积，mL；

V——水样体积，mL；

c——硫酸亚铁铵标准溶液浓度，mol/L；

8——氧($1/4O_2$)的摩尔质量，g/mol。

2. 快速消解分光光度法

该方法适用于地表水、地下水、生活污水和工业废水中化学需氧量(COD)的测定。该方法对未经稀释的水样，其 COD 测定下限为 15 mg/L，测定上限为 1 000 mg/L，其氯离子质量浓度不应大于 1 000 mg/L。该方法对于化学需氧量(COD)大于 1 000 mg/L 或氯离子含量大于 1 000 mg/L 的水样，可经适当稀释后进行测定。

方法原理：将水样和消解液置于具有密封塞的消解管中，放在(165±2) ℃的恒温加热器内快速消解，消解后的水样用分光光度法测定。

当试样中 COD 值为 100～1 000 mg/L，在(600±20 nm)波长处测定重铬酸钾被还原产生的三价铬(Cr^{3+})的吸光度，试样中 COD 值与三价铬(Cr^{3+})的吸光度的增加值呈正比关系，将三价铬(Cr^{3+})的吸光度换算成试样的 COD 值。

当试样中 COD 值为 15～250 mg/L 时，在(440±20 nm)波长处测定重铬酸钾未被还原的六价铬(Cr^{6+})和被还原产生的三价铬(Cr^{3+})的两种铬离子的总吸光度;试样中COD值与六价铬(Cr^{6+})的吸光度减少值成正比,与三价铬(Cr^{3+})的吸光度增加值成正比,与总吸光度减少值成正比,将总吸光度值换算成试样的COD值。

(二) 高锰酸盐指数

高锰酸盐指数是指使用高锰酸钾溶液作为氧化剂测得的化学耗氧量,适用于饮用水、水源水和地面水中有机物的测定。测定方法有《水质 高锰酸盐指数的测定》(GB 11892—89)、《高锰酸盐指数水质自动分析仪技术要求》(HJ/T 100—2003)。

按测定溶液的介质不同,分为酸性高锰酸钾法和碱性高锰酸钾法。当Cl^-含量高于300 mg/L时,应采用碱性高锰酸钾法;对于较清洁的地面水和被污染的水体中氯化物含量不高($Cl^- < 300$ mg/L)的水样,常用酸性高锰酸钾法。

1. 酸性高锰酸钾法

测定原理:取100 mL水样,加入(1+3)硫酸使呈酸性,加入10.00 mL浓度约为0.01 mol/L的高锰酸钾溶液,在沸水浴中加热反应30 min。剩余的高锰酸钾用过量的草酸钠溶液(10.00 mL,0.0100 mol/L)还原,再用高锰酸钾溶液回滴过量的草酸钠,滴定至溶液由无色变为微红色即为滴定反应终点,记录高锰酸钾溶液的消耗量。其化学反应式如下。

高锰酸钾与有机物的反应:

$$4KMnO_4 + 6H_2SO_4 + 5C \longrightarrow 2K_2SO_4 + 4MnSO_4 + 6H_2O + 5CO_2 \uparrow$$

高锰酸钾与草酸的反应:

$$2KMnO_4 + 5H_2C_2O_4 + 3H_2SO_4 \longrightarrow K_2SO_4 + 2MnSO_4 + 8H_2O + 10CO_2 \uparrow$$

高锰酸盐指数(I_{Mn})计算公式如下:

(1) 水样不经稀释

$$\text{高锰酸盐指数}(O_2, mg/L) = \frac{[(10+V_1)K-10] \cdot c \times 8 \times 1\,000}{100}$$

式中 V_1——回滴草酸钠消耗高锰酸钾标准溶液($1/5KMnO_4$)体积,mL;

K——校正系数,$K=10.00/V_1$;

c——草酸钠标准溶液($1/2Na_2C_2O_4$)浓度,mol/L;

8——氧($1/4O_2$)的摩尔质量,g/mol;

100——取水样体积,mL。

由于高锰酸钾标准溶液不稳定,每次使用前需进行重新标定。

(2) 若水样需经过蒸馏水稀释后才能测定高锰酸盐指数,则需要同时做空白试验,高锰酸盐指数(I_{Mn})计算公式如下:

$$\text{高锰酸盐指数}(O_2, mg/L) = \frac{\{[(10+V_1)K-10]-[(10+V_0)K-10]f\} \times c \times 8 \times 1\,000}{V_2}$$

式中 V_0——空白试验中消耗高锰酸钾标准溶液体积,mL;

V_1——回滴草酸钠消耗高锰酸钾标准溶液($1/5KMnO_4$)体积,mL;

V_2——原水样体积,mL;

f——蒸馏水在稀释水样中所占比例;

其余符号意义同前。

2. 碱性高锰酸钾法

当水样中含有大量的氯离子($Cl^- > 300$ mg/L)时,在酸性条件下,氯离子与硫酸反应生成盐酸，再被高锰酸钾氧化，从而消耗更多氧化剂，影响测定结果的准确性。因此，需采用碱性高锰酸钾法。

在碱性溶液中，加过量高锰酸钾加热 30 min，以氧化水样中的有机物和某些还原性无机物，然后用过量酸化的草酸钠溶液还原，再以高锰酸钾标准溶液氧化过量的草酸钠，滴定至微红色为终点。

（三）生化需氧量

生化需氧量（biochemical oxygen demand，BOD）是指在有溶解氧的条件下，好氧微生物在分解水中有机物的生物化学氧化过程中所消耗的溶解氧量，结果以氧（O_2）的浓度（mg/L）表示。水样中存在的硫化物、亚铁等还原性无机物质也会被氧化，消耗部分溶解氧，但通常占很小比例。因此，BOD 可间接反映水体被有机物污染的程度，也可以反映水中可被生物氧化的有机物的量。根据废水中 BOD_5/COD_{Cr} 比值，可评价废水的可生化降解性和生化处理效果，同时 BOD 是生化处理废水工艺设计和动力学研究中的重要参数。

生化需氧量测定方法有《水质　五日生化需氧量（BOD_5）的测定　稀释与接种法》（HJ 505—2009）、《水质　生化需氧量（BOD）的测定　微生物传感器快速测定法》（HJ/T 86—2002）、压差库伦法等。

1. 五日生化需氧量测定法

该方法适用于地表水、工业废水和生活污水中五日生化需氧量（BOD_5）的测定。该方法检出限为 0.5 mg/L，测定下限为 2 mg/L。

微生物分解有机物是一个缓慢的过程，在有氧的条件下，微生物好氧分解大体上分为两个阶段。第一阶段为含碳物质氧化阶段，主要是含碳有机物氧化为二氧化碳、氨和水；第二阶段为硝化阶段，硝化细菌的世代时间较长，5～7 日后才可进行硝化作用。该阶段是将含氮有机化合物在硝化菌的作用下分解为亚硝酸盐和硝酸盐。故目前 20 ℃五日培养（BOD_5）法测定 BOD 值一般不包括硝化阶段。

五日生化需氧量测定法是将水样在完全密闭充满溶解氧的瓶中，在（20±1）℃条件下暗处培养 5 天，分别测定培养前后水样中溶解氧的质量浓度，由培养前后溶解氧的质量浓度之差，计算每升样品消耗的溶解氧量，以 BOD_5 形式表示。

如果水样中的有机物含量较多，BOD_5 的质量浓度大于 6 mg/L，样品需适当稀释后测定；对不含或少含微生物的工业废水，如酸性废水、碱性废水、高温废水或经过氯化处理的废水，在测定 BOD_5 时应进行接种，以引入能降解废水中有机物的微生物；当废水中存在难降解有机物或有剧毒物质时，应将驯化后的微生物引入水样中进行接种。

2. 非稀释法

非稀释法分为两种情况：非稀释法和非稀释接种法。如样品中的有机物含量较少，BOD_5 的质量浓度不大于 6 mg/L，且样品中有足够的微生物时，采用非稀释法测定；若样品中的有机物含量较少，BOD_5 的质量浓度不大于 6 mg/L，但样品中无足够的微生物，如酸性废水、碱性废水、高温废水、冷冻保存的废水或经过氯化处理等的废水，采用非稀释接种法测定。非稀释法和非稀释接种法的测定上限为 6 mg/L。

（1）非稀释法按下式计算样品的 BOD_5 测定结果：

$$\rho=\rho_1-\rho_2$$

式中　ρ——五日生化需氧量质量浓度，mg/L；

ρ_1——接种水样在培养前的溶解氧质量浓度,mg/L;

ρ_2——接种水样在培养后的溶解氧质量浓度,mg/L。

(2) 非稀释接种法按下式计算样品的 BOD_5 测定结果:

$$\rho=(\rho_1-\rho_2)-(\rho_3-\rho_4)$$

式中 ρ——五日生化需氧量质量浓度,mg/L;

ρ_1——接种水样在培养前的溶解氧质量浓度,mg/L;

ρ_2——接种水样在培养后的溶解氧质量浓度,mg/L;

ρ_3——空白试样在培养前的溶解氧质量浓度,mg/L;

ρ_4——空白试样在培养后的溶解氧质量浓度,mg/L。

3. 稀释与接种法

稀释与接种法分为两种情况:稀释法和稀释接种法。若试样中的有机物含量较多,BOD_5 的质量浓度大于 6 mg/L,且样品中有足够的微生物时,采用稀释法测定;若试样中的有机物含量较多,BOD_5 的质量浓度大于 6 mg/L,且试样中无足够的微生物时,采用稀释接种法测定。稀释与接种法的测定上限为 6 000 mg/L。

(1) 稀释水一般用蒸馏水配制,先通入经活性炭吸附及水洗处理的空气,曝气 2～8 h,使水中溶解氧达到 8 mg/L 以上,然后 20 ℃下放置数小时。临用前加入少量氯化钙、氯化铁、硫酸镁等营养溶液及磷酸盐缓冲溶液,混匀备用。

(2) 接种稀释水:根据接种液的来源不同,每升稀释水中加入适量接种液,城市生活污水和污水处理厂出水加 1～10 mL,河水或湖水加 10～100 mL。将接种稀释水存放在(20±1) ℃的环境中,当天配制当天使用。

(3) 稀释倍数的确定:稀释倍数可根据样品的总有机碳(TOC)、高锰酸盐指数(I_{Mn})或化学需氧量(COD_{Cr})的测定值,按照表 2-17 列出的 BOD_5 与总有机碳(TOC)、高锰酸盐指数(I_{Mn})或化学需氧量(COD_{Cr})的比值 R 估计 BOD_5 的期望值(R 与样品的类型有关),再根据表 2-18 确定稀释倍数。当不能准确地选择稀释倍数时,一个样品做 2～3 个不同的稀释倍数。

表 2-17 典型的比值 *R*

水样的类型	总有机碳 $R(BOD_5/TOC)$	高锰酸盐指数 $R(BOD_5/I_{Mn})$	化学需氧量 $R(BOD_5/COD_{Cr})$
未处理的废水	1.2～2.8	1.2～1.5	0.35～0.65
生化处理的废水	0.3～1.0	0.5～1.2	0.20～0.35

表 2-18 BOD_5 测定的稀释倍数

BOD_5 的期望值/(mg/L)	稀释倍数	水样类型
6～12	2	河水,生物净化的城市污水
10～30	5	河水,生物净化的城市污水
20～60	10	生物净化的城市污水
40～120	20	澄清的城市污水或轻度污染的工业废水
100～300	50	轻度污染的工业废水或原城市污水

表 2-18(续)

BOD$_5$的期望值/(mg/L)	稀释倍数	水样类型
200～600	100	轻度污染的工业废水或原城市污水
400～1 200	200	重度污染的工业废水或原城市污水
1 000～3 000	500	重度污染的工业废水
2 000～6 000	1 000	重度污染的工业废水

根据表 2-17 选择适当的 R 值，按照下式计算 BOD$_5$ 的期望值，即

$$\rho = R \cdot Y$$

式中　ρ——五日生化需氧量质量浓度的期望值，mg/L；

Y——总有机碳(TOC)、高锰酸盐指数(I_{Mn})或化学需氧量(COD_{Cr})的值，mg/L。

由估算出的 BOD$_5$ 的期望值，按照表 2-18 确定样品的稀释倍数。

按照确定的稀释倍数，将一定体积的试样或处理后的试样用虹吸管加入已加部分稀释水或接种稀释水的稀释容器中，加稀释水或接种稀释水至刻度，轻轻混合避免残留气泡，待测定。若稀释倍数超过 100 倍，可进行两步或多步稀释。

(4) 稀释法与稀释接种法按下式计算样品 BOD$_5$ 的测定结果：

$$\rho = \frac{(\rho_1 - \rho_2) - (\rho_3 - \rho_4) f_1}{f_2}$$

式中　ρ——五日生化需氧量质量浓度，mg/L；

ρ_1——接种稀释水样培养前的溶解氧质量浓度，mg/L；

ρ_2——接种稀释水样培养后的溶解氧质量浓度，mg/L；

ρ_3——空白试样培养前的溶解氧质量浓度，mg/L；

ρ_4——空白试样培养后的溶解氧质量浓度，mg/L；

f_1——接种稀释水或稀释水在培养液中所占的比例；

f_2——原样品在培养液中所占的比例。

(四) 总有机碳

总有机碳(total organic carbon，TOC)是指溶解或悬浮在水中有机物的含碳量(以质量浓度表示)，以碳的含量表示水体中有机物质总量的综合指标，结果以 C(mg/L)表示。由于 TOC 的测定采用燃烧法，因此能将有机物全部氧化，它比 BOD$_5$、COD 更能反映有机物的总量。

总有机碳的测定方法有《水质 总有机碳的测定 燃烧氧化-非分散红外吸收法》(HJ 501—2009)、《总有机碳(TOC)水质自动分析仪技术要求》(HJ/T 104—2003)。

燃烧氧化-非分散红外吸收法适用于地表水、地下水、生活污水和工业废水中总有机碳(TOC)的测定，检出限为 0.1 mg/L，测定下限为 0.5 mg/L。该方法测定 TOC 分为差减法和直接法。当水中苯、甲苯、环己烷和三氯甲烷等挥发性有机物含量较高时，宜用差减法测定；当水中挥发性有机物含量较少而无机碳含量相对较高时，宜用直接法测定。

1. 差减法

将试样连同净化气体分别导入高温燃烧管(900～950 ℃)和低温反应管(150 ℃)中，经高温燃烧管的试样在催化剂(铂和三氧化钴)和氧的高温催化作用下，其中的有机碳和无机

碳均转化为二氧化碳，从而确定水样的总碳量(TC)；经低温反应管的试样被酸化后，其中的无机碳分解成二氧化碳，此时确定水样的无机碳量(IC)。两种反应管中生成的二氧化碳分别被导入非分散红外检测器。在特定波长下，一定质量浓度范围内二氧化碳的红外线吸收强度与其质量浓度成正比，由此可对试样总碳(TC)和无机碳(IC)进行定量测定。总碳与无机碳的差值，即为总有机碳(TOC)。

试样中总有机碳质量浓度计算公式为：

$$\rho(\mathrm{TOC})=\rho(\mathrm{TC})-\rho(\mathrm{IC})$$

式中 $\rho(\mathrm{TOC})$——总有机碳质量浓度，mg/L；

$\rho(\mathrm{TC})$——总碳质量浓度，mg/L；

$\rho(\mathrm{IC})$——无机碳质量浓度，mg/L。

2. 直接法

试样经酸化曝气，其中的无机碳转化为二氧化碳被去除，再将试样注入高温燃烧管中，可直接测定总有机碳(TOC)。由于酸化曝气会损失可吹扫有机碳(POC)，故测得总有机碳值为不可吹扫有机碳(NPOC)。根据所测试样响应值，由标准曲线计算出总有机碳的质量浓度 $\rho(\mathrm{TOC})$。

(五) 挥发酚类

酚类化合物是芳烃的含羟基衍生物，属高毒类物质，人体长期接触低浓度酚类物质，会引起头痛、贫血、出疹及神经系统疾病等。水体中酚浓度达 5 mg/L 时，会引起水生生物中毒，鱼类等生物死亡。水中的酚类污染物主要来自炼油、选煤、造纸、炼焦和化学制药等工业废水。

根据酚类化合物的挥发性，可以分为挥发性酚和不挥发性酚。如果酚类化合物能与水蒸气一起蒸发，则被称为挥发酚(沸点在 230 ℃以下)，否则被称为不挥发酚(沸点在 230 ℃以上)。挥发酚通常属于一元酚，如苯酚、甲酚等。挥发酚类的测定方法有《水质 挥发酚的测定 溴化容量法》(HJ 502—2009)、《水质 挥发酚的测定 4-氨基安替比林分光光度法》(HJ 503—2009)、《水质 挥发酚的测定 流动注射-4-氨基安替比林分光光度法》(HJ 825—2017)。

1. 样品采集与保存

样品采集现场，可用淀粉-碘化钾试纸检测样品中有无游离氯等氧化剂存在，若试纸变蓝，应加入过量硫酸亚铁去除游离氯。样品采集量应大于 500 mL，贮于硬质玻璃瓶中。采集后的样品应及时加适量硫酸铜，使样品中硫酸铜质量浓度约为 1 g/L，以抑制微生物对酚类的生物氧化作用。采集后的样品应在 4 ℃下冷藏，24 h 内进行测定。

2. 水样的预处理

当水样中有颜色、悬浮物、氧化剂、还原剂、油类及某些金属离子时，对测定结果会产生干扰，应采用预处理法消除，预处理同时还需要分离出挥发酚，因此，常采用蒸馏法进行预处理。

取磷酸酸化至 pH=4.0 的样品 250 mL 移入 500 mL 全玻璃蒸馏器中，加 25 mL 水，加数粒玻璃珠以防暴沸，再加数滴甲基橙指示液，连接冷凝器，加热蒸馏，收集馏出液 250 mL 至容量瓶中。蒸馏过程中，全程保证甲基橙红色不褪去。

3. 溴化容量法

该方法适用于含高浓度挥发酚工业废水中挥发酚的测定。该方法检出限为 0.1 mg/L，

测定下限为 0.4 mg/L,测定上限为 45.0 mg/L。对于质量浓度高于标准测定上限的样品,可适当稀释后进行测定

在含过量溴(由溴酸钾和 KBr 产生)的溶液中,被蒸馏出的酚类化合物与溴反应生成三溴酚,进一步生成溴代三溴酚。剩余的溴与碘化钾(KI)作用释放出游离碘,与此同时,溴代三溴酚也与碘化钾(KI)反应生成三溴酚和游离碘,以淀粉为指示剂,用硫代硫酸钠标准溶液滴定释出的游离碘,并根据其消耗量,计算出以苯酚计的挥发酚含量。

4. 4-氨基安替比林分光光度法

该方法适用于测定地表水、地下水、饮用水、工业废水和生活污水中的挥发酚。地表水、地下水和饮用水适合用萃取分光光度法测定,检出限为 0.000 3 mg/L,测定下限为 0.001 mg/L,测定上限为 0.04 mg/L。工业废水和生活污水适合用直接分光光度法测定,检出限为 0.01 mg/L,测定下限为 0.04 mg/L,测定上限为 2.50 mg/L。

被蒸馏出的酚类化合物被置于 pH 值为 10.0±0.2 的介质中,在铁氰化钾存在下,与 4-氨基安替比林(4-AAP)反应生成橙红色的安替比林染料,用三氯甲烷萃取后,在 460 nm 波长下测定吸光度,并通过标准曲线法进行定量分析,结果以苯酚含量计算。

(六) 油类

油类 (oil and grease) 是指在 pH＜2 的条件下,能够被四氯乙烯萃取且在波数为 2 930 cm^{-1}、2 960 cm^{-1} 和 3 030 cm^{-1} 处有特征吸收的物质,主要包括石油类和动植物油类。石油类(petroleum)主要由烷烃、环烷烃、芳香烃、烯烃等烃类化合物组成,烃类含量占总体的 96%～99%,除烃类之外石油类物质还含有少量的氧、氮、硫等元素的烃类衍生物,水中石油是指在 pH＜2 的条件下,能够被四氯乙烯萃取且不被硅酸镁吸附的物质。动植物油类(animal fats and vegetable oils)是指在 pH＜2 的条件下,能够被四氯乙烯萃取且被硅酸镁吸附的物质,主要包括动物油脂和植物油脂。

水质中油类的测定方法有《水质 石油类和动植物油类的测定 红外分光光度法》(HJ 637—2018)、《水质 石油类的测定 紫外分光光度法(试行)》(HJ 970—2018)、重量法和荧光法等。重量法适合各种油类物质测定,但操作烦琐,灵敏度低,适于测定含油 10 mg/L 以上的水样。红外分光光度法不受石油类品种的影响,测定结果能较好地反映水体被石油污染的程度。紫外分光光度法操作简单,灵敏度高,但标准油品的取得较为困难,数据的可比性差。

1. 红外分光光度法

该方法适用于工业废水和生活污水中的石油类和动植物油类的测定。当取样体积为 500 mL、萃取液体积为 50 mL、使用 4 cm 石英比色皿时,此方法的检出限为 0.06 mg/L,测定下限为 0.24 mg/L。

水样在 pH≤2 的条件下用四氯乙烯萃取后,直接测定油类含量;将萃取液用硅酸镁吸附去除动植物油类等极性物质后,测定石油类含量。油类和石油类的含量均由波数分别为 2 930 cm^{-1}(CH_2 基团中 C—H 键的伸缩振动)、2 960 cm^{-1}(CH_3 基团中 C—H 键的伸缩振动)和 3 030 cm^{-1}(芳香环中 C—H 键的伸缩振动)处的吸光度 $A_{2\,930}$、$A_{2\,960}$ 和 $A_{3\,030}$,根据校正系数进行计算;动植物油类的含量为油类与石油类含量之差。

2. 紫外分光光度法

该方法适用于地表水、地下水和海水中石油类的测定。当取样体积为 500 mL、萃取液体

积为 25 mL、使用 2 cm 石英比色皿时，此方法的检出限为 0.01 mg/L，测定下限为0.04 mg/L。

在 pH<2 的条件下，样品中的油类物质被正己烷萃取，萃取液经无水硫酸钠脱水，再经硅酸镁吸附除去动植物油类等极性物质后，于 225 nm 波长处测定吸光度，石油类含量与吸光度值符合朗伯-比尔定律。

二、特定有机污染物

特定有机污染物指的是会造成重大污染或造成严重影响，具有高毒性、强蓄积性、难降解、被列为优先监测的有机污染物。这类污染物主要包括苯系物（苯、甲苯、乙苯、异丙苯、苯乙烯等）、挥发性卤代烃、氯苯类化合物、挥发性有机污染物、有机农药类等。测定水中特定有机污染物主要采用气相色谱法、高效液相色谱法、气相色谱-质谱法等。

（一）气相色谱法

色谱法操作较方便，仪器装置不复杂，具有分离效能高、灵敏度高、分析速度快、定量结果准确和易于自动化等优点，现已成为有机物、石油产品、环境保护等汽车材料及相关领域的一种分析方法。

1. 气相色谱法原理

色谱法又称层析法，利用不同物质在相对运动的两相中具有不同的分配系数，当被分离物质随流动相移动时，在流动相和固定相之间进行反复多次分配，使原来分配系数只有微小差异的各组分最终实现分离效果，然后逐一送入检测器进行测定。气相色谱法能实现对多组分混合物分离和分析。

色谱法按流动相和固定相的状态分为气相色谱法、液相色谱法、薄层色谱法、凝胶色谱法、超临界流体色谱法等。常用的为气相色谱法和液相色谱法。

2. 气相色谱法的测定流程

载气由高压钢瓶供给，经减压、干燥、净化和流量控制后进入汽化室。在汽化室，样品通过进样口注入并迅速汽化为蒸气，然后进入色谱柱进行分离。各组分经过分离后依次进入检测器，将浓度和质量信号转换成电信号，记录仪记录色谱峰，每个峰代表一种组分。根据色谱峰的出峰时间进行定性分析，根据色谱峰高或峰面积可进行定量分析。

气相色谱仪通常由载气系统、进样系统、分离系统（色谱柱）、检测系统、记录系统和辅助系统组成。气相色谱仪的基本结构如图 2-21 所示。

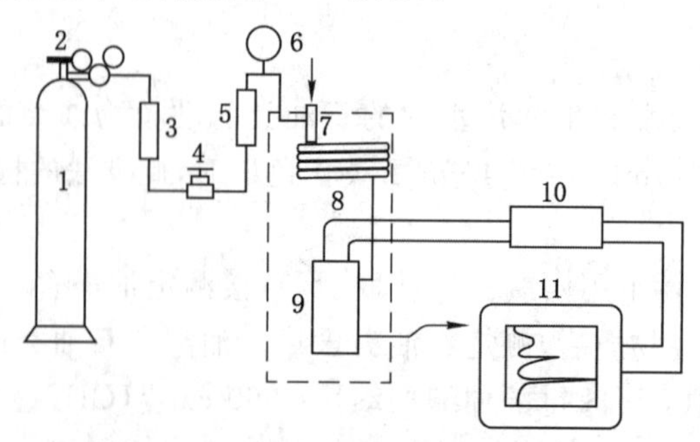

1—载气高压钢瓶；2—减压阀；3—净化干燥管；4—针形阀；5—流量计；6—压力表；
7—进样器和汽化室；8—色谱柱；9—检测器；10—放大器；11—记录系统。

图 2-21　气相色谱仪结构示意图

3. 色谱流出曲线

在气相色谱分析中，以检测器响应信号大小为纵坐标，流出时间为横坐标，绘得的组分浓度（响应信号）随时间变化的曲线称为色谱流出曲线（也称色谱图），如图 2-22 所示，其中每个色谱峰代表一种物质。当色谱柱只有载气通过时，检测器响应信号的记录称为基线；每个色谱峰最高点与基线之间的距离称为峰高；每个组分的流出曲线和基线间所包含的面积称为峰面积；从进样开始到某组分在色谱峰上出现最大值时所需的时间为保留时间。

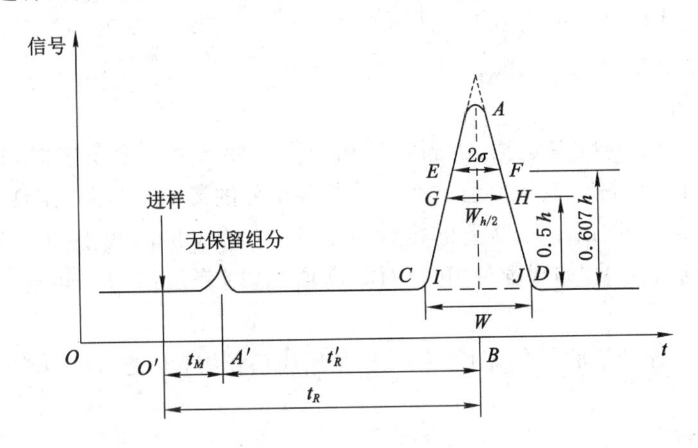

图 2-22　色谱流出曲线示意图

4. 气相色谱分析条件的选择

(1) 色谱柱

气相色谱分离是在色谱柱中完成的，因此色谱柱是色谱仪的核心部件。气相色谱柱分为填充柱和毛细管柱，柱内填充固定相。固定相是固体的称为气-固色谱固定相，用于分离 CH_4、CO、SO_2、H_2S 及四个碳以下的气态烃；固定相是液体的称为气-液色谱固定相，该固定相由担体（惰性固体微粒）和固定液组成。固定液为高沸点有机化合物，固定液的选择依据"相似相溶"性。

提高色谱柱的温度可加速待测组分在气相和液相之间的传质过程，缩短分离时间，但过高的温度会降低固定液的选择性，增加其挥发流失，一般选择近似等于试样中各组分的平均沸点或稍低温度。

(2) 汽化室温度

汽化室温度、色谱柱温度、检测器温度是气相色谱仪三个重要温度，其中汽化室温度影响着整个气相色谱分析过程。汽化室温度的高低影响色谱柱分离效果和结果测定。汽化室温度应以能将试样迅速汽化而不分解为准，一般高于色谱柱温度 50～100 ℃。

(3) 载气及检测器的选择

载气是根据所使用的检测器类型进行选择的。气相色谱仪的检测器按照响应特性可分为浓度型检测器和质量型检测器。气相色谱仪常用的氢火焰检测器和火焰光度检测器属于质量型检测器，热导检测器和电子捕获检测器属于浓度型检测器。

热导检测器（TCD）是一种广泛使用的通用型检测器，其原理基于不同物质具有不同的热导率。该检测器适用于 CO、CO_2、CH_4 和 H_2S 等气体的分析，使用的载气是氢气、氩气或氦气。

氢火焰检测器(FID)是一种应用最广泛的检测器。它对大多数有机物有很高的灵敏度,较 TCD 的灵敏度高 $10^2 \sim 10^4$ 倍。使用的载气是氮气或氩气。

(4) 进样时间和进样量

色谱分析要求进样时间在 1 s 内完成,否则会造成色谱峰扩张,甚至改变色谱曲线的形状,影响测定结果。进样量应控制在峰高或峰面积与进样量成正比的范围内,液体样品一般为 0.5～5 μL;气体样品一般为 0.1～10 mL。

5. 定性和定量分析

(1) 定性分析

① 利用保留值的定性鉴定法:当固定相和操作条件严格固定不变时,每种物质在色谱图上都会有确定的保留值,该保留值一般不受共存组分的影响,可用作定性鉴定的指标。

② 利用加入纯物质以增加峰高的定性鉴定法:色谱流出曲线上的一个峰代表一种物质,将纯物质加到试样中,如果某一组分的峰高增加,则表示该组分可能与加入的纯物质相同。

③ 与质谱、红外光谱联用的定性鉴定法:利用质谱仪、红外光谱仪对有机化合物结构进行鉴定。

(2) 定量分析

① 标准曲线法(外标法):取纯物质配制成一系列不同浓度的标准溶液,分别取一定体积注入色谱仪中,测出峰面积(或峰高),做出峰面积(或峰高)和浓度 c 的关系曲线,即外标标准曲线,如图 2-23 所示。然后在同样操作条件下注入相同量(一般为体积)的未知试样,从色谱图上测出峰面积(或峰高),由上述标准曲线查出待测组分的浓度。

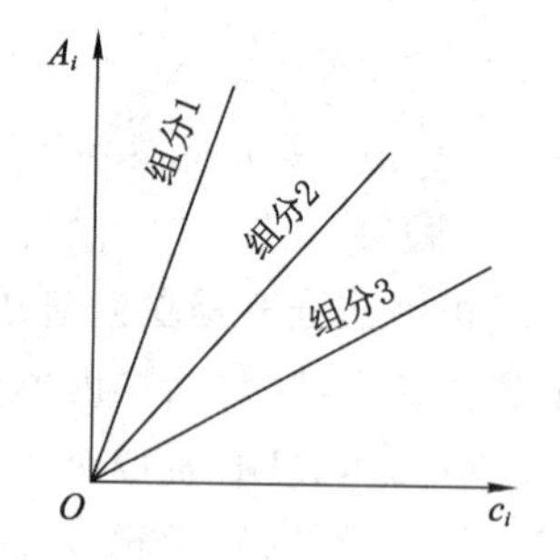

图 2-23 外标法标准曲线图

② 内标法:当试样中所有组分不能全部出峰,或者试样中各组分含量差异很大,或仅需测定其中某个或某几个组分时,可用此法。

准确称取一定量试样,加入一定量选定的标准物质(称内标物),根据内标物和试样的质量,以及色谱图上相应的峰面积,计算待测组分的含量。内标物应是试样中不存在的纯物质,加入的量应接近待测组分的量,其色谱峰也应位于待测组分色谱峰附近或几个待测组分色谱峰的中间。采用内标法定量的结果可按下列方法计算。

设称取的试样质量为 $m_{试}$,加入的内标物质量为 m_s。待测物和内标物的峰面积分别为 A_i 和 A_s,质量校正因子分别为 f_i 和 f_s。由于

$$\frac{m_i}{m_s}=\frac{f_iA_i}{f_sA_s}$$

则

$$m_i=\frac{f_iA_i}{f_sA_s}m_s \tag{3-1}$$

由于每次分析时确定质量校正因子和称量内标物的质量较为烦琐,不利于快速分析。此外,在试验条件固定时,式(3-1)中的 f_i、f_s、m_s 为常数。

如果配制一系列相同体积、不同浓度的待测组分的标准溶液，并添加恒定量的内标物，则式(3-1)可简化为

$$m_i=\frac{A_i}{A_s}\times 常数 \tag{3-2}$$

以 m_i(或 c_i)对 A_i/A_s 作图，可得一条通过原点的直线，即内标法标准曲线，如图 2-24 所示。

通过内标法标准曲线得出 m_i 后，可按下式求出待测物的质量分数：

$$\omega_i=\frac{m_i}{m_{试}}\times 100\% \tag{3-3}$$

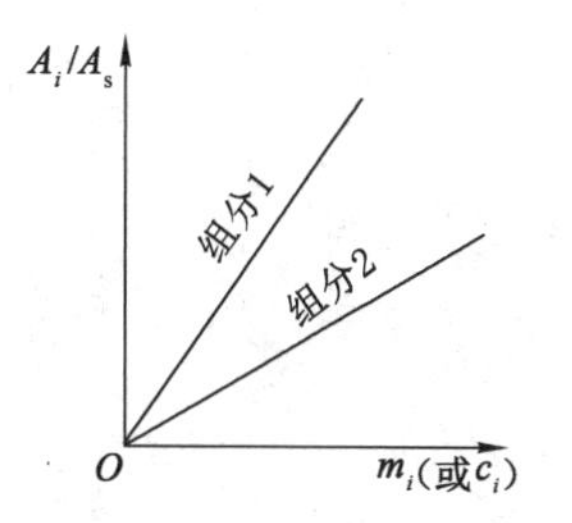

图 2-24 内标法标准曲线图

6. 气相色谱法应用案例

水体中的有机污染物多可以采用气相色谱法分离与测定，如《水质 挥发性卤代烃的测定 顶空气相色谱法》(HJ 620—2011)、《水质 挥发性有机物的测定 吹扫捕集/气相色谱法》(HJ 686—2014)、《水质 氯苯类化合物的测定 气相色谱法》(HJ 621—2011)、《水质 多氯联苯的测定 气相色谱-质谱法》(HJ 715—2014)、《水质 苯胺类化合物的测定 气相色谱-质谱法》(HJ 822—2017)等。下面就以氯苯类化合物的测定为例，介绍气相色谱法测定条件和过程。

(1) 色谱分析参考条件

色谱柱：石英毛细管色谱柱，30 m(长)×0.25 mm(内径)×0.25 μm(膜厚)，固定相为硝基对苯二酸改性的聚乙二醇或其他等效固定相。进样量为 1.0 μL；汽化室温度为 220 ℃；检测器温度为 300 ℃；载气流速为 1.0 mL/min；进样方式采用不分流进样，进样 0.5 min后分流，分流比为 60∶1。

(2) 样品的定性与定量分析

对水样中各组分的定性分析，主要根据标准色谱图各组分的保留时间定性。根据待测物的峰面积，由工作曲线得到样品溶液中待测物的浓度。

(二) 高效液相色谱法

高效液相色谱法(high performance liquid chromatography，HPLC)又称高压液相色谱法、高速液相色谱法或现代液体色谱法，是 20 世纪 70 年代飞速发展起来的一种新颖、快速的分离分析技术，这种分析方法具有高压、高速、高效和高灵敏度等特点。

1. 高效液相色谱仪

高效液相色谱仪由贮液器、高压泵、梯度洗提装置、进样器、色谱柱、检测器、数据记录及处理装置等部件组成。贮液器贮存的流动相(常需预先脱气)由高压泵送至色谱柱入口，试液由进样器注入，随流动相进入色谱柱进行分离。分离后的各个组分进入检测器，转变成相应的电信号，供给数据记录及处理装置。高效液相色谱仪的结构见图 2-25。液相色谱的定性和定量分析方法与气相色谱基本一致。

(1) 高压泵

一般采用往复泵，其结构如图 2-26 所示。柱塞每分钟大约往复运动 100 次，可连续供给流动相并维持稳定的输出流量。

(2) 梯度洗提

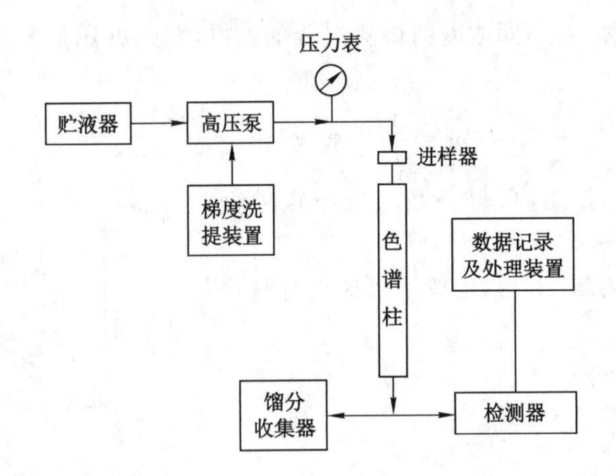

图 2-25　高效液相色谱仪结构示意图

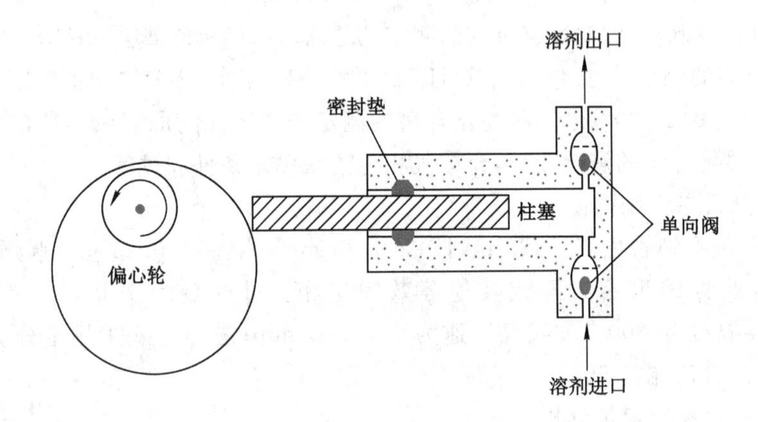

图 2-26　活塞式往复泵结构示意图

梯度洗提又称梯度洗脱、梯度淋洗，是按一定程序连续改变流动相中不同极性溶剂的配比，以连续改变流动相的极性，或连续改变流动相的浓度、离子强度及 pH 值，借以改变被分离组分的分配系数，从而提高分离效果和加快分离速度。

(3) 色谱柱

常采用的标准柱型为内径 3.9 mm 或 4.6 mm、长 10～30 cm 的直行不锈钢柱，填料颗粒粒度为 3～5 μm，理论塔板数可达每米 10^4～10^5。

(4) 检测器

高效液相色谱仪要求检测器具有灵敏度高、重现性好、响应快、检测限低、线性范围宽、应用范围广等性能。目前应用较广的有紫外光度检测器、示差折光检测器、荧光检测器、电导检测器等。

2. 高效液相色谱法应用案例

对于地表水、地下水、生活污水、工业废水和海水中的许多有机污染物都可以采用高效液相色谱法测定，如《水质 萘酚的测定 高效液相色谱法》(HJ 1073—2019)、《水质 联苯胺的测定 高效液相色谱法》(HJ 1017—2019)、《水质 多环芳烃的测定 液液萃取和固相萃取高效液相色谱法》(HJ 478—2009)、《水质 阿特拉津的测定 高效液相色谱法》(HJ 587—2010)

等，下面就以阿特拉津的测定为例，说明高效液相色谱法的测定条件及过程。

阿特拉津是一种广泛使用的除草剂，其本身及其降解产物在水体或土壤中被发现。2017 年 10 月 27 日，世界卫生组织国际癌症研究机构将阿特拉津列入致癌物清单。

(1) 参考色谱条件

色谱柱采用填料为 5.0 μm ODS、柱长为 200 mm、内径为 4.6 mm 的反相色谱柱；流动相为甲醇：水＝70：30(体积分数)；流速为 0.8 mL/min；紫外检测波长为 225 nm；柱温为 40 ℃；进样量为 10.0 μL。

(2) 定性与定量分析

以样品的保留时间和标准溶液的保留时间相比来进行定性分析。用作定性的保留时间窗口宽度以当天测定标样的实际保留时间变化为基准。用外标标准曲线法进行定量分析。

随着环境中有机污染物的增加，我国近几年又陆续颁布了不少关于气相色谱、液相色谱标准方法，需要时可到中华人民共和国生态环境部网站查阅相关国家标准。

思　考　题

1. 什么是水污染？试分析水体污染的类型和影响。

2. 生活污水中有哪些物质可以利用？你认为应该如何利用？

3. 试述河流采样点布设的基本原则。以河宽＜50 m、水深＜5 m 的河流为例，简述如何布设监测断面和采样点。

4. 在水质分析工作中，水样采集的重要性如何？采样时特别需要注意的问题是什么？

5. 水样主要有哪几种保存方法？试分别举例说明如何根据待测物性质选用不同的保存方法。

6. 水样在分析之前为什么要进行预处理？预处理包括哪些内容？

7. 怎样用萃取法从水样中分离、富集欲测有机污染物和无机污染物？各举一例说明。

8. 现有一工业废水，内含有微量的汞、铜、铅和痕量酚，试设计一个预处理方案，实现四种污染物的分别测定。

9. 水样在运输和保存过程中应注意哪些问题？

10. 水样消解的目的是什么？为什么在一些样品的消解中需要使用多元酸体系？

11. 水的真色和表色的概念如何？水的色度通常指什么？

12. 浊度和色度的区别是什么？它们分别是由水样中的何种物质造成的？

13. 比较液体样品中总固体、溶解性总固体及总悬浮固体三者之间的区别。

14. 溶解氧的测定有何环境意义？碘量法和电化学探头法测定溶解氧的原理是什么？各有何特点？

15. 说明重铬酸盐法测定水样 COD 的原理和步骤。所用到的化学试剂中有哪些对环境有不良影响？从控制环境污染和节约能源的角度考虑，该方法有哪些可以改进之处？

16. 在测定 BOD 时，为什么常用的培养时间是 5 天，培养温度是 20 ℃？用稀释法测定 BOD_5 时，对稀释水有何要求？稀释倍数是怎样确定的？

17. 现欲对某大型商场的污水排放实施污染物总量监测，商场内污水主要来自餐饮和盥洗，营业时间为 10:00—22:00。请确定监测方案，包括监测项目、采样时间与频次、水样类型、样品容器和保存方法等。

18. 4-氨基安替比林分光光度法测定挥发酚的基本原理是什么？

19. 气相色谱仪包括哪些基本部分？各起什么作用？在色谱分析中常用哪些定性、定量方法？

20. 试述水中的氨氮、凯氏氮和总氮的测定方法及原理。

21. 简述含磷化合物测定的环境意义。

22. 水中硫化物的来源有哪些？对环境和人体的影响如何？

23. 原子吸收光谱法的基本原理是什么？原子吸收分光光度计由哪几部分组成？各部分的功能如何？

24. 原子吸收光谱法定量的基本依据是何种关系式？有哪几种定量方法？

25. 原子发射光谱法的基本原理是什么？电感耦合等离子体火炬由哪几部分组成？各部分的功能如何？

知识拓展阅读

拓展1：观看纪录片《江河奔腾看中国》。江河承载历史，繁荣经济，滋养民生。

拓展2：观看大型纪录片《美丽中国》。该片以生态文明是人类又一崭新文明形态的站位高度，阐释“生态兴则文明兴、人与自然和谐共生”的新思想内涵。

第三章　空气和废气监测

本章知识要点

本章重点介绍环境空气质量监测方案、标准与评价方法；环境空气样品的采集方法与设备；环境空气中气态污染物、颗粒物的测定方法。

20世纪以来，化石燃料的广泛使用和交通运输方式的转变导致大气污染频繁发生，对人类生产生活和健康造成了危害。例如，1952年发生在伦敦的著名烟雾事件持续5天，造成1.2万人死亡。大气污染还会影响天气和气候，例如引发酸雨、导致臭氧空洞、加剧气候变暖等问题已成为全球性难题。目前，我国大气污染逐步从单一污染物引起的堆积型污染转为多种污染物高浓度共存并相互反应引起的复合型污染。例如，以$PM_{2.5}$和O_3浓度超标为表征的区域性大气复合污染已成为我国主要环境问题之一。

第一节　概　　述

一、大气污染基本知识

（一）大气与空气

大气是指环绕地球的全部空气的总和，厚达1 000～1 400 km，总重约为5.136×10^{15} t，主要由混合气体、水汽和各种杂质组成。世界气象组织（WMO）将大气由低空至高空分为对流层、平流层、中间层、暖层和逸散层，对人类及生物生存起主要作用的是对流层。

空气也称为环境空气，是指地球表面附近多种气态物质的混合物，主要为氮和氧，分别占空气总体积的78.06%和20.95%。人们常把对流层称为空气层。广义上“大气”和“空气”内容相同；狭义上“空气”要比“大气”包含的范围小得多。环境监测中，二者视为同义词。

（二）大气污染

大气污染是指由于自然过程或人类生产生活所排放的污染物质进入大气，浓度达到有害程度并持续一定时间，破坏生态系统、威胁人类正常生存和发展的现象。可见，大气污染是相对大气组成本底而言的概念。大气污染现象形成中，污染源、大气作用和受体三者缺一不可。

根据污染物的化学性质，大气污染可分为还原型和氧化型两种。还原型是在低温、高湿、风速小并伴有逆温的情况下，SO_2、CO 和颗粒物等一次污染物在低空集聚形成的污染现象；氧化型主要是 CO、NO_x 和碳氢化合物等一次污染物在阳光照射下引起光化学反应，生成臭氧、醛、酮、过氧乙酰硝酸酯等具有强氧化性的二次污染物而形成的污染现象。

（三）大气污染源

大气污染源是指向大气排放污染物质或对大气产生有害影响的场所、设备和装置，包括污染物的发生源和污染物来源。在环境意义上，大气污染源是指在一定的环境范围内，向大气排放的污染物数量和排放持续时间能对生物构成伤害的排放源，若排放污染物数量或浓度低于环境质量标准限值要求，或未对生物体造成伤害，则不视为环境意义上的污染源。

大气污染源按属性分自然源和人为源；按存在形式分为固定源和移动源；按污染物排放时间分为连续源、间断源和瞬时源；按污染源形状分为点源、线源、面源、体源和复合源等。

（四）大气污染物

大气污染物是指由自然过程或人类活动排入空气并对人和环境产生有害影响的物质，具有一定的自然属性、扩散性、毒性，成分形态多样，性质复杂，种类多，一般以分子态和粒子态存在。分子态污染物又称为气态污染物，粒子态污染物又称为颗粒物态污染物，主要指分散到大气中的微小液滴或固体颗粒，粒径多为 0.01～100 μm。

大气污染物按化学组成和内部结构分为单质污染物和化合物污染物；按来源分为天然源污染物和人为源污染物；按形成过程分为一次污染物和二次污染物（表 3-1）。

表 3-1　常见的大气污染物

污染物	含氮污染物	含硫污染物	碳的污染物	碳氢化合物	卤素化合物
一次污染物	NO，NH_3	SO_2，H_2S	CO，CO_2	C_1～C_{10}化合物	HF，HCl
二次污染物	NO_2，HNO_2，MNO_3	SO_3，H_2SO_4，M_2SO_4	无	O_3，醛，酮，过氧乙酰硝酸酯	无

影响大气污染物浓度及分布的因素主要包括污染物排放和自然环境两方面。污染物排放包括污染源性质和分布、污染物排放高度和排放量等，自然环境要素包括气象条件和地形地貌等，例如气压、风速、相对湿度、降水等气象条件均影响大气污染物迁移扩散。

大气污染物浓度常用质量浓度或体积浓度两种方式表示。质量浓度是指单位体积内所含污染物质量，受温度和压力变化的影响，单位常用 mg/m^3 或 $\mu g/m^3$。体积浓度是指单位空气体积中所含的污染物体积数，单位为 mL/m^3 或 $\mu L/m^3$，也可为 ppm 或 ppb 形式，适用于气态污染物，有些气体监测仪器测得的浓度就是体积浓度。

大气监测中需明确污染物监测状态，以保证不同条件下得到的监测数据可比。我国现行《环境空气质量标准》（GB 3095—2012）及修改单中明确“二氧化硫、一氧化碳、臭氧、氮氧化物等气态污染物浓度为参比状态下的浓度。颗粒物（粒径小于 10 μm）、颗粒物（粒径小于 2.5 μm）、总悬浮物及其组分铅、苯并[a]芘等浓度为监测时大气温度和压力下浓度”。参比状态指大气温度为 298.15 K、大气压力为 1.01×10^5 Pa 时的状态。

二、大气监测

大气监测多指大气污染监测，是测定大气中污染物种类和浓度、观察时空分布和变化规律的过程。监测目的是及时准确地反映污染源排放和大气环境质量，研究大气环境质量变化规律和趋势，评价大气污染防治措施效果，以有效贯彻执行有关标准、政策和法规，为环境质量管理和研究、修订大气环境质量标准提供准确可靠的数据和资料。

（一）大气监测特点

大气监测具有综合性、连续性和追踪性。综合性包括监测手段、数据处理的综合性。大气污染的产生包含化学、物理、生物等多种因素，对不同污染因素需用多种方法进行监测，监测数据分析要综合考虑各种影响因素，才能准确说明数据的实际意义。大气污染物浓度和污染强度随时间变化，通常要坚持长期持续监测，才能反映大气环境质量的变化趋势和污染因素的变化规律。为确保监测结果正确，不同时间、不同地点、不同人员测得的数据有代表性和可比性，需对采样、测定、数据等全过程进行质量控制。

（二）大气监测分类

根据监测目的，大气监测分为污染源监测、空气质量监测和特定监测等。

污染源监测指对排放源排放污染物的速率、浓度、排放量等进行监测，旨在监测污染源排放的污染物是否满足现行排放标准。例如对工业企业排气筒、机动车尾气排放的监测。

空气质量监测包括环境空气质量监测和室内空气质量监测。环境空气质量监测指对环境空气中主要污染物浓度的监测，由此评价环境空气质量。室内空气质量监测主要针对室内装饰装修、家具添置引起的室内空气污染物超标情况进行分析、化验的技术过程。

特定监测包括事故监测、仲裁监测、服务监测和研究监测等。事故监测是对污染事故的污染状况和影响的应急监测；仲裁监测是对污染纠纷的法律性监测；服务监测是对建设项目验收、方法验证、人员考核等的咨询服务监测；研究监测是以科学研究和调查为目的的监测。

（三）大气监测方法

大气监测常采用化学分析、仪器分析、生物监测、自动监测和遥感监测等方法（表 3-2）。

表 3-2　常用大气监测方法

类　别	常用方法	优　点	缺　点
化学分析法	容量分析法、重量分析法	准确度高，设备简单	灵敏度低，微量组分不适用
仪器分析法	光学分析法、电化学分析法、色谱分析法	灵敏度高，选择性强，响应速度快，可多种仪器组合应用	误差较大，价格高
生物监测法	植物监测法、动物监测法、微生物监测法	具有预警作用，反映污染长期、综合影响	定量困难，耗时长
自动监测法	便携式自动监测、定点自动监测、自动监测网	时间分辨率高，可积累长期连续数据	运维费用较高，设备易受影响
遥感监测法	主动监测、被动监测	不易受干扰，监测范围大，可获取三维空间数据	灵敏度较差，误差较大

三、环境空气质量监测方案制订

环境空气质量监测方案是环境空气质量监测工作的总体设计和规划，是确保监测工作顺利实施的源头保障。其主要目的是获取具有代表性、准确性、完整性、精密性和可比性的环境空气中污染物浓度连续数据。方案要具有科学性、周密性、先进性和可行性，并要符合监测技术水平和能力现状。监测方案制订程序包括:确定监测目的、开展资料搜集和现场调查、布设监测点位、确定监测方法和频率、选择分析技术方法、提出监测结果报告要求和监测进度计划、建立质量保证程序和措施等。

(一) 资料搜集和现场调查

对监测区域进行资料搜集和现场调查时,主要涉及以下内容:污染源及其排放情况,包括污染源类型、位置、数量以及主要排放污染物种类、排放量、使用原料、燃料和消耗量等信息;气象条件,涵盖风向、风速、气温、气压、降水量、相对湿度、日照时长、温度垂直梯度以及逆温层高度等对污染物迁移和扩散产生影响的主要气象因素;土地利用和功能区划,包括土地利用类型、功能区划、建筑物密度、植被等情况。此外,还包括人口分布、居民和动植物受大气污染危害状况、流行性疾病、历史环境空气质量监测数据、地方大气环境保护与污染治理相关文件、法律法规和标准等。

(二) 监测项目

在选择监测项目时,应考虑以下因素:项目需符合监测目的需求,能够代表监测点位类别特征,具有成熟的监测方法和可比的标准。同时,要选择危害大、影响范围广的项目,并同步观测气象参数。监测项目分为基本项目、其他项目和特征项目三类(表 3-3)。

表 3-3　环境空气质量监测项目

类　型		项　目
基本项目		SO_2、NO_2、CO、O_3、PM_{10}、$PM_{2.5}$
其他项目		TSP、NO_x、Pb、BaP
特征项目	湿沉降	pH 值,电导率,降雨量及硫酸根、硝酸根、氟、氯、铵、钙、钠、镁、钾 9 种离子
	有机物	挥发性有机物(VOCs)、持久性有机污染物(POPs)等
	温室气体	CO_2、CH_4、N_2O、SF_6、HFCs、PFCs
	颗粒物主要物理化学特性	数浓度谱分布、PM_{10}或$PM_{2.5}$中的有机碳、元素碳、水溶性离子、无机元素及多种组分数浓度、实时来源解析结果等
	其他	相关的气象参数,根据特定区域(例如污染监控点、路边交通点等)的污染源排放特点由生态环境主管部门确定的监测项目

(三) 监测点位布设

点位设置要能以最少的样品数量获取满足代表性、可比性、整体性、前瞻性和稳定性的数据,并考虑区域气象、地形、功能区、人口、产业布局及发展规划等因素,达到整体覆盖,兼顾发展趋势。同类点位设置条件尽量一致,位置确定后原则上保持不变,确保数据连续。

1. 点位类型与布设要求

按照《环境空气质量监测点位布设技术规范(试行)》要求,我国环境空气质量监测点分环境空气质量评价城市点(简称城市点)、环境空气质量评价区域点(简称区域点)、环境空气质量背景点(简称背景点)、污染监控点和路边交通点五种类型(表 3-4)。

表 3-4　环境空气质量监测点位布设目的和要求

类　型	布设目的	单点代表范围半径	布设要求
城市点	监测城市建成区空气质量整体状况和变化趋势，参与城市环境空气质量评价	0.5～4 km 或扩至几十千米	于建成区内覆盖全部建成区，均匀分布；全部点位污染物浓度算术平均值能代表建成区总体均值；采用城市加密网格实测或模式模拟测算浓度均值；网格一般不大于 2 km×2 km
区域点	监测区域空气质量和污染物区域传输及影响范围	几十千米	远离建成区和主要污染源(区域点远离距离>20 km，背景点远离距离>50 km)；区域点设在区域大气环流路径上，背景点设在清洁区；海拔高度适合，山区位于高点，开阔地位于相对高地
背景点	监测国家或大区域范围的环境空气质量本底水平	>100 km	
污染监控点	监测本地主要固定污染源及工业园区等污染源聚集区对当地环境空气质量的影响	0.1～0.5 km 或 0.5～4 km	原则上设在对人体健康产生影响的高污染地区、主要污染源对环境空气质量产生明显影响地区、源主导风向和第二主导风向下风向的最大浓度落地区和工业园区边界
路边交通点	监测道路污染源对环境空气质量的影响	人们日常生活或活动场所中受道路交通污染源影响的道路两旁及附近区域	一般设在行车道下风向，根据车流量大小、车道两侧地形、建筑物分布等确定点位位置，采样口距道路边缘不超过 20 m

2. 点位布设数量和方式

城市点布设数量与城市建成区面积和人口数量有关(表 3-5)，当按照建成区面积与按照人口确定的最少监测点数不一致时，取较大值。区域点和背景点由国家生态环境行政主管部门根据国家规划设置，区域点还需兼顾区域面积和人口。设在城市建成区之外的自然保护区、风景名胜区和其他需要特殊保护区域内的区域点和背景点优先考虑点位代表的面积。污染监控点和路边交通点数量由地方生态环境行政主管部门组织各地生态环境监测机构根据本地区生态环境管理需要确定。

表 3-5　城市点布设数量

人口数/万人	面积/km²	最少监测点数/个	人口数/万人	面积/km²	最少监测点数/个
<25	<25	1	100～200	100～200	6
25～50	25～50	2	200～300	200～400	8
50～100	50～100	4	>300	>400	按面积每 50～60 km² 设 1 个点，且不少于 10 个

污染源影响监测或研究性监测的点位布设要考虑污染源的排放特征、气象和地形以及监测目的等因素，常用布点方式分为网格布点、扇形布点、同心圆布点和平行布点等，根据监测需要，可单独使用，也可同时采用几种方式(表 3-6)。

表 3-6 常用采样布点方式

方　式	适用条件	布点方法
网格布点	多个污染源均匀分布区域	将监测区域分为均匀网格，点位设在网格中心或交点，下风向点位数占比约 60%
扇形布点	单独高架源且主导风向明显区域	点源为顶点，扇角在 45°～90°之间，点位设在扇面距顶点不同位置弧线上，每条弧线 3～4 个点，上风向设对照点
同心圆布点	多个污染源且重大源集中区域或单独源且无明显主导风向区域	以单独源或污染群为圆心做 5～7 同心圆，按 8 方位或 16 方位方式从圆心做放射线，与同心圆交点处布设点位
平行布点	线性污染源影响区域	在线性源两侧 1 m 和 100 m 布设点位

四、我国大气污染监测技术发展

我国大气污染监测技术是随着大气污染防治工作需求而发展的，经历了从无机污染物监测向有机污染物监测、从化学分析向仪器分析、从“手工采样-实验室分析”向自动监测、从粗粒子监测向细颗粒物并追因溯源监测、从单一方法监测向多方法联用监测和突发性污染事故监测的发展转变，监测技术更快速、精准、深入。发展大致可分为 4 个阶段。

起步阶段：我国大气污染防治从消烟除尘开始，要求燃煤锅炉燃烧更加完全，不准冒黑烟。此阶段，大气监测主要包括林格曼黑度、自然降尘量的监测，以及进行悬浮颗粒物、SO_2、NO_x 的瞬时采样，降水 pH 值监测和利用烟尘滤膜等速采样-称重法测定烟尘含量。

发展阶段：20 世纪 90 年代中期，我国大气污染防治进入大规模工程治理和产业结构调整阶段，提出酸雨控制区和 SO_2 控制区、主要污染物总量削减计划及污染源排放浓度和环境质量浓度双达标的目标，大气污染防治工作进入污染物总量控制和“双达标”阶段。此阶段，开发了污染源 SO_2、烟尘、粉尘总量控制关键监测技术，污染源排放达标监测技术，核实排放总量监测技术，推进重点城市空气质量自动监测系统建设，建成全国酸雨监测网。

转型阶段：21 世纪第一个 10 年，大气污染防治工作进入转型阶段，主要防治对象为 SO_2、NO_x 和 PM_{10}，开始实施污染物总量控制和区域联防联控。此阶段，空气质量自动监测系统、污染源连续在线监测系统等在线自动监测网络相关设备和技术得到长足发展。

攻坚阶段：自 2011 年起大气污染防治进入攻坚阶段，重点是防治 PM_{10}、$PM_{2.5}$、O_3、VOCs 等污染物。控制目标转变为控制排放总量和提高环境质量相协调，控制重点为多种污染源综合控制与多种污染物协同减排。全面开展大气污染联防联控和减污降碳协同增效，VOCs 监测技术和监测网建设、$PM_{2.5}$ 监测(特别是来源于解析监测)、便携式应急监测设备、激光雷达、走航监测技术及高分辨率遥感等监测技术发展迅速。

第二节　环境空气质量监测与评价

一、环境空气质量标准

环境空气质量标准是评价环境空气质量的主要依据，具体标准要求随空气质量基准而变化。所谓空气质量基准，是指大气环境中的污染物对人或其他生物等特定对象产生不良或者有害影响的最大剂量或浓度，是环境空气质量标准制定和修订的科学基础。

1982年，我国发布首个环境空气质量标准，之后经历了1996年、2000年、2012年和2018年四次修订。我国环境空气质量标准属于强制性标准，标准中的污染物浓度均为质量浓度。

（一）环境空气污染物项目

污染物项目分为基本项目和其他项目。基本项目包括二氧化硫（SO_2）、二氧化氮（NO_2）、一氧化碳（CO）、臭氧（O_3）、颗粒物（粒径小于10 μm）（PM_{10}）和颗粒物（粒径小于2.5 μm）（$PM_{2.5}$）等6项污染物；其他项目包括总悬浮颗粒物（TSP）、氮氧化物（NO_x）、铅（Pb）和苯并[a]芘（BaP）等4项污染物。

（二）数据统计的有效性规定

污染物监测数据根据监测时间内数据有效性进行统计，包括年平均、季平均、月平均、24 h平均、1 h平均和日最大8 h平均。年（季，月）平均指一个日历年（季，月）内各日平均浓度的算术平均值；24 h平均指一个自然日24个小时平均浓度的算术平均值，也称为日平均；8 h平均指连续8个小时平均浓度的算术平均值，也称为8 h滑动平均；1 h平均指任何1个小时污染物浓度的算术平均值。污染物监测数据有效性要满足表3-7最低要求，否则为无效数据。自动监测设备应全年365天（闰年366天）连续运行。在监测仪器校准、停电、故障以及其他不可抗力导致不能连续监测时，应采取有效措施及时恢复。

表3-7　污染物浓度数据有效性最低要求

污染物	平均时间	数据有效性规定
SO_2、NO_2、PM_{10}、$PM_{2.5}$、NO_x	年平均	每年至少有324个日平均浓度值
	月平均	每月至少有27个日平均浓度值（二月至少有25个）
SO_2、NO_2、CO、PM_{10}、$PM_{2.5}$、NO_x	24 h平均	每日至少有20个小时平均浓度值或采样时间
TSP、Pb、BaP	年平均	每年至少有分布均匀的60个日平均浓度值
	月平均	每月至少有分布均匀的5个日平均浓度值
	24 h平均	每日至少有24个小时采样时间
SO_2、NO_2、CO、NO_x	1 h平均	每小时至少有45 min采样时间
Pb	季平均	每季至少有分布均匀的15个日平均浓度值
O_3	8 h平均	每8个小时至少有6个小时平均浓度值

二、我国环境空气质量评价

依据《环境空气质量评价技术规范（试行）》，环境空气质量评价定义为“以GB 3095—2012为依据，对某空间范围内的环境空气质量进行定性或定量评价的过程，包括环境空气质量达标判断、变化趋势分析和环境空气质量优劣相互比较”。按评价范围分为单点评价、城市评价和区域评价；按评价时间分为现状评价和变化趋势评价。

（一）现状评价

现状评价分为单项目评价和多项目综合评价，评价项目包括GB 3095—2012中的基本项目和其他项目。评价时段分为小时评价、日评价、季评价和年评价（表3-8）。

表 3-8 评价项目及平均时间

项目类别	评价时段	评价项目及平均时间
基本项目	小时评价	SO_2、NO_2、CO、O_3 的 1 小时平均
	日评价	SO_2、NO_2、PM_{10}、$PM_{2.5}$、CO 的 24 小时平均，O_3 的日最大 8 小时平均
	年评价	SO_2、NO_2 的年平均和 24 小时平均第 98 百分位数；PM_{10}、$PM_{2.5}$ 的年平均和 24 小时平均第 95 百分位数；CO 的 24 小时平均第 95 百分位数；O_3 的日最大 8 小时滑动平均第 90 百分位数
其他项目	日评价	TSP、BaP、NO_x 的 24 小时平均
	季评价	Pb 的季平均
	年评价	TSP 的年平均和 24 小时平均第 95 百分位数；NO_x 的年平均和 24 小时平均第 98 百分位数；Pb、BaP 的年平均

1. 单项目评价

单项目评价是针对不同范围不同评价时段的单个项目达标情况的评价，主要包括浓度评价和超标项目评价，其中超标项目需评价超标倍数。年达标评价要求年平均浓度和表 3-8要求的特定百分位数浓度同时达标，同时统计日评价达标率。

(1) 单点污染物浓度监测数据平均值是指监测时段内监测数据的算术平均值；多个点位某时刻污染物浓度平均值是指该时刻有效点位监测数据的算术平均值；多点位在多时段监测平均值为各点位各时段监测数据平均值的算术平均值，计算公式如下：

$$A_i = \frac{1}{n}\sum_{i=1}^{n} a_i \tag{3-1}$$

$$A_j = \frac{1}{m}\sum_{j=1}^{m} a_j \tag{3-2}$$

$$\overline{A} = \frac{1}{m}\sum_{j=1}^{m} \overline{A_j} \tag{3-3}$$

式中，a_i 和 A_i 为监测点在 $i=1,2,\cdots,n$ 时段的监测值和平均值；A_j 为多点位同时刻污染物浓度平均值；a_j 为第 j 点监测值；$\overline{A}$ 为多点在多时段内平均值；$\overline{A_j}$ 为第 j 点在各时段的平均值；m 为有效点数量，n 为监测时段总数。

(2) 超标倍数是指污染物浓度超过 GB 3095—2012 中对应平均时间的标准浓度限值的倍数，即

$$B_i = (C_i - S_i)/S_i \tag{3-4}$$

式中，B_i 为超标项目 i 的超标倍数；C_i 为超标项目 i 的监测值；S_i 为超标项目 i 的浓度限值标准，一类区采用一级浓度限值标准，二类区采用二级浓度限值标准。

(3) 达标率是指一定时间段内，污染物小时评价或日评价结果符合标准的百分比，即

$$D_i(\%) = \frac{A_i}{B_i} \times 100 \tag{3-5}$$

式中，D_i 为评价项目 i 的达标率；A_i 表示评价时间段内评价项目 i 的达标天数(小时数)；B_i 表示评价时间段内评价项目 i 的有效监测天数(小时数)。

【例 3-1】 假设某城市布设有 4 个自动监测点，各点监测的 SO_2 小时浓度如表 3-9 所

示。计算：该市 SO_2 的 A_i、A_j 和 $\overline{A}$ 以及点位 SO_2 监测结果小时平均浓度的达标、超标情况。

表 3-9　某城市监测点位 SO_2 监测结果　　单位：$\mu g/m^3$

监测点	0:00～1:00	2:00～3:00	4:00～5:00	6:00～7:00	8:00～9:00	10:00～11:00
1#	380	384	490	293	540	478
2#	387	492	360	333	430	388
3#	379	400	510	363	620	426
4#	202	194	220	348	388	462

解　按照公式进行计算，结果见表 3-10。

表 3-10　监测结果统计　　单位：$\mu g/m^3$

监测点	0:00～1:00	2:00～3:00	4:00～5:00	6:00～7:00	8:00～9:00	10:00～11:00	A_i
1#	380	384	490	293	540	478	428
2#	387	492	360	333	430	388	398
3#	379	400	510	363	620	426	450
4#	202	194	220	348	388	462	302
A_j	337	368	395	334	495	438	$\overline{A}=394$

根据 GB 3095—2012，SO_2 小时浓度超过 500 $\mu g/m^3$ 为超标。表 3-9 监测结果中，1# 点 8:00～9:00、3# 点 4:00～5:00 和 8:00～9:00 的监测结果超标，按照式(3-4)计算超标倍数分别为：

$$B_{1\#}=(C_{1\#}-S)/S=(540-500)/500=0.08$$

$$B_{3\#1}=(C_{3\#1}-S)/S=(510-500)/500=0.02$$

$$B_{3\#2}=(C_{3\#2}-S)/S=(620-500)/500=0.24$$

该城市 4 个监测点位共获得有效监测小时浓度数据 24 个，达标 21 个，达标率为：

$$D\%=A/B\times100=21/24\times100=87.5\%$$

(4) 污染物浓度第 p 百分位数计算时先将污染物浓度按由小到大顺序排列，得到浓度序列 $\{a_{(i)}, i=1,2,\cdots,n\}$，计算第 p 百分位数的 m_p 的序数 k，通过 k 计算 m_p，公式为：

$$k=1+(n-1)\times p\%$$

$$m_p=a_{(s)}+(a_{(s+1)}-a_{(s)})\times(k-s) \tag{3-6}$$

式中，k 为第 p 百分位数对应的序数；n 为污染物序列中的浓度值；m_p 为污染物第 p 百分位数浓度值；s 为 k 的整数部分，当 k 为整数时，k 与 s 相等。

2. 多项目综合评价

多项目综合评价是对单点、城市或区域不同评价时间段内六个基本评价项目达标情况的综合分析。多项目综合评价达标指评价时间段内所有基本项目均达标。评价结果包括空气质量达标情况、超标污染物及超标倍数(按大小顺序)。年评价时同时统计日综合评价达标天数和达标率、各项污染物的日评价达标天数和达标率。

多项目综合评价一般采用综合指数法，即对各污染物浓度依据环境空气质量标准进行归一化处理后叠加，是一种无量纲指数。综合指数越大，空气质量越差，可用于城市空气质量排名。

$$I_{\text{sum}} = \sum_{i=1}^{n} I_i \tag{3-7}$$

式中，I_{sum}为综合污染指数；I_i为单项污染物的分指数，是污染物实际浓度(C_i)与标准值(S_i)的比值；n 为计算综合污染指数的污染物个数。

（二）变化趋势评价

一般采用 Spearman 秩相关系数法评价污染物浓度或综合污染指数在多个连续时间周期内的变化趋势，分为上升、下降和基本无变化。评价周期一般为 5 年，公式为：

$$S = 1 - \frac{6}{n(n^2-1)} \sum_{i=1}^{n} (X_i - Y_i)^2 \tag{3-8}$$

式中，S 为 Spearman 秩相关系数；n 为时间周期数量，一般 $n \geqslant 5$；X_i为周期 i 按时间排序的序号，$1 \leqslant X_i \leqslant n$；$Y_i$为周期 i 内污染物浓度按数值升序排序的序号，$1 \leqslant Y_i \leqslant n$。

（三）环境空气质量指数

环境空气质量指数(air quality index，AQI)是将空气中污染物浓度依据适当的分级浓度标准进行等标化和综合化的结果，是定量描述空气质量的无量纲指数。我国的 AQI 体系主要依据 GB 3095—2012 和《环境空气质量指数(AQI)技术规定(试行)》进行计算。

1. AQI 的计算及含义

AQI 的计算首先通过将污染物浓度分级等标化，计算单项污染物的空气质量指数 IAQI，也被称为空气质量分指数，然后从参与计算的各 IAQI 中选取最大值作为 AQI。各污染物浓度分级对应的浓度限值参见 HJ 633—2012 中表 1 的标准。IAQI 和 AQI 计算结果均为整数。公式为：

$$\text{IAQI}_{\text{P}} = \frac{\text{IAQI}_{\text{Hi}} - \text{IAQI}_{\text{Lo}}}{\text{BP}_{\text{Hi}} - \text{BP}_{\text{Lo}}}(C_{\text{P}} - \text{BP}_{\text{Lo}}) + \text{IAQI}_{\text{Lo}} \tag{3-9}$$

$$\text{AQI} = \max\{\text{IAQI}_1, \text{IAQI}_2 \cdots \text{IAQI}_n\} \tag{3-10}$$

式中，IAQI_{P} 为污染物 P 的空气质量分指数；C_{P} 为污染物 P 的质量浓度值；BP_{Hi}、BP_{Lo}为 HJ 633—2012 表 1 中与 C_{P} 相近的污染物浓度限值的高位值、低位值；IAQI_{Hi}、IAQI_{Lo}为 BP_{Hi}、BP_{Lo}对应的空气质量分指数；n 为污染物项目数。

我国目前参与 AQI 体系计算的污染物有 SO_2、NO_2、CO、O_3、PM_{10}和 $PM_{2.5}$，各污染物的 IAQI 在综合指数中比例越大，该污染物对综合指数贡献越大，对空气污染影响越大。根据 AQI 将环境空气质量划分为优、良、轻度污染、中度污染、重度污染和严重污染六个级别(表 3-11)，这也是我国环境空气质量实时报、日报和预报的主要结果。

表 3-11　空气质量指数分级标准、含义及表示

AQI 范围	空气质量指数级别	空气质量级别及表示颜色	
0～50	一级	优	绿
51～100	二级	良	黄
101～150	三级	轻度污染	橙

表 3-11(续)

AQI 范围	空气质量指数级别	空气质量级别及表示颜色	
151～200	四级	中度污染	红
201～300	五级	重度污染	紫
＞300	六级	严重污染	褐红

2. 首要污染物及超标污染物

当 AQI 大于 50 时，IAQI 最大的污染物为首要污染物。首要污染物可为单个或多个。例如，当 AQI 为 75 时，$PM_{2.5}$ 和 PM_{10} 对应的 IAQI 均为 75，首要污染物为 $PM_{2.5}$ 和 PM_{10}。

当 IAQI 大于 100 时，该污染物浓度超过国家环境空气质量二级标准，即为超标污染物。

第三节　环境空气样品采集

一、采样方法

大气环境监测中，样品采集要综合考虑监测目的、监测污染物类别、浓度及物理化学性质、分析方法灵敏度等因素，操作要规范正确。采样方法按采样方式分为自动采样和手工采样；按采样时间分为间断采样和连续采样；按采样原理分为直接采样和富集（浓缩）采样；按采集污染物类别分为气态污染物采样和颗粒污染物采样。

（一）气态污染物采样

1. 直接采样法

当被测污染物浓度较高或分析方法灵敏度较高时常用直接采样法。该方法采样时间较短，结果为瞬时或短时平均浓度，获取快速。常用采样容器有注射器、塑料袋和固定容器。

(1) 注射器采样

注射器采样主要适用于有机蒸气采样，常采用 100 mL 玻璃或塑料注射器直接抽取样品。采样时，先用现场气样抽洗注射器 2～3 次，再采集样品。采样后，注射器进气口朝下垂直放置，使注射器内压略大于大气压；同时要及时封闭进样口以减少样品损失。注射器前端常直接连接一个三通活塞实现样品的采集和封闭，要注意注射器磨口封闭性检查和刻度校准。注射器中样品分析一般要求 12 h 内完成。

(2) 塑料袋采样

塑料袋采样主要适用于采集化学性质稳定、不与气袋发生化学反应的低沸点污染物。常用气袋有聚乙烯、聚氯乙烯和聚四氟乙烯等材质，常内衬铝箔等金属，防止样品被气袋吸附、渗透，延长样品保存时间。采样前，先进行样品稳定性和气袋气密性检查。气袋充足样品后密封进气口，将气袋放入水中，气密性良好的气袋应不冒气泡。采样时，使用二联球打气抽取现场气样冲洗气袋 3～5 次，再采集样品，要保持气袋内部干燥，气袋充满后立即封闭采样口，带回实验室尽快分析。

(3) 固定容器采样

常用的固定容器有采样管、真空瓶和真空金属罐。采样管为两端均有活塞的玻璃管，容积一般为100～500 mL。采样管一端连接二联球，采样时打开两端活塞，用二联球现场打气，使气样通过采样管的体积至少为采样管容积的6～10倍，充分置换原有气体后封闭两端活塞，采样体积为采样管容积。真空瓶一般采用0.5～1 L的耐压玻璃瓶，采样系统配有压力表和进气旋塞。采样前清洗真空瓶3～5次，抽至真空，利用压力表测定瓶中剩余压力(一般为1.33 kPa)。采样时，打开进气口旋塞，气样进入真空瓶后关闭旋塞，采样体积为真空瓶容积。真空金属罐有小容积和大容积，多用于采集大气中VOCs、含硫化合物，小容积一般为0.5～1 L，用于污染源采集；大容积有3 L、6 L、15 L，一般认为3 L是环境气样采集的理想体积。采集、储存和分析VOCs时必须使用内壁经抛光或硅烷化钝化处理的采样罐。采样前清洗采样罐3～5次，按要求抽真空；采样时打开阀门，采集气样。大气采样器实物图及示意图如图3-1所示。

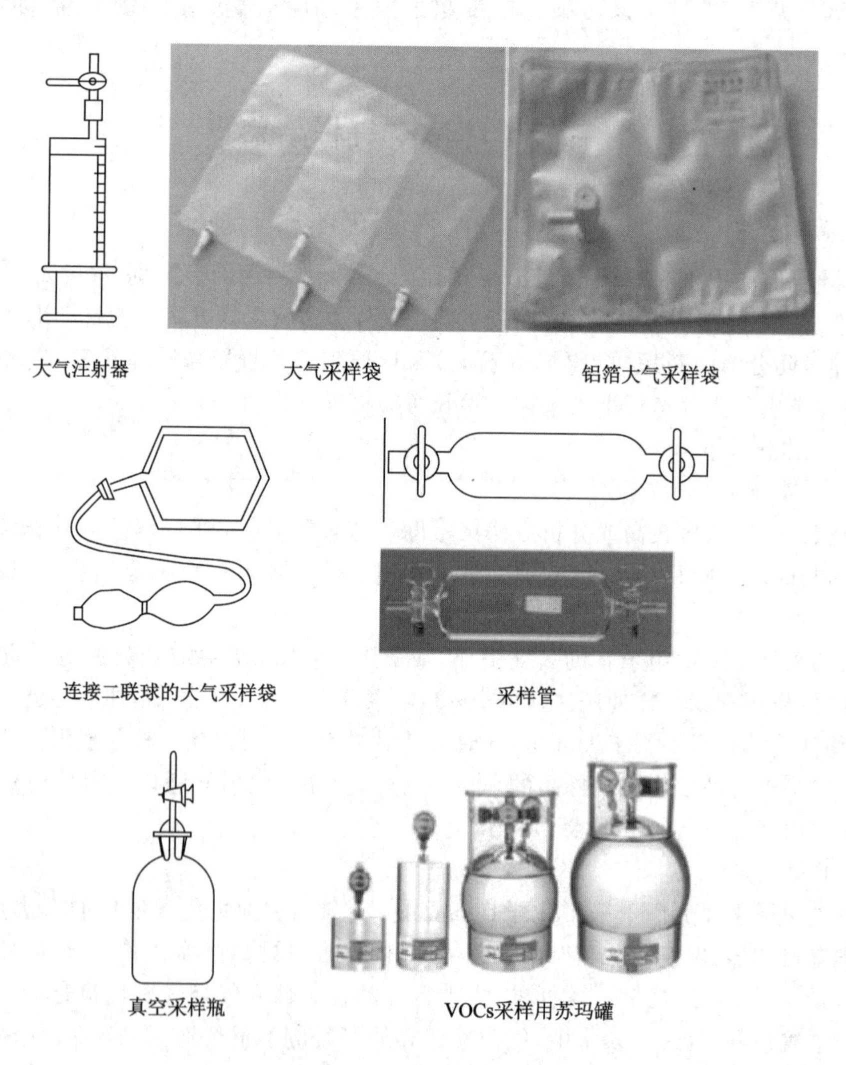

图3-1　大气采样器实物图及示意图

2. 有动力采样法

有动力采样法属于富集(浓缩)采样法，多用于待测污染物浓度较低或分析方法灵敏度较低时，采样时间一般较长，结果代表采样时段的平均浓度。常用方法主要包括溶液吸收法、填充柱采样法和低温冷凝浓缩法等，常用的吸收介质有液体和多孔状的固体颗粒物。

(1) 溶液吸收法

该方法是最常用的气态和蒸气态污染物的采样方法。通过将装有吸收液体的吸收管(瓶)与抽气装置相连接，在抽气作用下气样被抽入吸收管(瓶)并溶解于吸收液或与吸收液发生化学反应而被吸收液吸收，通过测定吸收液中污染物含量与采样体积得到气体样品中污染物浓度。常用的气体吸收管(瓶)有气泡吸收管(普通型和直筒型)、多孔玻板吸收管(普通型和大型)、多孔玻柱吸收管、多孔玻板吸收瓶(小型和大型)、冲击式吸收管(小型和大型)等(表 3-12，图 3-2)。

表 3-12　常用气体吸收管规格

吸收管类别		吸收液容量/mL	采样流量(L/min)	吸收管类别		吸收液容量/mL	采样流量(L/min)
气泡吸收管		5～10	0.5～2.0	多孔玻板吸收管		5～10	0.1～1.0
多孔玻板吸收瓶	小型	10～30	0.5～2.0	冲击式吸收管	小型	5～10	3.0
	大型	50～100	30		大型	50～100	30

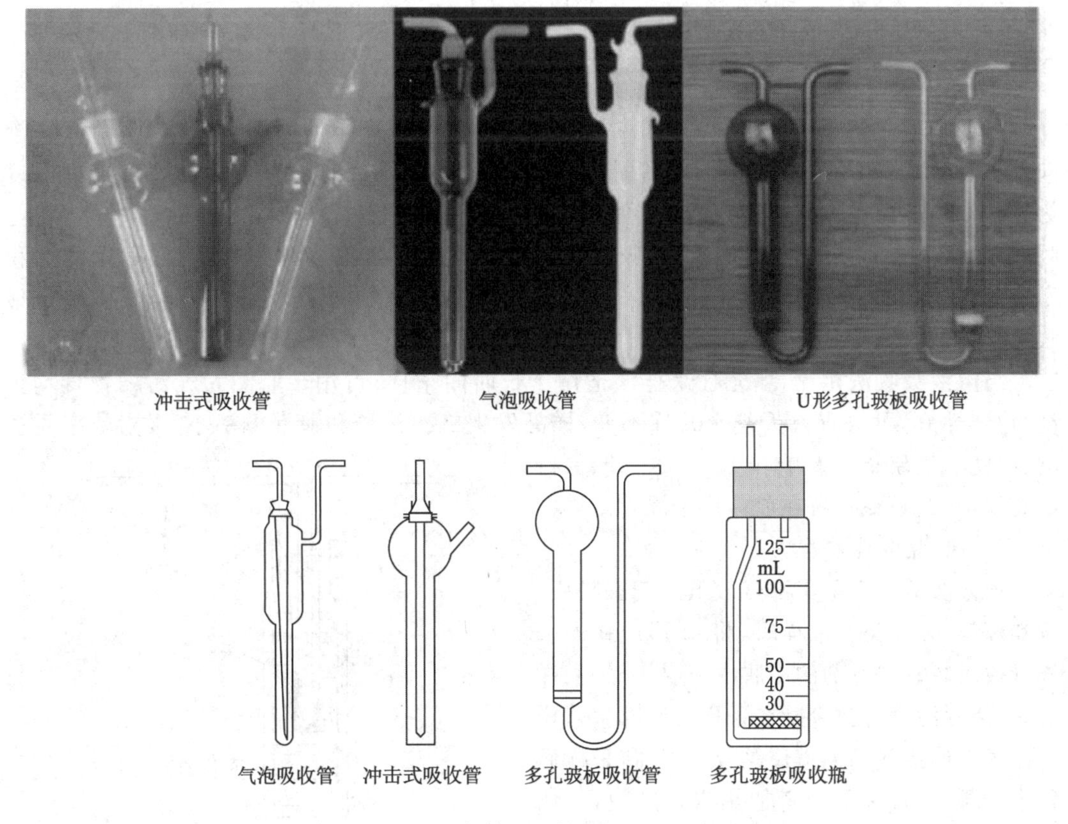

图 3-2　常用气体吸收管实物图和示意图

溶液吸收法的吸收效率主要取决于吸收速度和气体样品与吸收液的接触面积，接触面积受吸收管气泡直径、尖嘴部的气泡速度和吸收液高度等影响。吸收液效能直接影响吸收速度，一般选择具有对被吸收污染物溶解度大、伴有化学反应作用并与污染物反应速度快、毒性小、价格低、易购买和回收等特点的吸收液，常用的有水、水溶液和有机溶剂等。

（2）填充柱采样法

该方法利用采样管内填充的固体填充剂对污染物的吸附、溶解和化学反应作用阻留污染物，采样后经热解吸、吹气或溶剂洗脱使污染物从填充剂上释放，从而测定污染物浓度，也称为填充柱阻留采样法。采样管一般为内径 3～5 mm、长 6～10 cm 的玻璃或不锈钢管，填充剂为吸附剂或在颗粒状/纤维状的担体上涂渍某种化学试剂。按填充剂对污染物的阻留作用，填充柱分为吸附型、分配型和反应型（表 3-13）。

表 3-13　填充柱类型及特点

类　型	常用填充剂	适用对象	特　　点
吸附型	活性炭、硅胶、有机高分子	汞、VOCs 等	分子间引力的物理吸附（弱） 剩余价键力引起化学吸附（强）
分配型	惰性多孔颗粒（表面涂高沸点有机溶剂）	高沸点有机污染物	类似于气液色谱的固定相
反应型	表面涂与污染物反应的化学试剂的惰性多孔颗粒或纤维状物、能与污染物反应的纯金属丝毛或细颗粒	气态、蒸汽态污染物一般均适用	采样量，采样速率较大，富集物稳定，富集效率较高

采样初始，污染物被阻留在填充柱的气体进口处；随着样品的逐步采集，阻留区逐渐向前移动，直至整个填充柱达到浓缩饱和状态，污染物开始漏出。当漏出的污染物浓度为进气浓度 5%时，通过采样管的总体积称为填充柱的最大采样体积。最大采样体积与吸收效率有关，最大采样体积越大，吸收效率越高。若要富集多种污染物，实际采样体积不能超过阻留最弱的污染物的最大采样体积，因此采样前要根据实际需要经试验确定最大采样体积。

与溶液吸收法相比，填充柱采样法适用于长时间采样，可用于监测大气污染物日均浓度；稳定性好，可放置几天甚至几周不变，样品发生二次污染和泄漏概率小；吸附效率受温度、湿度等气象条件影响较大，应尽可能保持填充柱干燥，必要时可在前端接干燥管。

（3）低温冷凝浓缩法

该方法适用于采集沸点较低的气态物质，例如醛类、烯烃类。采样时，将 U 形或蛇形采样管插入装有制冷剂的冷肼中，气样经过采样管时，待测污染物被冷凝在采样管底部。采样管出气口连接气相色谱仪等分析仪器，采样后移去冷肼，在常温下或者加热汽化解脱，气体进入分析仪器，完成分析。低温冷凝浓缩法采样装置如图 3-3 所示。该方法具有采气量大、

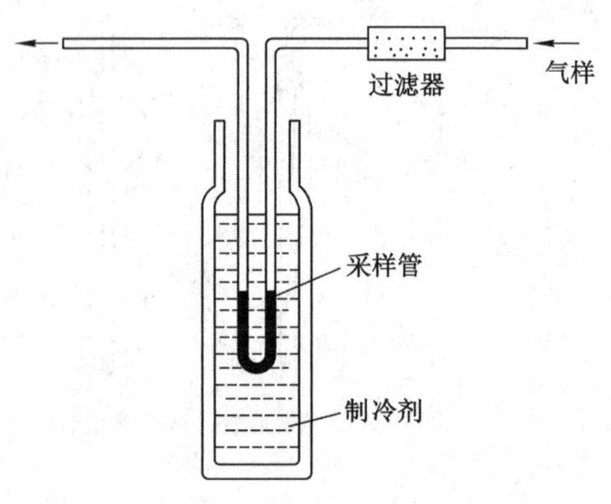

图 3-3　低温冷凝浓缩法采样装置

浓缩效果好、样品稳定等优点，但采样时空气中水分、CO_2 受冷凝作用易堵塞气路、采样后受汽化作用会增大汽化体积，影响分析，因此进气口可加设干燥管去除影响。常用的制冷剂有冰(0 ℃)、冰-食盐(−4 ℃)、干冰(−78.5 ℃)、液氮(−196 ℃)等，也可采用半导体制冷器制冷。

3. 被动式采样法

被动式采样法是指利用气体分子扩散或渗透作用，而不需要任何抽气动力来采集样品的方法，又称无泵采样法，常用于室内空气污染和个体接触量的评价监测中。降尘样品的采集常用此法。例如，采用碱片法测定大气中含硫污染物的硫酸盐化速率即属于被动式采样法，采样时将碳酸钾浸渍过的玻璃纤维滤膜暴露于空气中，碳酸钾与空气中的 SO_2、H_2S、硫酸雾等反应生成硫酸盐，通过测定硫酸盐含量计算硫酸盐化速率，结果能很好地反映环境空气中含硫污染物(主要是 SO_2)的污染状况和污染趋势。大气环境中 SO_2 的硫酸盐化速率反应方程式为：

$$2K_2CO_3 + 2SO_2 + O_2 \longrightarrow 2K_2SO_4 + 2CO_2$$

(二) 颗粒污染物采样

颗粒污染物采样主要有自然沉降法和滤料阻留法，通过采集的颗粒物质量和采样体积计算颗粒污染物浓度。

1. 自然沉降法

自然沉降法是指采样过程中不使用动力设备、利用颗粒物自身的重力进行样品采集的方法，多用于采集粒径大于 30 μm 的大颗粒物。由于采样时间较长，自然沉降法能够反映一段时间内被测颗粒物的平均浓度。采集大气降尘量常用自然沉降法，有干法采集和湿法采集，湿法应用更广。

湿法采集降尘时，先在集尘缸内放置吸收液(常用水，加入适量乙二醇防冻)，缸口覆盖防尘；然后将集尘缸放在周围无高大建筑物和无局部污染源处，距离地面 5 m 以上，采样口距地面 1～1.5 m，采样过程中注意补充吸收液和更换集尘缸。若一次采样中更换数个集尘缸，则合并各集尘缸溶液后测定。样品采集后尽快测定，在实验室内加热蒸发、干燥后称重，测定降尘量。干法采集降尘则在集尘缸底部放入塑料圆环，环上放置塑料筛板。

我国关于降尘的采集方法可参见《环境空气 降尘的测定 重量法》(HJ 1221—2021)。

2. 滤料阻留法

滤料阻留法也称为滤膜采样法，通常用于大气中 TSP、PM_{10}、$PM_{2.5}$ 以及污染源排放的烟尘采样，采样过程一般采用“滤膜＋动力”方式。滤膜与颗粒物的作用包括直接阻留、惯性碰撞、扩散沉降、静电吸引和重力沉降等，常为多种作用的综合过程。滤膜性质、采集速度和颗粒物大小均会影响采样结果，因此在选择滤膜时应考虑滤膜的特性和适用性、滤膜本底值及滤膜阻力等因素。常用的滤膜有定量滤纸、(石英)玻璃纤维滤膜、过氯乙烯纤维滤膜、聚四氟乙烯(特氟龙)滤膜、微孔滤膜和浸渍试剂滤膜等。定量滤纸适合于金属尘粒采集，但不宜用作重量法测定悬浮物；(石英)玻璃纤维滤膜在采集 TSP 和 PM_{10} 时效果较好。采样时，将滤膜置于采样夹上(图 3-4)，待测气体在抽气装置的抽力作用下经过滤膜，气体中的颗粒物被阻留在滤料上完成采样。

(三) 综合采样法

环境空气中的污染物往往以多种污染状态同时存在，综合采样法就是针对这种情况提

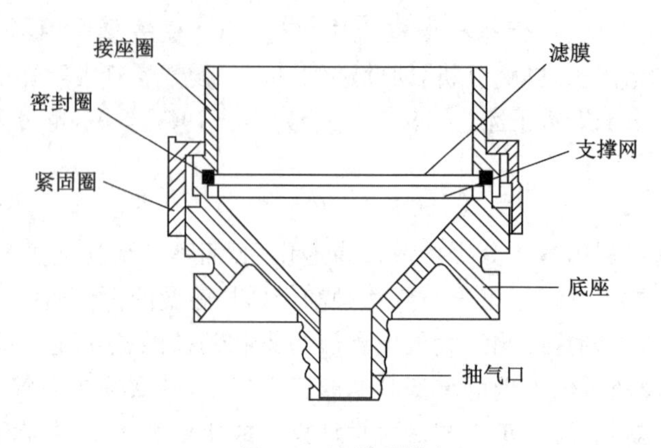

图 3-4　滤膜采样夹

出的。通过结合不同的采样方法或利用不同的采样原理，同时采集不同状态的污染物。例如，用滤膜采样器接液体吸收管同时采集颗粒物和气态污染物。采样时，颗粒物被滤料采集，气态污染物被吸收管中液体吸收。但此法采样流量易受限制，颗粒物需在一定速度下才能完成采集。

浸渍试剂滤料法也是应用较多的一种综合采样方法，对于以蒸气态和气溶胶态共存的污染物效果较好。采样过程具有物理(吸附和过滤)和化学两种作用。例如采用碳酸钾浸渍滤膜采集大气中含硫污染物，即能同时采集以蒸汽和气溶胶态存在的含硫污染物。

二、采样仪器

大气采样器是采集大气样品的仪器或装置，按样品状态分为气体(含蒸气)采样器和颗粒物采样器；按样品存在环境分为环境空气采样器、室内空气采样器和污染源气体采样器；按使用方法分为手持式采样器和固定式采样器；按原理分为有动力和无动力两大类。本部分主要学习有动力采样仪器，也是我国环境空气质量监测中常用的采样器类型。此外，还有特殊用途的采样器，例如可以同时采集气体和颗粒物的采样器、采集空气中细菌的采样器等。

(一) 气体采样器

气体采样器主要由收集器、流量计和采样动力系统三部分组成，用于采集气态和蒸气态物质，例如环境空气中的 SO_2、NO_2、CO 等，分为便携式和恒温恒流式。

收集器主要功能是采集空气中的待测物质，例如气体吸收管、固体填充柱等。要依据待测物质的存在形态、理化性质和采样方法选择收集器，前端进气导管需选用不吸附待测物质的材料以减少对待测物质的影响。采集环境空气中气态污染物的收集器主要基于溶液吸收法。

气体流量是计算采气体积的参数，通过流量计测定。流量计主要有转子流量计、皂膜流量计、湿式流量计、孔口流量计、质量流量计和临界孔稳流器等。一般用孔口流量计或转子流量计测定空气流量，还可装配流量自动控制部件、定时控制装置及温度控制装置等。新购置流量计必须按标准方法校准后才可使用，在流量计使用过程中也要经常校准。例如，转子流量计更换转子后必须经校准方可使用，孔口流量计使用前一般用湿式流量计进行校准。

采样动力系统是具有抽气作用的动力装置，主要为薄膜泵和电磁泵。薄膜泵比较轻，通过电机带动橡皮膜上下移动推动进气口活塞开关来抽气，采气流量一般为 0.5～3.0 L/min，适于阻力不大的吸收器采气，例如采用吸收管采样。电磁泵通过电磁力带动橡皮泵室往复振动产生一定的真空或压力进行抽气，采气流量一般为 0.5～1.0 L/min。

（二）颗粒物采样器

颗粒物采样器原理是在抽气装置的抽力作用下，待测气体以恒定流量通过具有一定切割性质的切割器，颗粒物经过切割器后，符合规定粒径的颗粒被截留在滤膜/滤纸上，根据采样前后滤膜/滤纸质量的变化和采样体积计算颗粒物的浓度。颗粒物采样器由采样入口、切割器、滤膜夹、连接杆、流量测量及控制部件和抽气装置等组成。

1. 采样器种类

颗粒物采样器按流量大小分为大流量、中流量和小流量采样器（表 3-14），另外还有分级采样器、粉尘采样器等；按颗粒大小分为 TSP 采样器、PM_{10} 采样器和 $PM_{2.5}$ 采样器等。

表 3-14　颗粒物采样器特点

类　型	流量大小	特　　点	实物图示例
大流量采样器	1.05 m^3/min	安装 20 cm×30 cm 滤膜，电动抽气机提供抽气动力，可测金属、无机盐、有机污染物等组分	大流量　中流量　小流量
中流量采样器	0.1 m^3/min	采样流量和有效采样面积比大流量采样器小，采样夹有效直径一般为 80 mm 或 100 mm	
小流量采样器	16.67 L/min	采样时间长，一般只能测单项组分	

TSP 采样器是指能采集空气动力学当量直径小于 100 μm 的颗粒物的采样器，主要有大流量采样器和中流量采样器两种[图 3-5(a)，图 3-5(b)]。大流量采样器滤膜一般为 20 cm×25 cm，而中流量采样器的滤膜一般为圆形。

PM_{10} 和 $PM_{2.5}$ 采样器分别是指采集空气动力学当量直径小于 10 μm 和 2.5 μm 的颗粒物的采样器，分为大流量采样器、中流量采样器和小流量采样器。样品以恒定流量依次经过采样器入口、切割器，目标粒径的颗粒物阻留在滤膜上，气体经流量计、抽气泵由排气口排出。通过实时测量流量计前压力、流量计前温度、环境温度、环境大气压等参数控制采样流量。

切割器[图 3-5(c)]是对不同粒径大小的颗粒实现分离的关键，又叫作“分尘器”。根据对气体的作用原理，分为旋风式切割器、向心式切割器、撞击式切割器、多层薄板式切割器等类型，各类切割器又分为二级式和多级式，多级式一般用来测定颗粒物的粒度分布。

2. 流量校准及采样器性能指标

颗粒物采样器流量需定期校准。新购置的采样器或者维修后的采样器，使用前均须采用孔口流量计进行校准后才可开启，具体可参见我国《总悬浮颗粒物采样器技术要求及检测方法》《环境空气颗粒物（PM_{10} 和 $PM_{2.5}$）采样器技术要求及检测方法》及其修改单、《环境空气采样器技术要求及检测方法》等。

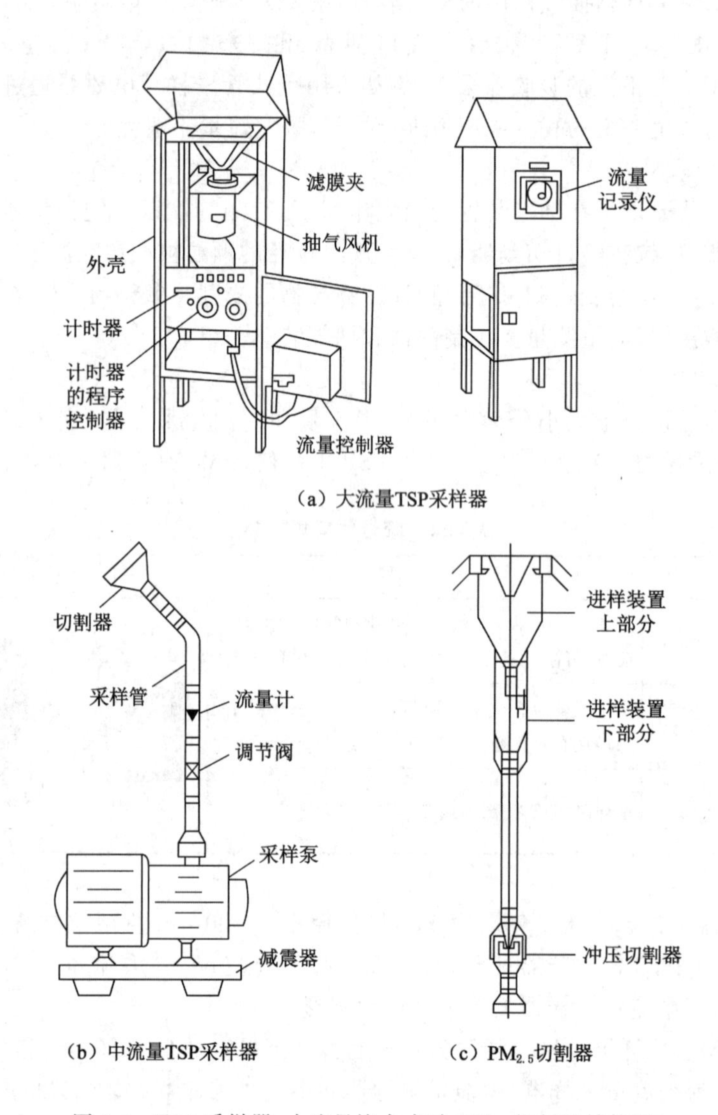

图 3-5 TSP 采样器、小流量撞击式时 $PM_{2.5}$ 切割器结构图

三、采样效率及评价

(一) 采样效率及影响因素

采样效率是指在规定的采样条件(如气体浓度、采样流量、采样时间等)下所采集到的量占总量的百分比,一般认为采样效率在 90%以上为宜,如果采样效率太低,则采样方法或采样设备被认为不满足采样要求。

影响采样效率的主要因素包括采样方法和设备、填充剂、吸收液或滤料和采样条件。采集气态或蒸气态污染物时应选择对分子态物质吸收作用较好的吸收液或者填充柱,而不能选择有空隙的滤料;采集颗粒物或气溶胶时用滤料采样效率更高。吸收液应选用对待测物质溶解度大的,滤料选择对采集颗粒物的阻留率大的。采样量、采样时间、采样速度等采样条件和气象条件等均会影响采样效率。一般按照采样方法或采样设备规定的采样速度进行样品采集，不能超出设备量程，而且要根据待测气体的性质和存在状态选择合适的采样速度。

（二）采样效率评价

1. 气态和蒸气态物质采集效率评价

（1）绝对比较法

绝对比较法是采用精准配置浓度的标准气体作为样品，测定采集到的实际浓度与标准浓度的比值即为该种采样方法的采集效率。该方法测得的采集效率最准确，是最理想状态下的采集效率，但受标准气体浓度配置精确性影响较大，实际应用中受到限制。

$$K = \frac{c_1}{c} \times 100\% \tag{3-11}$$

式中，K 为采样效率；c 和 c_1 分别为标准气体的标准浓度和采集到的实际浓度。

（2）相对比较法

以配置的浓度恒定不变的气体为样品，采用2～3个串联采样管进行采样后计算采集效率。第1管浓度占各管测得的实际浓度的总浓度的比例即为采样效率。

$$K = \frac{c_1}{c_1 + c_2 + c_3} \times 100\% \tag{3-12}$$

式中，K 为采样效率；c_1、c_2、c_3 分别为第1管、第2管和第3管测得的样品浓度。

第1个采样管测得的浓度占比越高，采样效率越高。有时为了使得计算所用的总浓度与所配置气体浓度更为接近，需要串联多个采样管，计算方法以此类推。采用相对比较法进行评价时，配置气体的浓度不一定已知，但不能太低，否则气体浓度无法满足分析方法灵敏度，测定结果误差较大，因此，此方法只适用于一定浓度范围的气体。

2. 颗粒物采集效率评价

（1）颗粒采样效率

颗粒采样效率是指采集的颗粒数量占总颗粒物数量的百分比。

$$K_1 = \frac{N_1}{N} \times 100\% \tag{3-13}$$

式中，K_1 为颗粒采样效率；N_1、N 为实际采集的颗粒数量和总颗粒物数量，个。

（2）质量采样效率

质量采样效率是指采集的颗粒物质量占总颗粒质量的百分比。目前大气颗粒物监测中多用质量采样效率来评价。

$$K_0 = \frac{M_1}{M} \times 100\% \tag{3-14}$$

式中，K_0 为质量采样效率；M_1、M 为实际采集的颗粒质量和总颗粒物质量，g。

第四节　环境空气中气态污染物测定

气态污染物指在常态、常压下以分子状态存在的污染物，包括气体污染物和蒸气态污染物。蒸气态污染物是某些固态或液态物质受热后，引起升华或挥发形成的，例如汞蒸气、硫酸蒸气等。我国《环境空气质量标准》中基本项目 SO_2、NO_2、CO 和 O_3 的特性见表3-15。

表 3-15　环境空气中气态污染物基本项目特性、来源和测定方法

污染物	基本性质	主要来源	测定方法
SO_2	有辛辣窒息性气味，是一种还原剂，可与氧化剂生成 SO_3 或 H_2SO_4；与飘尘协同作用可增强毒性，加剧空气污染；是造成空气污染和酸雨的主要污染物	自然源：雷电、火山喷发等 人为源：化石燃料燃烧、含硫矿石冶炼及化工生产等	分光光度法、**差分吸收光谱分析法**、溶液电导法、**紫外荧光光谱法、电化学法**
NO_2	有强刺激性气味，常温下为棕红色，在阳光下可反应生成 NO 和 O_3，是导致光化学污染和雾霾的主要气态污染物	自然源：生物源 人为源：机动车尾气，化石燃料燃烧以及硝酸、化肥等生产过程	分光光度法、差分吸收光谱分析法、**化学发光法**
CO	无色、无臭、无刺激性、有毒气体	自然源：森林火灾、火山喷发 人为源：机动车尾气、化石燃料不充分燃烧	**非色散红外吸收法**、气相色谱法、定电位电解法、汞置换法
O_3	常温常压下呈低浓度；在空气中，作为氧化剂可将 SO_2 和 NO_2 氧化成 SO_3、H_2SO_4 和 N_2O_5、HNO_3；是光化学烟雾的主要污染物	自然源：平流层输入，植物排放等 人为源：石油化工、交通运输	分光光度法、差分吸收光谱分析法、**紫外光度法、化学发光法**

注：黑体字体表示此方法常用于自动监测中。

一、二氧化硫的测定

（一）分光光度法

环境空气中 SO_2 测定常用的分光光度法有甲醛吸收-副玫瑰苯胺分光光度法（简称“甲醛法”）和四氯汞盐吸收-副玫瑰苯胺分光光度法（常用四氯汞钾，简称“四氯汞钾法”）。这两种方法也是我国规定的标准分析方法，其灵敏度、准确度和检出限等技术指标相近，但四氯汞钾吸收液毒性较大，甲醛法则避免了此问题，样品采集后稳定性高，应用更广。

1. 甲醛吸收-副玫瑰苯胺分光光度法（甲醛法）

（1）测定原理

SO_2 被甲醛缓冲溶液吸收后，生成稳定的羟甲基磺酸加成化合物，在样品溶液中加入氢氧化钠使加成化合物分解，释放的 SO_2 与副玫瑰苯胺、甲醛作用，生成紫红色化合物，用分光光度计在波长 577 nm 处测量吸光度。该方法主要干扰物为氮氧化物、臭氧及某些重金属元素。采样后放置一段时间臭氧自行分解；加入氨磺酸钠溶液可消除氮氧化物的干扰；吸收液中加入磷酸及环己二胺四乙酸二钠盐可以消除或减少某些金属离子的干扰。

$$HCHO + H_2O + SO_2 \longrightarrow HOCH_2SO_3H\text{（羧基甲基磺酸）}$$

（2）样品采集与保存

采样时，吸收液温度保持在 23～29 ℃之间，并要留现场空白样，即将装有吸收液的采样管带到采样现场，除了不采气，其他环境条件与样品相同，样品采集、运输和贮存过程中应避免阳光照射。放置在室内的 24 h 连续采样器中，进气口应连接符合要求的空气质量集中采样管路系统，减少 SO_2 进入吸收瓶前的损失。短时采样时，采用内装 10 mL 吸收液的多孔玻板吸收管，以 0.5 L/min 的流量采气 45～60 min；连续 24 h 采样时，采用装有 50 mL 吸收液的多孔玻板吸收管，以 0.2 L/min 的流量连续采气 24 h。

(3) 绘制标准曲线

取 14 支 10 mL 具塞比色管，分两组，每组 7 支。A 组按表 3-16 配制校准系列，并在各管中加入氨磺酸钠溶液和氢氧化钠溶液各 0.5 mL，混匀，B 组各管分别加入 1 mL PRA 溶液；然后将 A 组各管溶液全部迅速地倒入对应编号的 B 管中，立即加塞混匀后放入恒温水浴装置中显色，显色温度与显色时间根据季节和环境条件合理选择(表 3-17)，显色温度与室温之差不应超过 3 ℃。最后在波长 577 nm 处，用 10 mm 比色皿，以水为参比测量吸光度。以空白校正后各管的吸光度为纵坐标，以 SO_2 含量(μg)为横坐标，用最小二乘法建立标准曲线回归方程。

表 3-16　二氧化硫校准系列

管　　号	0	1	2	3	4	5	6
二氧化硫标准溶液(1.00 μg/mL)体积/mL	0	0.50	1.00	2.00	5.00	8.00	10.00
甲醛缓冲吸收液体积/mL	10.00	9.50	9.00	8.00	5.00	2.00	0.00
二氧化硫含量/μg	0	0.50	1.00	2.00	5.00	8.00	10.00

表 3-17　二氧化硫显色温度和时间

显色温度/℃	10	15	20	25	30
显色时间/min	40	25	20	15	5
稳定时间/min	35	25	20 mL	15	10
试剂空白吸光度 A_0	0.030	0.035	0.040	0.050	0.060

(4) 样品测定

样品溶液在测定前应放置 20 min，使臭氧分解。如有混浊物，先离心分离除去。短时间采集的样品，将吸收管中的样品溶液移入 10 mL 比色管，用少量甲醛吸收液洗涤吸收管，洗液并入比色管中并稀释至标线。加入 0.5 mL 氨磺酸钠溶液混匀，放置 10 min 除去氮氧化物干扰。连续 24 h 采集的样品则移入 50 mL 容量瓶(或比色管)中，用少量甲醛吸收液洗涤吸收瓶后再倒入容量瓶(或比色管)中，并用吸收液稀释至标线。吸取 2～10 mL 的试样(视浓度高低决定)于 10 mL 比色管中，再用吸收液稀释至标线，加入 0.5 mL 氨磺酸钠溶液混匀，放置 10 min 除去氮氧化物干扰。然后按绘制标准曲线步骤进行测定。

(5) 结果分析

SO_2 质量浓度(结果准确到小数点后三位)的计算公式为：

$$\rho = \frac{A - A_0 - a}{b \times V_s} \times \frac{V_t}{V_a} \tag{3-15}$$

式中，ρ 为空气中 SO_2 质量浓度，mg/m^3；A 和 A_0 分别为样品溶液和试剂空白溶液的吸光度；a 为标准曲线的截距(一般要求小于 0.005)；b 为标准曲线的斜率，μg^{-1}；V_t、V_a 为样品溶液总体积和测定时所取试样的体积，mL；V_s 为换算成参比状态下的采样体积，L。

2. 四氯汞盐吸收-副玫瑰苯胺分光光度法(四氯汞钾法)

测定原理：SO_2 被四氯汞钾溶液吸收后，生成稳定的二氯亚硫酸盐络合物，再与甲醛及盐酸副玫瑰苯胺作用，生成紫红色络合物，在 575 nm 处测量吸光度。该方法主要的干扰物为氮氧化物、臭氧、锰、铁、铬等，消除干扰方法同甲醛法基本相同。

短时采样用内装 5.0 mL 四氯汞钾吸收液的多孔玻板吸收管，以 0.5 L/min 流量采气 10～30 L；连续 24 h 采样用内装 50 mL 四氯汞钾吸收液的多孔玻板吸收管，以 0.2 L/min 流量采气 288 L，吸收液温度均保持在 10～16 ℃范围。

该方法的分析步骤和结果计算与甲醛法相似，但四氯汞钾溶液属于剧毒试剂，有其他方法时尽量不用此法。操作时应按规定要求佩戴防护器具，避免接触皮肤和衣服；标准溶液的配制应在通风柜内进行操作；操作残渣残液要妥善安全处理。

（二）定电位电解法

该方法的测定仪器为定电位电解二氧化硫分析仪（图 3-6），测定过程依据电解传感器中的电化学反应完成。传感器主要由电解槽、电解液和三个电极（工作电极、参比电极、对电极，简称为 S、R、C）组成。该方法也应用于固定污染源排气中二氧化硫的测定，具体原理可参考《固定污染源废气 二氧化硫的测定 定电位电解法》（HJ 57—2017）。

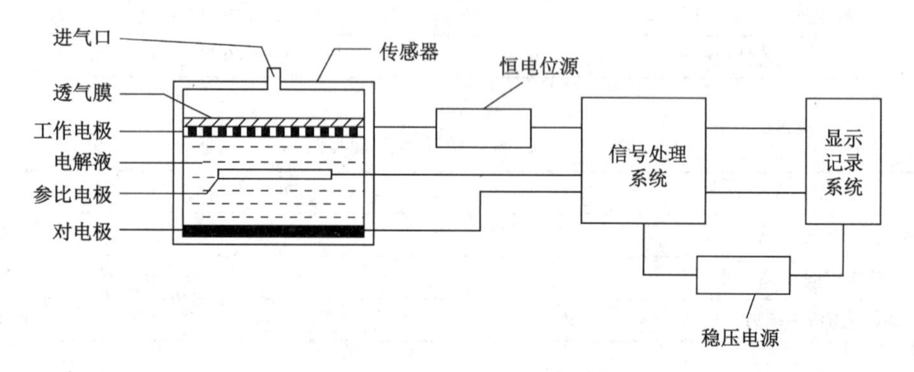

图 3-6　定电位电解二氧化硫分析仪

被测二氧化硫气体经由进气口通过渗透膜扩散到工作电极（也称敏感电极）表面，在工作电极、电解液和对电极之间发生化学反应，并产生对应的极限扩散电流，其大小与被测二氧化硫浓度成正比。参比电极主要作用是给电解液中的工作电极提供恒定的电化学电位。

$$SO_2 + 2H_2O \longrightarrow SO_4^{2-} + 4H^+ + 2e$$

使用该方法时，由于被测样品中的尘和水分容易在渗透膜表面凝结而影响透气性，因此可在传感器上安装适宜的过滤器对被测气体中的尘和水分进行预处理。另外，仪器测定时也要先用零气和二氧化硫标准气调零、校正量程。

二、二氧化氮的测定

（一）分光光度法

测定空气中二氧化氮的分光光度法包括盐酸萘乙二胺分光光度法、Saltzman 法和改进的 Saltzman 法等。分析中采样和显色同时进行，灵敏度高。我国规定盐酸萘乙二胺分光光度法为国家标准，将 Saltzman 法整合其中，具体可参考《环境空气 氮氧化物（一氧化氮和二氧化氮）的测定 盐酸萘乙二胺分光光度法》（HJ 479—2009）及修改单内容。本节重点介绍盐酸萘乙二胺分光光度法，该方法同样适用于 NO 和 NO_x 的测定。

1. 方法原理

该方法所用的吸收液由冰乙酸、对氨基苯磺酸和盐酸萘乙二胺配置而成。当二氧化氮被吸收液吸收后，生成亚硝酸和硝酸，在冰乙酸存在条件下，亚硝酸与吸收液中的对氨基苯磺酸发生重氮反应，再与 *N*-(1-萘基)乙二胺盐酸盐作用，生成粉红色的偶氮燃料，颜色深浅与二氧化氮浓度成正比，在波长 540 nm 处测定吸光度。主要仪器设备包括分光光度计、空气采样器(流量范围 0.1～1.0 L/min，采样流量为 0.4 L/min 时，相对误差小于±5%)、多孔玻璃吸收瓶(规格：可装吸收液 10 mL、25 mL、50 mL)。

2. 样品采集要求

采样前要注意采样系统的气密性，可用皂膜流量计校准流量。短时采样取装 10 mL 吸收液的多孔玻璃吸收瓶，以 0.4 L/min 流量采气 4～24 L；24 h 连续采样取 25 mL 或 50 mL 的多孔玻璃吸收瓶，以 0.2 L/min 流量采气 288 L，吸收液恒温在(20±4) ℃，并至少设置 2 个现场空白样。采样时要注意观察吸收液颜色变化，避免因二氧化氮质量浓度过高而穿透。样品采集和存放要避光，并尽快完成测定。

3. 测定与分析

(1) 标准曲线绘制

取 6 支 10 mL 具塞比色管，配置亚硝酸盐标准液系列(表 3-18)。各管混匀并于暗处放置 20 min，若室温低于 20 ℃，需放置 40 min 以上。用 1 cm 比色皿在波长 540 nm 处，以水做参比测定吸光度。扣除空白样(0 号管)的吸光度后，对应 NO_2^- 的质量浓度(μg/mL)用最小二乘法计算标准曲线回归方程。

表 3-18　NO_2^- 标准溶液系列

管号	0	1	2	3	4	5
标准工作液体体积/mL	0.00	0.40	0.80	1.20	1.60	2.00
水体积/mL	2.00	1.60	1.20	0.80	0.40	0.00
显色液体积/mL	8.00	8.00	8.00	8.00	8.00	8.00
NO_2^- 质量浓度/(μg/mL)	0.00	0.10	0.20	0.30	0.40	0.50

(2) 样品测定

采集后样品放置要求同标准液。用水将吸收瓶中吸收液体积补至标线，混匀，按上述绘制标准曲线的方法测定样品和空白样品的吸光度。当样品的吸光度超过标准曲线上限时，用实验室空白样稀释，再测吸光度，稀释倍数不超过 6 倍。

(3) 结果分析

空气中二氧化氮质量浓度计算公式为：

$$\rho = \frac{(A_1 - A_0 - a) \times V \times D}{b \times f \times V_s} \tag{3-16}$$

式中，A_1、A_0 分别为样品和空白样的吸光度；a 和 b 分别为标准曲线的截距和斜率；V 为采样用吸收液体积，mL；V_s 为换算成参比状态下的采样体积，L；D 为样品稀释倍数；f 为 Saltzman 试验系数，一般取 0.88(当空气中 NO_2 浓度高于 0.72 mg/m^3 时，f 取 0.77)。

(二) 定电位电解法

定电位电解法测定 NO_2 的原理与定电位电解法测定 SO_2 的原理相似，传感器中电解液扩散吸收二氧化氮发生氧化反应，并产生对应的极限扩散电流，电流大小在一定范围内与二氧化氮浓度成正比。所采用的监测设备为定电位电解二氧化氮分析仪。使用此方法时同样要对被测气体中的尘和水分进行预处理，消除其对渗透膜透气性的影响。

$$NO_2 + H_2O \longrightarrow NO_3^- + 2H^+ + e$$

三、一氧化碳的测定

（一）汞置换法

1. 方法原理

汞置换法也称间接冷原子吸收光谱法。该方法灵敏度高，响应时间快，操作简便，适用于低浓度 CO 测定和本底调查。采集时，样品经选择性过滤除去干扰物和水蒸气，在180～200 ℃下，CO 与活性氧化汞反应，置换出汞蒸气。汞蒸气对 253.7 nm 紫外线具有强吸收作用。图 3-7 为汞置换法一氧化碳测定仪工作原理。过滤器、活性炭管、硅胶管和分子筛起过滤作用，净化除去尘埃、水蒸气、二氧化硫、丙酮、甲醛、乙炔、乙烯等干扰物质，汞蒸气置换反应发生在反应室中，冷原子吸收测功仪测定汞蒸气含量，换算得到一氧化碳浓度。

$$CO(气) + HgO(固体) \xrightarrow{180\sim200\ ℃} CO_2(气) + Hg(蒸气)$$

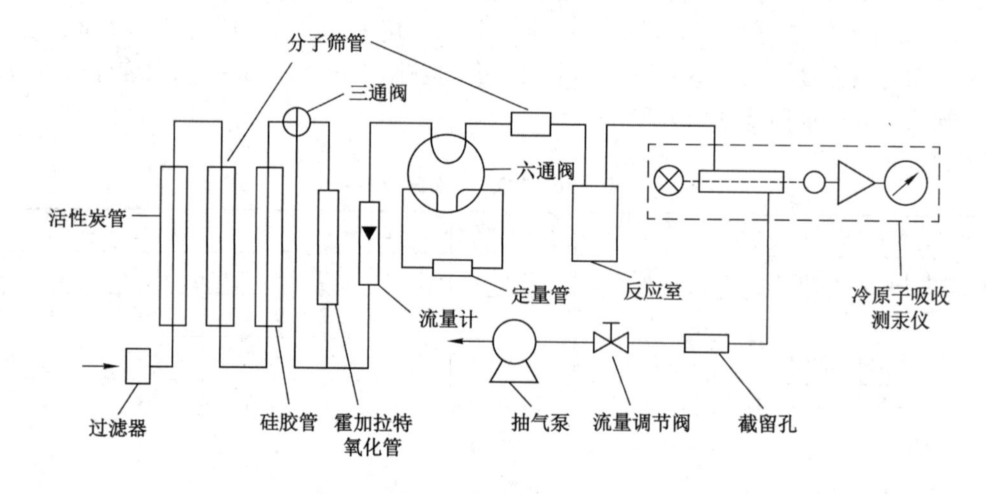

图 3-7　汞置换法一氧化碳测定仪工作原理

2. 测定与分析

将样品气袋连接在六通阀进气口，通过挤压气袋使样品充满定量管，转动六通阀，样品进入设备，测定峰高，重复三次，取峰高均值。设备使用前要调零和校准量程。计算公式为：

$$\rho = \frac{\rho_0}{h_0} \times h \tag{3-17}$$

式中，ρ、ρ_0 分别为一氧化碳样品和标准气浓度，mg/m^3；h_0、h 分别为一氧化碳标准气体峰高和一氧化碳样品气体峰高，mm。

（二）定电位电解法

采用定电位电解法测定空气中 CO 的方法原理与测定二氧化硫、二氧化氮原理相似，产生对应的极限扩散电流大小在一定范围内与一氧化碳浓度成正比。采用的仪器为定电位电解一氧化碳监测仪。传感器中电解液扩散吸收一氧化碳的氧化反应式为：

$$CO + H_2O \longrightarrow CO_2 + 2H^+ + 2e$$

四、臭氧的测定

空气中 O_3 测定方法主要有分光光度法、化学发光法和紫外吸收法等。常用的分光光度法有靛蓝二磺酸钠分光光度法和硼酸碘化钾分光光度法，O_3 自动监测多基于化学发光法或紫外吸收法。本节重点介绍分光光度法。

（一）靛蓝二磺酸钠分光光度法

1. 方法原理

靛蓝二磺酸钠分光光度法以含有靛蓝二磺酸钠的磷酸盐缓冲液为吸收液。在磷酸盐缓冲液存在的条件下，臭氧与吸收液中蓝色的靛蓝二磺酸钠发生摩尔反应，使靛蓝二磺酸钠褪色，生成靛红二磺酸钠；在 610 nm 波长处测定吸光度，根据蓝色褪色程度定量测定臭氧浓度。

NaO_3S–(靛蓝)–$SO_3Na + O_3 + H_2O \longrightarrow 2$ NaO_3S–(靛红) $+ H_2O_2$
（蓝色）　　　　（无色）

空气中二氧化氮、氯气、二氧化氯可使臭氧测定结果偏高，一般情况下，氯气、二氧化氯浓度很低，不会造成显著误差。当空气中二氧化硫、硫化氢、过氧乙酰硝酸酯（PAN）、氟化氢浓度分别高于 750 $\mu g/m^3$、110 $\mu g/m^3$、1 800 $\mu g/m^3$ 和 2.5 $\mu g/m^3$ 时，会干扰臭氧的测定。

当采样体积为 30 L 时，臭氧的检出限为 0.01 mg/m^3，测定下限为 0.04 mg/m^3。当采样体积为 30 L、吸收液质量浓度为 2.5 $\mu g/mL$ 或 5.0 $\mu g/mL$ 时，测定上限为 0.50 mg/m^3 或 1.00 mg/m^3。当空气中臭氧质量浓度超过该上限时，可适当减少采样体积。

2. 测定与分析

（1）样品采集与保存

用装有 10 mL IDS 吸收液的多孔玻板吸收管，罩上黑色避光套，以 0.5 L/min 流量采气 5～30 L，并至少留存 2 个空白样。与空白样品比较，当吸收液褪色约 60%时立即停止采样。当确信空气中臭氧的质量浓度较低，不会穿透时，可以用棕色玻板吸收管采样。样品运输及存放过程中要严格避光，室温暗处存放至少可稳定 3 天。

（2）绘制标准曲线

按表 3-19 制备标准色列，以水做参比，在波长 610 nm 处测量吸光度。以校准系列中零浓度管吸光度与各标准色列管吸光度之差为纵坐标，臭氧质量浓度为横坐标，用最小二乘法计算标准曲线回归方程。

（3）样品测定

采样后，在吸收管入气口端串接一个玻璃尖嘴，在出气口端用吸耳球加压将管中样品溶液移入 25 mL 或 50 mL 容量瓶中，用水多次洗涤吸收管，使总体积为 25.0 mL 或 50.0 mL。以水做参比，在波长 610 nm 下测量吸光度。根据吸光度定量计算臭氧浓度。

表 3-19 标准色列

管号	1	2	3	4	5	6
IDS 标准液体积/mL	10.00	8.00	6.00	4.00	2.00	0.00
磷酸盐缓冲溶液体积/mL	0.00	2.00	4.00	6.00	8.00	10.00
臭氧质量浓度/(μg/mL)	0.00	0.20	0.40	0.60	0.80	1.00

(4) 结果分析

臭氧浓度(结果精确到小数点后三位)计算公式为:

$$\rho = \frac{(A_0 - A - a) \times V_t}{b \times V_s} \tag{3-18}$$

式中,ρ 为臭氧的质量浓度,mg/m^3;A 和 A_0 分别为样品和空白样品吸光度;a 和 b 分别为标准曲线截距和斜率;V_t 为样品溶液总体积,mL;V_s 为换算成参比状态下的采样体积,L。

(二) 硼酸碘化钾分光光度法

硼酸碘化钾分光光度法常用于测定空气中的光化学氧化剂,例如臭氧,过氧乙酰硝酸酯等。该方法灵敏度高,操作简单。在测定的总氧化剂浓度中,减去零空气样品(采集通过二氧化锰过滤管后除去臭氧的样品)浓度,即可得到臭氧浓度。

1. 方法原理

硼酸碘化钾分光光度法以含有硫代硫酸的硼酸碘化钾溶液为吸收液。臭氧氧化吸收液中的碘离子,析出碘分子,析出碘分子的量与臭氧有定量关系。空气中的 SO_2、H_2S 等还原性气体会干扰测定,测定前一般采用三氧化铬氧化管排除干扰。

$$O_3 + 2I^- + 2H^+ = I_2 + O_2 + H_2O$$

2. 测定与分析

(1) 绘制标准曲线

按照表 3-20 配置臭氧标准系列,以水做参比,用 1 cm 或 2 cm 比色皿于 352 nm 波长处测定吸光度,以减去空白试剂的吸光度对臭氧浓度绘制标准曲线。

表 3-20 臭氧标准系列

管号	0	1	2	3	4	5	6
臭氧标准溶液体积/mL	0.00	0.50	1.00	2.00	3.00	4.00	5.00
硼酸碘化钾溶液体积/mL	5.00	4.50	4.00	3.00	2.00	1.00	0.00
臭氧质量浓度/(μg/mL)	0.00	0.60	1.20	2.40	3.60	4.80	6.00

(2) 样品测定

采样后,加入硼酸碘化钾溶液至样品体积为 5.00 mL。在每个样品中加入碘溶液(1.00×10^4 mol/L)5.00 mL,混匀,按照上述绘制标准曲线的方法测定样品吸光度。

(3) 结果计算

臭氧质量浓度计算公式为:

$$\rho = \frac{2 \times [(A_1 - A_2) - a]}{b \times V_s} \tag{3-19}$$

式中，ρ 为空气中臭氧的质量浓度，mg/m^3；A_1 为总氧化剂样品溶液吸光度；A_2 为零空气样品溶液吸光度；a、b 分别为标准曲线的截距和斜率；V_s 为换算成参比状态下的采样体积，L。

五、挥发性有机物的测定

挥发性有机物(volatile organic compounds，VOCs)是指常温下沸点为 50～260 ℃的各种有机化合物，通常分为非甲烷碳氢化合物(简称 NMHCs)、含氧有机化合物、卤代烃、含氮有机化合物、含硫有机化合物等几大类。VOCs 参与大气环境中臭氧和二次气溶胶的形成，对区域性大气臭氧污染、$PM_{2.5}$ 污染具有重要影响，是形成光化学污染的主要污染物之一。

VOCs 测定通常采用罐采样/气相色谱-质谱法和吸附管采样-热脱附/气相色谱-质谱法，在丙烷、乙烯、丙烯、乙炔、苯、甲苯、乙苯、苯乙烯等 8 种挥发性有机物互不干扰情况下的突发环境事件应急监测中，采用便携式傅立叶红外仪法。

(一) 罐采样/气相色谱-质谱法

1. 方法原理

用内壁惰性化处理过的真空罐采集环境空气样品，样品经浓缩和去除水、N_2 和 CO_2 等物质后，热解吸进入气相色谱分离，用质谱仪检测。通过与待测物标准物质保留时间和质谱图或特征离子的对比定性，内标法定量。该方法适用于丙烯等 65 种挥发性有机物的测定。

2. 采样及测定

样品采集包括瞬时采样和恒定流量采样两种方式。采样前，使用罐清洗装置清洗采样罐，必要时升温 50～80 ℃加热清洗，然后抽至罐内压力≤13.4 Pa 密封待用。瞬时采样时，将采样罐安装在过滤器后，打开采样罐阀门，采样 30～60 s，关闭阀门，用密封帽密封。恒定流量采样时，将采样罐安装在流量控制器和过滤器后，打开采样罐阀门，开始恒流采样。在达到设定的恒定流量所对应的采样时间后，关闭阀门并用密封帽密封。采样时记录采样时间、地点、温度、湿度、大气压和采样罐压力等参数。样品常温保存，20 d 内测定完毕。若样品采样罐压力能够满足浓缩仪自动进样器取样要求时，可直接接到自动进样器上进样，否则用高纯氮气加压稀释，稀释倍数为加压后采样罐压力与加压前采样罐压力比值。

测定时，首先使用 GC-MS 与预冷冻浓缩系统对标准气体和内标气体进行测定、制作标准曲线，然后按同样方法和条件测定样品，定性或定量分析结果。样品分析完成后，被测得的 VOCs 浓度须乘以稀释倍数得到样品空气中的测定浓度。

3. 结果计算与表示

结果可进行定性分析和定量分析。定性分析包括谱库检索和保留窗口时间，定量分析是在目标化合物经定性鉴定后，根据定量离子的峰面积，用内标法计算，计算方法可参考《环境空气 65 种挥发性有机物的测定 罐采样/气相色谱-质谱法》(HJ 759—2023)。

根据测定结果，当样品浓度<10.0 $\mu g/m^3$ 时，其保留位数与方法检出限一致；当样品浓度≥10.0 $\mu g/m^3$ 时，保留 3 位有效数字。

(二) 吸附管采样-热脱附/气相色谱-质谱法

该方法是采用固体吸附剂富集环境空气中挥发性有机物，将吸附管置于热脱附仪中，经气相色谱分离后，用质谱进行检测。通过与待测目标物标准质谱图相比较和保留时间进行定性，外标法或内标法定量。该方法适用于测定甲苯等 35 种 VOCs。

采用恒流法采样，流量10～200 mL/min采样2 L，同步采集1个现场空白样。采完样的吸附管迅速放入热脱附仪中热脱附，通过氦气载气流样品中目标物随脱附气进入色谱柱测定。

六、甲醛的测定

常用方法有酚试剂分光光度法、乙酰丙酮分光光度法、离子色谱法和气相色谱法等，其中酚试剂分光光度法灵敏度高，但选择性差，乙酰丙酮分光光度法灵敏度略低，选择性较好。

（一）酚试剂分光光度法

方法原理为：甲醛与酚试剂反应生成嗪，在高铁离子环境下，嗪与酚试剂的氧化产物反应生成蓝绿色化合物，根据化合物颜色深浅用分光光度计测定。

采样时，用装有0.5 mL吸收液的气泡管在0.5 L/min流量下采样10 L。按表3-21配置甲醛标准系列。在各比色管中加入1%硫酸铁铵溶液并摇匀，然后在1 cm比色皿中以水为参比，在630 nm波长处测定吸光度，以吸光度对甲醛含量绘制标准曲线。气样吸收液采用同标准曲线绘制的方法进行测定，根据吸光度测定甲醛含量。甲醛浓度计算公式为：

$$\rho = \frac{W}{V} \tag{3-20}$$

式中，ρ为甲醛浓度，mg/m^3；W为样品中甲醛含量，μg；V为采样体积，L。

表3-21　甲醛标准系列

管号	1	2	3	4	5	6	7	8
甲醛标准溶液体积/mL	0	0.10	0.20	0.40	0.60	0.80	1.00	1.50
吸收液体积/mL	5.00	4.90	4.80	4.60	4.40	4.20	4.00	3.50
甲醛含量/μg	0	0.10	0.20	0.40	0.60	0.80	1.00	1.50

（二）其他方法

乙酰丙酮分光光度法：气体样品中的甲醛经水吸收后，在乙酸-乙酸铵缓冲液中与乙酰丙酮作用，在沸水浴作用下迅速生成黄色化合物，用分光光度计在413 nm波长处测定吸光度，计算甲醛含量。

离子色谱法：气体样品中甲醛经活性炭富集后，在碱性介质中被过氧化氢氧化成甲酸，利用离子色谱仪进行定性和定量测定，从而获得甲醛浓度。

气相色谱法：酸性条件下，气体样品中的甲醛被涂有2,4-二硝基苯肼的担体吸附，反应生成稳定的甲醛腙，经二氧化碳洗脱后，用色谱柱进行分离和测定，通过与标准样品对照，利用色谱峰高来定量甲醛含量。

七、苯系物的测定

苯系物包括苯、甲苯、乙苯、邻-二甲苯、间-二甲苯、对-二甲苯、苯乙烯和三甲苯，是大气环境中常见的有机污染物，对人类健康有一定危害。常用的测定方法包括活性炭吸附二硫化碳解吸气相色谱法和热脱附进样气相色谱法两种（表3-22）。

表 3-22　苯系物测定方法

方　法	活性炭吸附二硫化碳解吸气相色谱法	热脱附进样气相色谱法
仪器试剂	二硫化碳、苯系物标液、活性炭采样管	吸附剂(GDX-102 或 TA)、吸附管、苯系物标液/标气,热脱附进样器
采样	采样管垂直向上采样,流量 0.5 L/min 采集 20～120 min,采样后 4 ℃保存	流量 100 mL/min 最多采集 20 min 或 100 mL 注射器采样
优点	不需要特殊前处理设备,一次采样可多次分析,苯系物间浓度差异大或浓度较高时效果较好	灵敏度高,不需要使用有机试剂,本底值低
缺点	灵敏度较低,二硫化碳中常含有未解吸掉的苯	无法确定样品浓度时,需要多次取样分析

第五节　环境空气中颗粒物测定

根据粒径大小,环境空气中颗粒物的主要监测项目有降尘、总悬浮颗粒物(TSP)、可吸入颗粒物(PM_{10})、细颗粒物($PM_{2.5}$)以及颗粒物组分,例如铅、苯并[a]芘、汞等。

一、自然降尘的测定

自然降尘是指在空气环境条件下,靠重力自然沉降在集尘缸中的颗粒物。单位时间内降落在单位面积上的颗粒物的质量即为降尘量。降尘一般采用重量法测定,我国环境标准《环境空气 降尘的测定 重量法》(HJ 1221—2021)规定了重量法测定降尘的具体技术要求。

(一) 方法原理

空气中可沉降的颗粒物经重力作用自然沉降在装有以乙二醇水溶液为收集液的集尘缸内,经蒸发、干燥、称重后,计算得到降尘量。

(二) 样品测定

首先测定集尘缸内径,按不同方向至少测定 3 处,取算术平均值。然后清除枯枝落叶、鸟粪、昆虫、花絮等,消除干扰,用水将附着在异物上的尘粒冲洗下来,弃掉异物。

用软质硅胶刮刀把缸壁刮洗干净,将缸内溶液和尘粒过筛后全部转入 500 mL 烧杯中,用水反复冲洗截留在筛网上的异物和刮刀,将附着在上面的尘粒冲洗下来后,弃掉筛上异物。缓慢加热烧杯中的收集液,蒸发使体积浓缩到 10～20 mL,冷却后用水冲洗杯壁,并用刮刀把杯壁上的尘粒刮净,将溶液和尘粒全部转移到已恒重的瓷坩埚中,缓慢加热至近干,然后放入烘箱于 105 ℃±5 ℃烘干,称量至恒重,取 2 次均值。

同步测定实验室空白样和实验室空白加标样质量。

(三) 结果计算

降尘量计算公式为:

$$m = \frac{m_0 - m_1 - m_2}{A \times t} \times 30 \times 10^4 \tag{3-21}$$

式中,m 为降尘量,t/(km^2 · 30 d);m_0 为降尘、瓷坩埚和乙二醇水溶液蒸发至干并在 105 ℃±5 ℃恒重后的重量,g;m_1 为瓷坩埚在 105 ℃±5 ℃烘干恒重后的重量,g;m_2 为空白试样重量,g;A 为集尘缸缸口面积,cm^2;t 为采样时间(精确到 0.1 d),d;

(四) 可燃物测定与计算

将已测降尘样品量的瓷坩埚放入马弗炉中,在 600 ℃灼烧 3 h,待炉内温度降至 300 ℃以下取出,放入干燥器中冷却至室温,称重。再在 600 ℃下灼烧 1 h,冷却至室温,称量,直至恒重,取最后 2 次称量值计算均值。计算公式为:

$$m' = \frac{(m_0 - m_1 - m_2) - (m_3 - m_4 - m_5)}{A \times t} \times 30 \times 10^4 \quad (3\text{-}22)$$

式中,m'为降尘中可燃物量,t/(km^2 · 30 d);m_3 为降尘、瓷坩埚和乙二醇水溶液蒸发残渣 600 ℃灼烧后重量,g;m_4 为瓷坩埚在 600 ℃灼烧后重量,g;m_5 为采样操作和样品保存等量的乙二醇水溶液蒸发残渣 600 ℃灼烧后重量,g;m_0、m_1、m_2、A、t 含义同式(3-21)。

二、总悬浮颗粒物的测定

总悬浮颗粒物(total suspended particulate,TSP)是指空气动力学直径小于 100 μm 的液体和固体颗粒物的总称,主要来自风力扬尘(沙)、燃煤烟尘等,对人类呼吸系统有一定危害。常用的测定方法有重量法、微量振荡天平法和 β 射线衰减法。我国《环境空气 总悬浮颗粒物的测定 重量法》(GB/T 15432—1995)及修改单和《总悬浮颗粒物采样器技术要求及检测方法》(HJ/T 374—2007)规定了重量法测定 TSP 具体方法和采样器的技术要求。

本节主要介绍重量法,按照采样器流量大小分为大流量采样-重量法(流量为 1.05 m^3/min)和中流量采样-重量法(流量为 100 L/min)。

(一) 方法原理

气体样品用具有一定切割特性的采样器恒速抽取定量体积,将 TSP 截留在已恒重的滤膜上。通过计算采样前、后滤膜重量的差异及采样体积,计算 TSP 浓度。

(二) 分析步骤

采样前用孔口流量计校准 TSP 采样器流量计;然后准备空白滤膜,逐张检查、编号,并在恒温恒湿条件下平衡 24 h,称重待用,所有滤膜不能有针孔或缺陷;开始采样并记录采样时间、温度、气压等,采样结束后收取滤膜时注意检查滤膜是否存在损坏、歪斜、轮廓不清等现象,否则要重新采样;采样后的尘膜在与平衡空白膜相同条件下平衡 24 h,称重。

(三) 结果分析

TSP 浓度计算公式为:

$$c_{TSP} = \frac{k \times (W_1 - W_0)}{Q \times t} \quad (3\text{-}23)$$

式中,c_{TSP}为 TSP 的浓度,mg/m^3;W_1 和 W_0 分别为尘膜和空白滤膜重量,g;Q 为采样器采气流量,m^3/min 或 L/min;t 为采样总时长,h;k 为常数(大流量采样器取 1×10^6;中流量采样器取 1×10^9)。

三、可吸入颗粒物和细颗粒物的测定

可吸入颗粒物(PM_{10})是指空气动力学直径在 10 μm 以下的颗粒物,细颗粒物($PM_{2.5}$)又称为肺吸入颗粒物,是指空气动力学直径小于或等于 2.5 μm 的颗粒物,二者是产生大气污染的主要污染物,特别是 $PM_{2.5}$是产生“霾”污染的主因。

PM_{10}和 $PM_{2.5}$的测定方法有重量法、微量振荡天平法和 β 射线衰减法,后两者为自动监测仪器采用的方法,本节主要阐述重量法。我国《环境空气 PM_{10}和 $PM_{2.5}$的测定 重量法》(HJ 618—2011)及修改单对测定方法和要求做了规范性规定,可参考学习。

（一）方法原理

重量法测定 PM_{10} 或 $PM_{2.5}$ 的原理类似测定 TSP，即分别通过具有一定切割特性的采样器，以恒速抽取定量体积空气，使环境空气中 PM_{10} 或 $PM_{2.5}$ 被截留在已知质量的滤膜上，根据采样前后滤膜的重量差和采样体积，计算 PM_{10} 或 $PM_{2.5}$ 浓度。

（二）测定要求

将滤膜在恒温恒湿箱（室）中平衡 24 h；用感应为 0.1 mg 或 0.01 mg 的分析天平称重；同一滤膜在相同条件下再次称重，两次称重之差小于 0.4 mg 或 0.04 mg 为满足恒重要求。

（三）结果计算

PM_{10} 或 $PM_{2.5}$ 的浓度计算公式为：

$$\rho = \frac{W_1 - W_0}{V} \times 1\ 000 \tag{3-24}$$

式中，ρ 为 PM_{10} 或 $PM_{2.5}$ 的浓度，mg/m^3；W_1 为采样后滤膜重量，g；W_0 为空白滤膜重量，g；V 为实际采样体积，m^3。

四、颗粒物组分的测定

自然环境中的土壤、扬尘、海浪飞沫以及工业废气排放、机动车尾气、餐饮油烟、生物质燃烧等均向大气环境中排放颗粒物，不同排放源产生的颗粒物化学组分不同，而且大气中的颗粒物会发生物理化学反应，因此大气环境中颗粒物的组分十分复杂。按照化学成分，颗粒物组分可分为无机组分和有机组分，无机组分又包括水溶性离子、金属元素等，其中铅、苯并[a]芘被列入我国《环境空气质量标准》的其他项目行列。各组分及其主要测定方法见表 3-23。

表 3-23　颗粒物组分测定方法

类　别	组　　分	测定方法	我国相关标准
水溶性离子	F^-、Cl^-、Br^-、NO_2^-、NO_3^-、PO_4^{3-}、SO_3^{2-}、SO_4^{2-}、Li^+、Na^+、NH_4^+、K^+、Ca^{2+}、Mg^{2+}	离子色谱法	HJ 799—2016 HJ 800—2016
金属元素	铅、砷、汞、铬（六价）、铁、铜、锌、镉、锰、镍、硒	分光光度法、原子吸收分光光度法、原子荧光法、电感耦合等离子体质谱法	GB/T 15264—1994 HJ 539—2015 HJ 657—2013
有机化合物	苯并[a]芘	荧光光谱法、高效液相色谱法、紫外分光光度法	HJ 956—2018
	多环芳烃(PAHs)	气相色谱-质谱法、高效液相色谱法	HJ 646—2013 HJ 647—2013
	二噁英类	同位素稀释高分辨率气相色谱-高分辨率质谱法	HJ 77.2—2008

第六节　大气降水监测

酸沉降是指大气中酸性物质的自然沉降，包括干沉降和湿沉降。干沉降指不发生降水时，大气中酸性污染物受重力、颗粒物吸附等作用沉降到地面的过程；湿沉降指发生降水时，高空雨滴吸收大气中 SO_2、NO_x 等酸性污染物降到地面的沉降过程，传统意义上"酸雨"即指湿沉降。根据国际判定标准，酸雨是指 pH 值小于 5.6 的降水，包括雨、雪、霜、雾、雹、霰等。酸雨可使土壤酸化、贫瘠化，农作物减产，危害森林植被，腐蚀建筑材料，引发人类健康问题。我国自 20 世纪 70 年代末期开始监测酸雨，1982 年建立了全国酸雨监测网，2004 年发布《酸沉降监测技术规范》(HJ/T 165—2004)，规定了酸雨监测的点位设置、采样方法、监测频次、分析项目及分析方法、质量保证以及数据处理和上报等，规范酸沉降监测技术要求。本节大气降水监测是指大气酸沉降中的湿沉降监测。

一、监测点布设

(一) 点位类型

根据监测目的，大气降水监测点位分为常规监测点和研究监测点。

常规监测点具有固定性和长期性，分为城区点、郊区点和清洁对照(远郊)点。城区点监测城市地区酸雨状况，郊区点监测酸雨污染传输和对农业、森林的影响，清洁对照(远郊)点提供背景地区酸雨污染状况数据。我国生态环境部门根据常规监测点监测和评价酸雨。

研究监测点是为开展大气降水相关科学研究而设立的临时性或阶段性监测点位，一般为短期性监测，也是深入了解大气降水成分特征、污染成因等重要的数据来源。

(二) 布设要求

点位布设要考虑监测目的、监测区域地形地貌、气象状况、人口数量和土地利用等因素，具有代表性。常规监测点附近的土地利用情况应基本不变，且兼顾到上述三种类别，若只设两个点，则为城区点和郊区点，清洁对照点宜以省为单位设置。

点位选择相对开阔处，适于安放、操作及维护采样器，且能提供持续电源。不能设在受局地气象条件影响大和有污染源影响的地方；火山地区、温泉地区、石子路、易受风蚀影响的耕地、受畜牧业和农业活动影响的牧场和草原都不适于选做监测点。城市点一般设置在城区、近郊区、工业区和相邻周边；郊区点一般设在相对清洁地区，不受大量人类活动、工业、排灌系统、水电站、炼油厂、商业、机场及自然资源开发影响，距大污染源 20 km 以上，距主干道公路(500 辆/d)500 m 以上，距局部污染源 1 km 以上；清洁对照点设在不受或很少受到污染源影响的地方，距主要人口居住中心、主要公路、热电厂、机场 50 km 以上。

人口在 50 万以上的城市布设 3 个常规监测点，50 万以下的城市布设 2 个点。

二、样品采集与保存

(一) 采样方式

采样方式有手工采样和自动采样。自动采样通过在监测点位设置自动采样器，完成样品采集、保存以及部分指标测定，我国常规监测点一般采用自动监测方式采样。当监测点位没有自动采样器或不具备自动采样条件、自动采样器出现故障等情况下采用手工采样，研究性监测过程中多采用手工采样。

（二）采样器结构及放置要求

1. 采样器结构

自动采样器由接雨（雪）器、防尘盖、雨传感器、样品容器等组成（图 3-8）。防尘盖用于盖住接雨器，降水时自动打开。我国于 2005 年颁布的《降雨自动采样器技术要求及检测方法》（HJ/T 174—2005）对自动采样器的技术指标和检测提出了规范性要求。

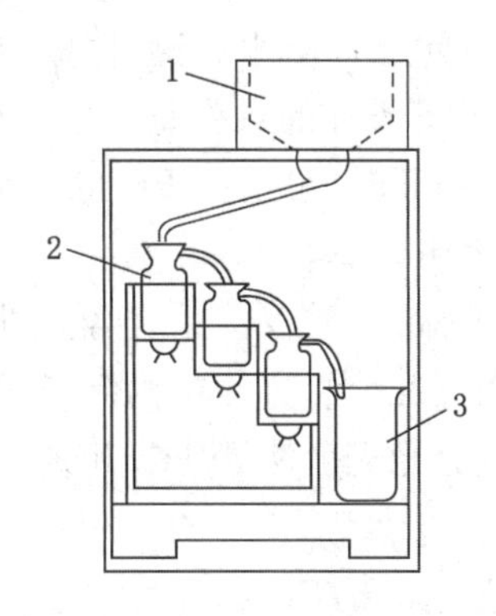

1—接雨器；2—采水瓶；3—烧杯。

图 3-8　降水自动采样器产品示例和分段式降水自动采样器结构图

手工采样器一般由接雨（雪）的聚乙烯塑料漏斗、放漏斗的架子、样品容器（聚乙烯瓶）组成，也可采用无色聚乙烯塑料桶采样。

2. 采样器放置要求

采样器要设置在开阔、平坦、多草、周围 100 m 内没有树木的地方，或者周围 2 m 内无障碍物的楼顶。采样器之间的水平距离需大于 2 m。采样器应固定在支撑面 1.2 m 以上，周围基础面坚固，或草覆盖，避免大风扬尘影响，距废物处置地、焚烧炉、停车场、农产品的室外储存场、室内供热系统等污染源 100 m 以上。较大障碍物与采样器之间的水平距离应至少为障碍物高度的两倍，即从采样点仰望障碍物顶端，仰角不大于 30°。

（三）采样时间、频次和记录

降水时，每 24 h 采样 1 次。若遇连续几天降水，则将上午 9:00 至次日上午 9:00 的降水作为 1 个样品；若一天中有几次降水过程，可合并为 1 个样品测定。

采样后记录采样点名称，样品编号，采样开始和结束日期及时间，样品体积或重量，降水类型（雨、雪、冻雨、冰雹），降水量，污染情况（明显的悬浮物、鸟粪、昆虫），采样设备情况，采样时气温、风向，监测点状况（周围是否有异常，是否有新增的局地污染源等），其他不寻常情况、问题，采样人员签名等。样品记录同样品一起送到实验室。

（四）样品处理与保存

降水结束后应及时取回样品，防止干沉降影响。取下的样品首先称重，然后取一部分测定 EC 和 pH，其余用 0.45 μm 的有机微孔滤膜过滤后用无色聚乙烯塑料瓶保存，不得与其他地表水、污水采样瓶混用，存放时拧紧瓶盖。

样品应尽快送至实验室进行分析测定，运输过程中尽量保持稳定，避免震荡、遗洒或污染。在送到分析实验室前应在 3～5 ℃冷藏。当样品不能用冰箱保存时，可使用防腐剂。

三、样品测定

（一）测定指标

按照《酸沉降监测技术规范》等规定，大气降水样品测定项目包括 EC、pH、SO_4^{2-}、NO_3^-、F^-、Cl^-、NH_4^+、Ca^{2+}、Mg^{2+}、Na^+、K^+和降水量等 12 个项目，根据需要可选测 HCO_3^-、Br^-、$HCOO^-$、CH_3COO^-、PO_4^{3-}、NO_2^-、SO_3^{2-} 等。

EC、pH 和降水量逢降水必测，国家酸雨监测网的监测点应对每次降水进行全部离子项目的测定，尚不具备条件的点位每月应至少选一个或几个降水量较大的样品测定全部项目。降水量不足 0.5 mm 时，可仅测 EC、pH 和降水量。

（二）测定方法

降水量采用标准雨量仪与采样器同步、平行测定，不可使用降水采样器测定。EC、pH 和离子成分采用标准分析方法或国际通用方法，阴离子用离子色谱法，金属阳离子用离子色谱法或原子吸收分光光度法，NH_4^+ 用离子色谱法或纳氏试剂光度法。

（三）结果表示方式

降雨量单位为 mm，EC 单位为 μS/cm，二者保留小数点后一位数字；pH 值为无量纲数据，阴阳离子浓度单位为 mg/L，一般保留小数点后两位。

四、数据处理与酸雨评价

（一）pH 均值计算

多次降水的 pH 均值一般采用“(H^+)浓度－雨量加权平均值”计算，公式为：

$$[H^+]_{平均} = \frac{\sum [H^+]_i \times V_i}{\sum V_i}$$

$$pH_{平均} = -\lg[H^+]_{平均} \tag{3-25}$$

式中，$[H^+]_i$ 为第 i 次降水氢离子浓度，mol/L；V_i为第 i 次降水的降雨量，mm。

（二）阴阳离子浓度平均值计算

阴阳离子浓度平均值计算方法同 pH 均值计算方法，公式为：

$$[X] = \frac{\sum [X]_i \times V_i}{\sum V_i} \tag{3-26}$$

式中，$[X]_i$ 为第 i 次降水中某离子的浓度，mg/L；V_i为第 i 次降水的降雨量，mm。

（三）酸雨评价

1. 以降水 pH 值为评价指标

降水 pH 值小于 5.6 即判定为酸雨。评价长时段降水，采用时间段内降水 pH 均值结果判定。例如月评价，以当月发生的所有降水次数的 pH 均值为依据。以 pH 值为评价指标的酸雨等级判定标准为：pH＜5.6，酸雨；pH 值＜5.0，较重度酸雨；pH 值＜4.5，重度酸雨。

2. 以酸雨发生频率为评价指标

$$酸雨频率 = \frac{监测时间内酸雨出现次数(天数)}{监测时间内所有降水次数(天数)} \times 100\% \tag{3-27}$$

酸雨频率越高，说明酸雨污染越重。

第七节　空气污染源监测

空气污染源监测一方面指定期检查污染源排放废气中的污染物含量是否符合国家规定的大气污染物排放标准要求，即对大气排放源的排放情况进行监督管理；另一方面指对污染源排放污染物的种类、排放量、排放规律进行监测，为研究空气污染的主要来源和发展趋势、制订污染防控措施提供科学依据。

一、固定污染源监测

固定污染源监测时要求设备处于正常运转状态，工况条件符合监测要求。对因生产过程引起排放情况变化的污染源，要根据变化特点和周期进行系统监测。监测内容包括废气排放量、污染物排放浓度、污染物排放量等。我国《固定污染源排气中颗粒物测定与气态污染物采样方法》(GB/T 16157—1996)及修改单、《大气污染物无组织排放监测技术导则》(HJ/T 55—2000)、《固定源废气监测技术规范》(HJ/T 397—2007)、《恶臭污染环境监测技术规范》(HJ 905—2017)以及系列固定排放源废气中污染物的测定方法等标准规定了固定源采样、监测、结果分析等技术内容，气态污染物的采样还要遵守有关排放标准和气态污染物分析方法标准的规定。

(一) 采样点布设

1. 有组织排放源

有组织排放指污染物通过固定排放口有规律地排放到大气中。有组织排放源采样时，一般在烟道同一断面进行多点采样，优先选择气流均匀稳定的垂直管道，避开烟道弯头、易产生阻力构件和断面急剧变化部位。按气流方向，采样位置设在阻力构件下游不小于 6 倍管道直径、上游不小于 3 倍直径处。若采样空间有限，选择适宜管道采样，断面与阻力构件距离不小于烟道直径 1.5 倍，并适当增加采样点数量，断面气流最好在 5 m/s 以上。此外，还要考虑采样人员的安全、操作方便等因素。

在选定采样位置开设内径不小于 80 mm 的采样孔，若仅采气态污染物，内径不小于 40 mm，采样孔管长不大于 50 mm。圆形烟道的采样孔设在包括各测定点在内的相互垂直的直径线上。将烟道断面分成适当数量的等面积同心环，在各环等面积中心线与呈垂直相交的两条直径线交点上设采样点(表 3-24)，原则上不超过 20 个。若断面气流流速均匀，可设 1 个采样孔，采样点减半；烟道直径小于 0.3 m、气流均匀时在烟道中心设 1 个采样点。

矩形或方形烟道采样孔设在包括各测点在内的延长线上。将烟道分成适当数目的等面积小矩形或小方形，采样点设在各小块中心，采样点布设数量及位置见表 3-25。水平烟道积灰时，要尽可能清除积灰，并将积灰部分面积扣除，按有效面积布设采样点。

2. 无组织排放源

无组织排放是指大气污染物不通过排气筒的无规则排放，例如开放式作业场所逸散、料场堆的扬尘等。无组织排放源采样一般采集大气污染物、监控点捕捉污染物最高浓度，采样时要依照法定手续确定边界，无法定手续按实际边界确定，多采用中流量采样器采样。此外，要考虑地形和气象条件影响，气象条件利于污染物扩散和稀释时不宜进行无组织排放源采样。无组织排放源监测采样点布设如表 3-26 所示。

表 3-24　圆形烟道采样点数量

烟道直径/m	圆环数量	测量直径数	采样点数	采样点与烟道壁距离
<0.3			1	采样孔 1 2 3 4 d 0.067d 0.250d 0.750d 0.933d
0.3～0.6	1～2	1～2	2～8	
0.6～1.0	2～3	1～2	4～12	
1.0～2.0	3～4	1～2	6～16	
2.0～4.0	4～5	1～2	8～20	
>4.0	5	1～2	10～20	

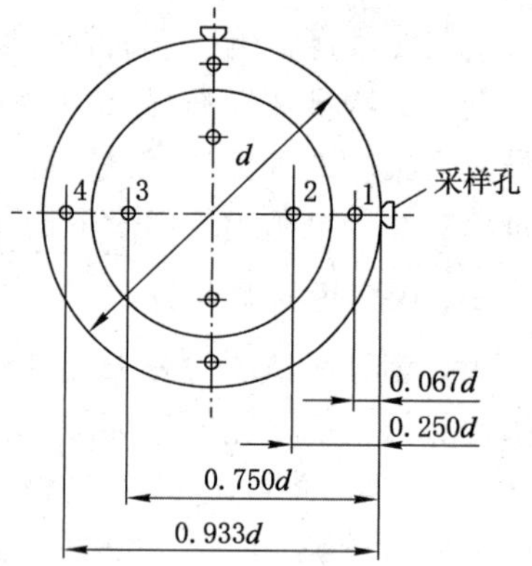

表 3-25　矩形烟道采样点数量

烟道段面积/m^2	等面积小块长边长/m	采样点数	采样点布设
<0.1	<0.32	1	采样孔
0.1～0.5	<0.35	1～4	
0.5～1.0	<0.50	4～6	
1.0～4.0	<0.67	6～9	
4.0～9.0	<0.75	9～16	
>9.0	≤1.0	≤20	

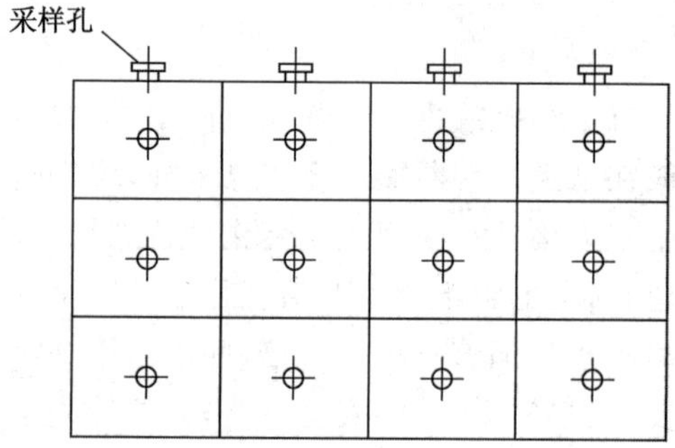

表 3-26　无组织排放源监测采样点布设

采样对象	采样点布设要求
二氧化硫、氮氧化物、颗粒物、氟化物	监控点设在排放源下风向 2～50 m 浓度最高点，参照点设在上风向 2～50 m 内
其他污染物	单位周界 10 m 范围内浓度最高点处
水泥厂颗粒物	厂界外 20 m 处，上、下风向同时布设监控点和参考点
工业炉窑烟尘	厂房门窗排放口、浓度最大值处
露天工业炉窑烟粉尘	距离源 5 m、最低高度 1.5 m 任意处、浓度最高点
机械化炼焦炉	炉顶煤炭侧第 1～4 孔炭化室上升管旁

（二）烟气参数测定

1. 烟气温度

烟气温度测定方法有长杆玻璃水银温度计法、热电偶温度计法、电阻温度计法。长杆玻璃水银温度计法适用于测定直径小、温度不高的烟气温度；热电偶温度计法适用于直径大、温度高的烟道，一般测定 800 ℃以下烟气用镍铬-康铜热电偶，1 300 ℃以下用镍铬-镍铝热电偶，1 600 ℃以下用铂-铂铑热电偶；电阻温度计一般测定 500 ℃以下烟气。

测量时将玻璃温度计球部、热电偶或电阻温度计的测温探头放置在靠近烟道中心位置，确保温度计刻度露在烟道壁外，待读数稳定后进行测量，此时不要将温度计从烟道中抽出。

2. 烟气压力

烟气压力包括全压、动压和静压。静压是气体作用于烟道壁各方向的压力，动压是使气体流动的压力，仅作用于气体流动方向，全压是静压和动压之和。压力一般采用连接压力计的测压管测定，常用测压管有标准皮托管和 S 形皮托管（图 3-9），压力计有 U 形压力计和斜管微压计。

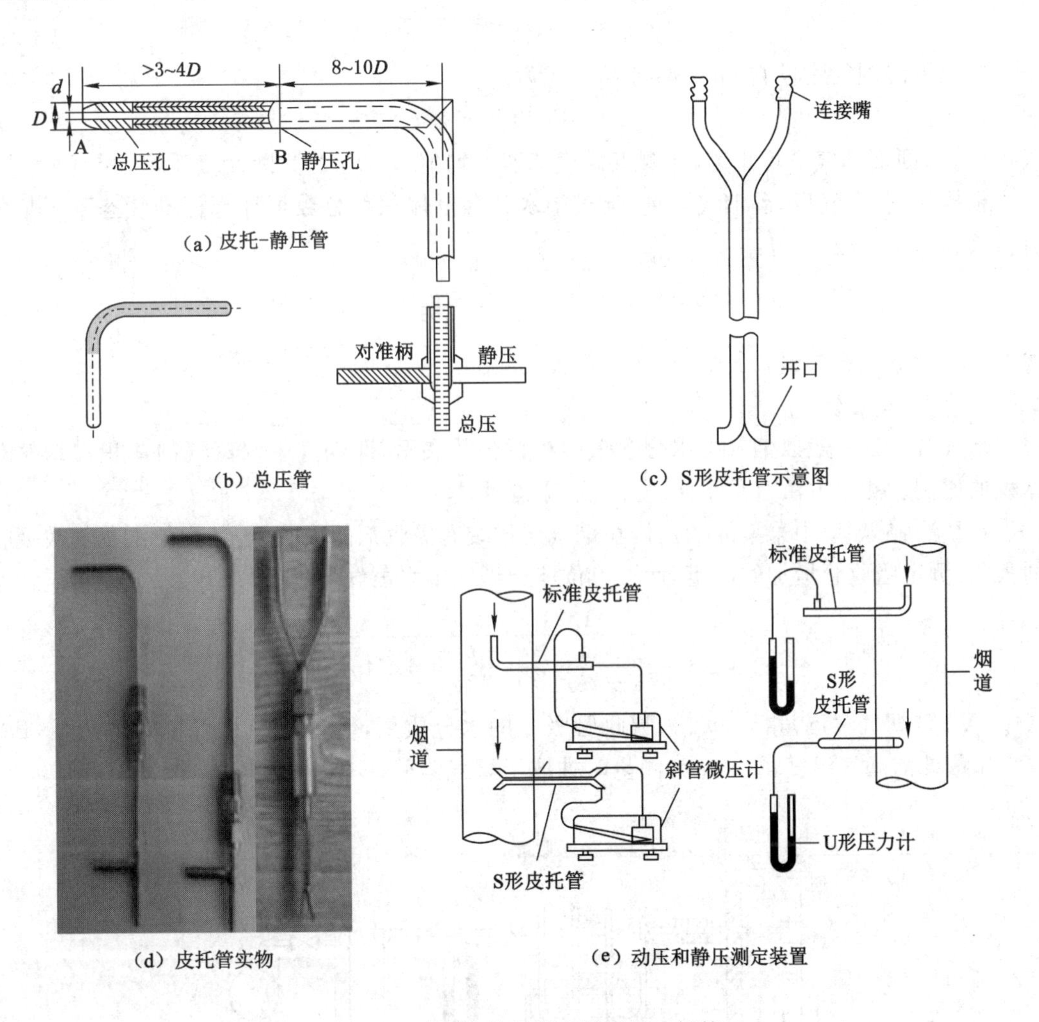

图 3-9　动压和静压测定装置及皮托管

测定前将压力计调至水平，检查是否漏气，液柱中是否有气泡，皮托管是否漏气，然后分别测量动压和静压。测动压时，先将压力计液面调零，然后在皮托管上标出测点并插入采样孔测量，完毕后要检查液面是否回到原点。使用 S 形皮托管测静压只用一路测压管，出口端与U形压力计相连，测量开口平行于气流方向，若使用标准皮托管，测量时全压测孔要正对气流方向。

3. 烟气流量与流速

烟气流速与动压的平方根成正比。根据测点处动压、静压和温度可计算烟气流速。烟气流量为流速与断面截面积之积。烟气流速计算公式为：

$$v_s = K_p \sqrt{\frac{2p_d}{\rho_s}} = 128.9K_p \sqrt{\frac{(273+t_s)\times p_d}{M_s \times (p_a + p_s)}} \tag{3-28}$$

式中，v_s 为湿烟气流速，m/s；K_p 为皮托管校正系数；p_d、p_s 为动压、静压，Pa；ρ_s 为湿烟气密度，kg/m³；t_s 为烟气温度，℃；M_s 为湿烟气摩尔质量，kg/mol；p_a 为大气压，Pa。

当烟气成分与空气相似、露点在 35～55 ℃之间、绝对压力在 97～103 kPa 时，公式为：

$$v_s = 0.076K_p \times \sqrt{273+t_s} \times \sqrt{p_d} \tag{3-29}$$

工况下湿烟气流量 Q_s(m³/h)计算公式为：

$$Q_s = 3\ 600 \times F \times v_{sp} \tag{3-30}$$

式中，v_{sp} 为断面烟气平均流速（各测点烟气流速的均值），m/s；F 为断面截面积，m²。

根据温度、大气压、湿烟气流量、烟气中水分含量体积百分数可计算标准状态下干烟气流量 Q_{sn}(m³/h)，公式为：

$$Q_{sn} = Q_s \times \frac{273}{273+t_s} \times \frac{p_a + p_s}{101\ 325} \times (1 - X_{sw}) \tag{3-31}$$

式中，X_{sw} 为烟气含湿量，%；Q_s、t_s、p_a、p_s 含义同上。

4. 烟气含湿量

烟气含湿量一般以烟气中水分含量体积百分数表示，即烟气中水蒸气的体积占烟气总体积的比例。测定方法有重量法、冷凝法、干湿球法。

重量法：从烟道中采集的一定体积烟气通过装有吸收剂的吸收管，其中的水蒸气被吸收剂吸收，测定吸收管增加的质量，计算单位体积烟气中水蒸气含量（图 3-10）。公式为：

$$X_{sw} = \frac{1.24 \times m_w}{V_d \times \frac{273}{273+t_r} \times \frac{p_a + p_r}{101\ 325} + 1.24m_w} \times 100\% \tag{3-32}$$

式中，X_{sw} 为烟气含湿量，%；m_w 为吸收管吸收的水分质量，g；p_r 为流量计前烟气表压，Pa；t_r 为流量计前烟气温度，℃；V_d 为测量时抽取干烟气体积，L；p_a 为大气压，Pa。

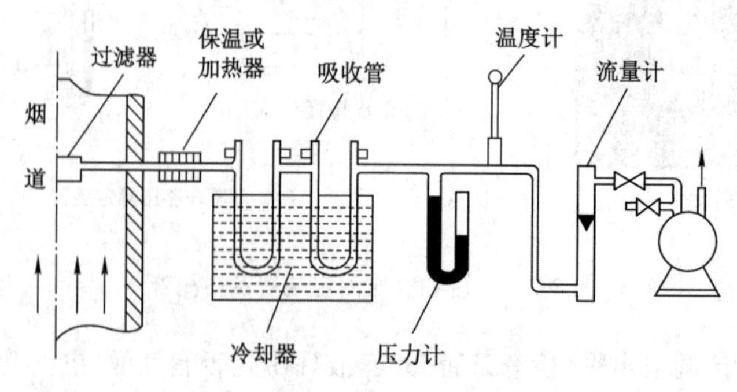

图 3-10 重量法测定烟气含湿量装置

冷凝法与重量法相似，区别在于吸收管换为冷凝管。而干湿球法则通过干湿球温度计读数和测点处的压力来计算烟气含水量。

5. 烟气组分测定

烟气组分包括氮、氧、CO、CO_2 和水蒸气等主要气体组分以及 SO_2、NO_x、H_2S、硫氧化物等有害气体组分。主要气体组分采用奥氏气体分析器吸收法和仪器分析法测定。例如，烟气含氧量可通过电化学法和物理分析法测定，CO 和 CO_2 可采用非分散红外吸收仪和奥氏气体分析器测定。有害气体组分的测定方法依据组分含量，组分含量低时，测定方法多与环境空气中气态污染物测定方法相同，也可采用仪器直接测定。含量较高时，一般选用化学法。

（三）烟尘浓度测定

按照颗粒物等速采样原理，烟尘采样管采样嘴的吸气速度与测点处气流速度相等，抽取一定体积烟气，根据采样管滤筒上捕集的颗粒物质量与抽取的烟气体积，计算烟尘浓度。

1. 采样

烟尘采样系统由采样管、颗粒物捕集器、干燥器、流量计和控制装置、抽气泵等组成。烟尘浓度测定需采用等速采样法和多点采样法。维持等速采样的方法分为预测流速法（普通采样管法）、皮托管平行测速采样法、动态平衡型等速管采样法、静压平衡型等速管采样法等。采样类型包括移动采样、定点采样和间断采样，移动采样最常用。

2. 烟尘浓度计算

烟尘浓度以标准状况下干烟气的质量体积比浓度表示，单位为 mg/m^3 或 $\mu g/m^3$。

首先计算采样后滤筒增加质量，即为烟尘质量，然后计算标准状态下采样体积，公式为：

$$V_{nd} = 0.27 q_v \sqrt{\frac{p_a + p_r}{M_d (273 + t_r)}} \times t \tag{3-33}$$

式中，V_{nd}为标准状态下干烟气采样体积，L；q_v 为采样流量，L/min；M_d 为干烟气摩尔质量，kg/mol；t 为采样时间；p_a、p_r、t_r 含义同前。

当干烟气摩尔质量近似于空气时，V_{nd}的计算公式为：

$$V_{nd} = 0.05 q_v \sqrt{\frac{p_a + p_r}{(273 + t_r)}} \times t \tag{3-34}$$

移动采样时烟尘浓度计算公式为：

$$\rho = \frac{m}{V_{nd}} \times 10^6 \tag{3-35}$$

式中，ρ 为烟尘浓度，mg/m^3；m 为采集烟气质量，g。

（四）烟气黑度测定

烟气黑度是以人的感官对烟气的反应强弱作为控制指标，是燃煤烟气常用的一种监测手段。常用的烟气黑度测定方法有林格曼黑度图法、烟尘望远镜法、光电测烟仪法等。林格曼黑度图法可参考《固定污染源排放 烟气黑度的测定 林格曼烟气黑度图法》（HJ/T 398—2007）。

二、移动污染源监测（机动车尾气监测）

移动污染源主要指汽车、火车、飞机、轮船等，其尾气中含有 CO、NO_x、烃类、颗粒物、BaP 等污染物。我国近年来机动车保有量快速增长，给大气环境带来较大压力。机动车尾气中主要污染物的测定方法包括：滤纸烟度法测烟度、重量法测颗粒物、化学发光法和非扩散紫外线谐振吸收法测 NO_x、不分光红外线吸收法测 CO 和 HC 等。

（一）我国在用车尾气检测

我国在用车尾气检测主要手段有定期检查、抽气检验、道路遥感、机动车环保标志限行监管和黑烟车抓拍等，前两种方法最为常用。道路遥感采用遥测仪监测尾气中的 CO、CO_2、NO 和 HC 等，近年来在机动车尾气抽检管理中发挥了较好的作用，但尚没有国家标准方法。

定期检查：对汽油车，在实施简易工况法地区，重型车采用双怠速法，轻型车在稳态模式下采用稳态工况法，简易瞬时模式下采用简易瞬时工况法；传统方法检测体系和其他检测体系均采用双怠速法。对柴油车，在实施简易工况法地区，采用加载减速工况法；传统方法检测体系和其他检测体系均采用自由加速烟度法。对摩托车，均采用双怠速法。

抽气检验：一般汽油车用双怠速法，柴油车用自由加速烟度法，检测设备主要为四气分析仪、五气分析仪、不透光烟度计。

（二）烟度测定

碳烟是机动车燃料燃烧不完全的产物。一般柴油车易产生碳烟，汽油车相对较少。柴油车排放的黑烟中含有碳的聚合体和少量氧气、氨、多环芳烃等，污染状况用烟度表示。烟度是指一定体积烟气通过一定面积滤纸后滤纸被染黑的程度，单位为波许（Rb）或滤纸烟度（FSN）。常用的测定方法为滤纸烟度法。

采用滤纸烟度法测定时，烟气通过白色滤纸后，碳粒附着在滤纸上，滤纸被染黑，然后用光电测量装置测定滤纸染黑程度，一般规定洁白滤纸烟度为零，全黑滤纸烟度为 10。测定设备为滤纸式烟度计。烟度计算公式为：

$$S_F = 10 \times (1 - \frac{I}{I_0}) \tag{3-36}$$

式中，S_F 为波许烟度，Rb；I 为烟气滤纸反射光强度；I_0 为洁白滤纸反射光强度。

（三）气体排放物测定

气体排放物测定是通过对环境空气进行连续稀释后采样，因此要采集稀释后的排气和空气样品，并根据空气中污染物的含量对样气浓度进行修正。一般在怠速工况下用气袋采集，或使用便携式仪器测定 CO 和 HC。

一般用智能数显非分散红外气体分析仪测定 CO 和 HC。测定时，机动车发动机先由怠速加速至 70%额定转速，维持 30 s，再降至怠速状态，然后将取样探头（或采样管）插入排气管中维持 10 s，再在 30 s 内读取最大值和最小值，平均值即为测定结果。若为多个排气管，应取各排气管测定值的算术平均值。其中 CO 以体积百分含量表示，HC 以体积比表示。

测定 NO_x 时先在机动车排气管处用取样管将废气引出，经冰浴冷凝除水、玻璃棉过滤器除油后，抽取到 100 mL 注射器中，然后将抽取的气样经氧化管注入冰乙酸-对氨基苯磺酸-盐酸萘乙二胺吸收显色液中，显色后用分光光度法测定。

第八节　仪器校准与检定

空气和废气监测需采用标准气体对监测方法、分析仪器和监测系统、采样效率进行检验、校准和评价，标准气体是进行空气和废气监测质量控制的主要依据。常用的环境空气标准样品有 SO_2、NO、NO_2、H_2S、CO、CO_2、O_3、CH_4、C_3H_8 等，其中 SO_2、NO、CO、CO_2、CH_4、C_3H_8 等采用高压气瓶装标准气体，NO_2、H_2S 为渗透管，O_3 采用标准 O_3 气体发生器。

一、气体标准的传递与追踪

为确保监测结果的准确性、可比性，在质量控制中采用的标准气体量值准确度必须具有可追踪性，所用标准必须是逐级传递的。气体标准的传递是指将国家一级标准气体的准确值传递到监测工作中所用的标准气体上的过程，一般采用传递分析仪器或配气稀释装置进行传递。我国环境保护部于 2008 年建设了部一级臭氧标准实验室，装备臭氧标准参考光度计(NIST SRP)等专业校准仪，作为我国臭氧量值传递体系的一级标准。我国臭氧量值传递体系如图 3-11 所示。

标准传递的逆过程称为标准的追踪，也叫标准溯源。当进行系统误差分析时，可通过标准追踪逆向逐级检查各步骤对误差的贡献，查找原因，保证监测数据的准确性。如果实际监测工作采用的标准气体已完成国家一级标准传递过程并具有证书，可直接作为工作标准使用。

图 3-11　我国臭氧量值传递体系

二、标准气体的配置

按照标准方法制取的标准气体，一般存放在钢瓶、玻璃管等容器中，浓度较大，此标准气体被称为原料气。在实际工作中，要按实际需求通过适当的方法配置所需浓度的标准气体。常用的低浓度标准气体配置方法有静态配气法和动态配气法。

(一) 静态配气法

静态配气法是指先将一定量气态或蒸气态原料气充入已知体积容器中，然后再冲入稀释气体，混合均匀制得所需浓度标准气体的方法。常用的配气设备有注射器、玻璃瓶、塑料袋、高压钢瓶等，注射器和玻璃瓶适宜小量配气，塑料袋和高压钢瓶适宜大量配气。但由于容器壁会对气体产生吸附或长期接触产生的化学反应，可能会造成标准浓度不准或随放置时间变化而产生较大误差，因此，该方法适于配置活泼性不高、用气量不大、存放时间较短的标准气体。

1. 大瓶子配气法

大瓶子配气法也称为配气瓶配气法，常用配气瓶有 20 L 玻璃瓶或聚乙烯塑料瓶。

当原料气在常温下为气体时，用经过精确标定的气体定量管量取原料气(图 3-12)。取气时，将气体定量管与存放原料气的钢瓶喷嘴相连接，打开钢瓶气门，让原料气通过气体定量管放空一部分，冲洗定量管，关闭钢瓶气门和定量管两端活塞；然后将定量管连接到已抽成负压的大配气瓶长管端(图 3-13)，另一端连接净化空气，打开活塞，净化空气将定量管中气体全部冲入大配气瓶中，当瓶内压力等于大气压时，配气结束。所配置的标准气体浓度根据配气瓶容积和加入的原料气的量计算得到，公式为：

$$C=\frac{a\cdot m\cdot V}{V_{m}\cdot V_{p}}\times 10^{3} \tag{3-37}$$

式中，C 为标准气体的质量浓度，mg/m^3；a 为原料气纯度(体积分数)，%；m 为原料气摩尔质量，g/mol；V 为加入的原料气体积，即气体定量管容积，mL；V_m 为原料气摩尔体积，L/mol；V_p 为配气瓶容积，L。

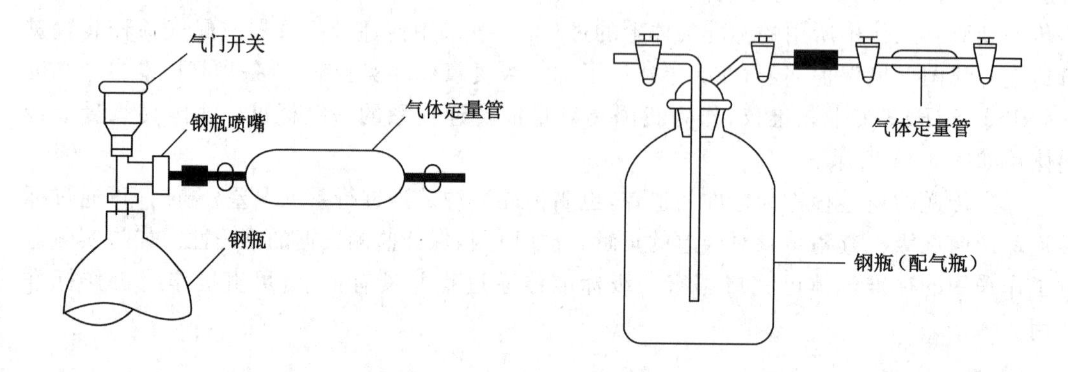

图 3-12　气体定量管量取原料气

图 3-13　大配气瓶

还有一种正压配气(图 3-14)，其真空配气瓶为圆形耐压玻璃瓶，使用前需精确测量配气瓶容积。配气时，先将配气瓶抽真空，用净化空气冲洗，再抽真空，如此反复三次，最后一次充入近于大气压的净化空气；然后用注射器从样气注入口注入所需体积的原料气，继续向配气瓶中充入净化空气(稀释气)达一定正压，放置 1 h 后所配置的气体即可使用。

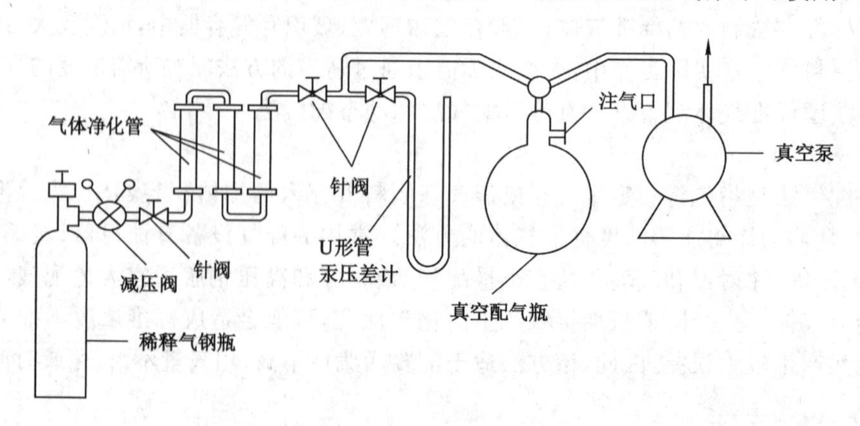

图 3-14　正压配气法装置

在使用易挥发液体配气时，一般会使用带细长毛细管的薄壁玻璃小安瓿瓶(直径 10～

15 mm)取液体(图 3-15)。先将洗净烘干的空安瓿瓶冷却后精确称量其质量,然后稍微加热立即将毛细管尖端插入易挥发液体中,随着安瓿瓶冷却,液体被虹吸入瓶。如果吸入量过多,可将安瓿瓶温热并挤出多余液体。放正安瓿瓶,待毛细管口不留有液体时迅速在火焰上熔封毛细管口,冷却后称量装有液体的安瓿瓶质量,两次质量差即为抽取液体质量。最后将装有液体的安瓿瓶放入配气瓶内,抽成负压并摇动配气瓶使安瓿瓶撞击瓶壁破裂,液体挥发,向配气瓶内充入稀释气至大气压,混匀,完成配气。配置标准气体浓度公式为:

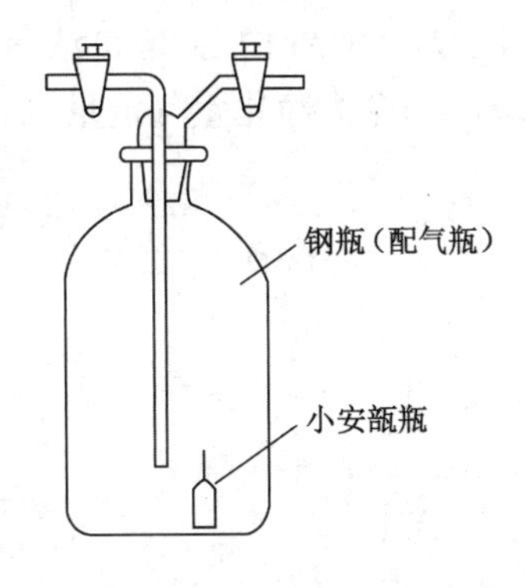

图 3-15　易挥发液体配气装置

$$C=\frac{(m_2-m_1)\cdot a}{V_p}\times 10^6 \tag{3-38}$$

式中,m_1 和 m_2 为空安瓿瓶和装液体的安瓿瓶质量,g;a、C、V_p 符号意义同式(3-37)。

2. 注射器配气法

注射器配气法常用 100 mL 注射器抽取原料气,并经过多次稀释得到所需浓度的标准气。例如,配置 CO 标准气,可以用 100 mL 注射器抽取纯的或已知浓度的 CO 气体 10 mL,然后用净化空气稀释至 100 mL。在摇动注射器中的聚四氟乙烯薄片混匀气体后,将其中的 90 mL 混匀气体排出,剩余的 10 mL 混匀气再充入净化空气稀释至 100 mL,如此反复稀释 6 次,最后配置得到的 CO 气体浓度为 1 μmol/m^3。

注射器使用前要检查是否漏气,并校准刻度。由于注射器壁吸附、磨口处扩散损失以及液态原料气挥发的程度等因素影响,注射器配气法对多种有机化合物的回收率都比较低。

3. 高压钢瓶配气法

高压钢瓶配气法用高压钢瓶作为容器,配置具有较高压力标准气。按照配气量,高压钢瓶配气法分为压力法、流量法、容量法和重量法,其中重量法配置结果最精确,用作配置标准气的标准方法,广泛应用于配置 CO、CH_4、NO 等标准气。采用重量法配气时,配置得到的标准气浓度通过各组分的质量比计算得出,各气体组分质量通过高载荷精密天平称量。

采用高压钢瓶配气法配置标准气时,装入钢瓶的各组分气体应对钢瓶无腐蚀,且不被钢瓶壁吸附。考虑到 NO、NO_2、SO_2 等活泼气体的腐蚀和吸附作用,钢瓶常采用不锈钢或特殊材料制成,钢瓶内壁加涂层或电镀等钝化处理,钢瓶气在使用和放置时要定期校准。

4. 塑料袋配气法

塑料袋配气法是指向塑料袋内注入一定量的标准气,再用一定体积的净化空气稀释并混匀得到所需浓度的标准气的配气方法。配置的标准气的浓度可根据加入的原料气的量和塑料袋充气的体积计算得到。

(二) 动态配气法

动态配气是指将已知浓度的原料气以较小流量恒定不变地加入气体混合器,同时将净化空气以较大流量恒定不变地加入混合器与原料气混合,以稀释原料气,从而连续不断地配置所需浓度标准气的方法(图 3-16)。两个气流的流量比即为稀释倍数,根据稀释倍数计算标准气浓度,公式为:

$$C=\frac{Q_0}{Q_0+Q}\times C_0 \tag{3-39}$$

式中，C 为配置的标准气浓度，mg/m³；C_0 为原料气浓度，mg/m³；Q_0 为原料气流量，mL/min；Q 为净化空气流量，mL/min。

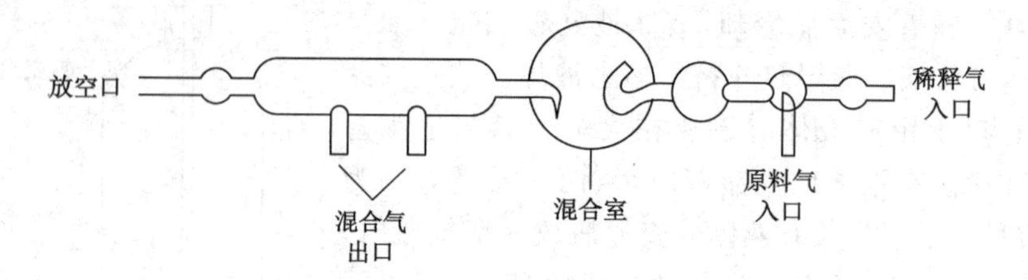

图 3-16　气体混合器

该方法适用于标准气用量较大或标准气浓度较低、通标气时间较长时，不适宜配置高浓度标准气。常用方法有负压喷射法、渗透膜法、电解法、饱和蒸气法、气体扩散法等。

1. 负压喷射法

负压喷射法是指在配气设备内压力差的作用下将原料气喷出并与稀释气混合完成标准气配置的方法(图 3-17)。配气时，稀释气体以一定速度进入固定喷管，当从狭窄的喷口处向外放空时，毛细管左端压力 p' 小于右侧大气压 p 而处于负压状态。在两侧压力差的作用下，原料气以恒定速度进入毛细管，最后从左侧喷口喷出与稀释气混合均匀，配气完成。标准气浓度由稀释气流速、原料气浓度和原料气流速决定。

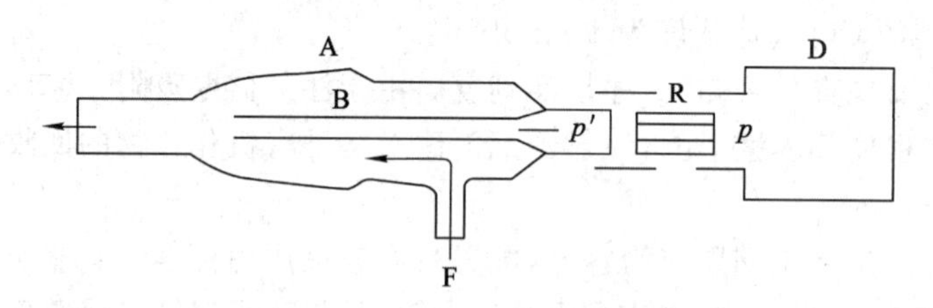

A—固定喷管；B—毛细管；D—装有原料气的容器；R—毛细管连接端；F—稀释气体。

图 3-17　负压喷射法配气原理图

2. 渗透膜法

渗透膜法是指原料气通过惰性塑料渗透膜进入稀释气中完成标准气配置的方法。常用的渗透装置为渗透管，因此也常称为渗透管法。经过校准的渗透管可作为计量标准气源来传递，在大气污染物监测中可用于标定连续自动分析仪的读数、制备模拟现场采样的标准曲线，或作为气相色谱定量的标准。

渗透管由一个盛有易挥发纯液体的小容器和渗透膜组成。若常温下原料气为气体，可采用冷冻或压缩方法制成液体，装入小容器中。小容器由惰性材料制成，例如硬质玻璃、不锈钢等，具有耐腐蚀性和耐压力性；渗透膜由惰性塑料制成，厚度不超过 1 mm。

单位时间内通过渗透膜向外渗透的量称为渗透率，渗透率与原料气的饱和渗透压、渗透面及渗透膜厚度等有关。通过改变原料气温度来改变饱和蒸气压，或者通过改变稀释气流量来配置不同浓度标准气体。配气时必须测定渗透率，常用测定方法有重量法、化学法、电量法等。

3. 气体扩散法

气体扩散法是指通过气体分子从液相扩散至气相、再被稀释气带走进行标准气配置的方法。标准气体的浓度通过调整扩散速度和稀释气流量获得。根据液相组成，气体扩散法配气方式有两种，一是液相为纯溶剂，气体分子直接从液面上扩散出来，例如，毛细管扩散法；另一种液相为溶液，即为溶液扩散法，配气时，溶液化学反应产生气体分子，扩散至溶液表面继而进入气相中，综合了液相扩散和气相扩散两个过程。

4. 其他配气法

其他常用方法有电解法和饱和蒸气法。电解法一般用于配置 CO_2 标准气。配气时，草酸溶液在电解作用下，$C_2O_4^{2-}$ 被氧化生成 CO_2，然后用一定流量的稀释气体将 CO_2 带走配置标准气。饱和蒸气法是指在恒温下用液体饱和蒸气作为原料气的配气方法。

思考题

1. 什么是大气污染？举例分析我国目前大气污染问题中常见的污染物和来源。

2. 当出现大气污染现象时，应从哪些方面考虑对污染物浓度和分布的影响？

3. 简述大气监测常用的方法类型和优缺点。

4. 按照 GB 3095—2012，我国城市环境空气质量监测项目及执行标准要求是什么？

5. 直接采样法和富集采样法各适用于什么情况？

6. 某城市在 2018—2023 年的环境空气质量监测中，$PM_{2.5}$ 年均浓度分别为 58 $\mu g/m^3$、62 $\mu g/m^3$、59 $\mu g/m^3$、52 $\mu g/m^3$、48 $\mu g/m^3$、45 $\mu g/m^3$，分析说明该城市 $PM_{2.5}$ 的变化趋势。

7. 某市某日环境空气质量监测数据显示，$PM_{2.5}$、PM_{10}、SO_2、NO_2 和 CO 日均值分别为 60 $\mu g/m^3$、105 $\mu g/m^3$、140 $\mu g/m^3$、70 $\mu g/m^3$、3.2 mg/m^3，O_3 日最大 8 小时均值为 172 $\mu g/m^3$，计算判断该市当日空气质量是否达标？若出现超标，首要污染物是什么？

8. 如何提高大气采样效率？我国对气态污染物的采样条件有何标准要求？

9. 阐述 GB 3095—2012 中基本项目测定的分光光度法及原理，我国规定的标准测定方法是什么？

10. 我国颗粒物监测中主要监测项目有哪些？通过阅读相关标准规范，阐述主要手工监测方法及原理。

11. 什么是酸雨？通过查找资料，举例说明酸雨的危害和如何评价酸雨污染程度。

12. 空气污染源监测目的是什么？查阅资料，列举我国当前主要执行的相关污染源监测标准和技术规范。

13. 简述固定污染源采样中圆形烟道和方形烟道的采样点布设方法。

14. 气体标准的传递与追踪在大气环境监测中的意义是什么？

15. 简要说明静态配气法和动态配气法的原理和特点。

知识拓展阅读

拓展 1：阅读 2021 年国家城市空气质量监测方案。

拓展 2：阅读《空气质量 词汇》(HJ 492—2009)。

第四章　固体废物监测

本章知识要点

本章重点介绍固体废物概念及分类;危险废物的概念、特性及鉴别方法;固体废物样品的采集和制备;有害特性的监测方法;生活垃圾的概念、分类及特性分析;卫生保健机构废弃物的定义、分类和处理;有害物质的毒理学研究方法。

第一节　固体废物概述

目前我国环境污染的主要问题是水污染和大气污染,但是,其他的环境污染问题如固体废物的污染也是不可忽视的重要问题,并随着经济的发展和资源的枯竭日趋迫切。据统计,我国每年因固体废物污染环境造成的直接经济损失已超过90亿元人民币,而资源损失——每年固体废物中可利用而未被利用的资源价值就达250亿元。因此,了解固体废物的来源和危害、加强固体废物的监测和管理是环境保护工作的重要任务之一。

一、固体废物

(一)固体废物的定义

固体废物是指人们在开发建设、生产经营和日常生活活动中向环境排出的固态和半固态废物。一般来讲,来自工业、交通等生产活动中的固体废物称工业固体废物。来自生活活动中的固体废物称为垃圾。固体废物是一个相对概念,因为往往从一个生产环节看,被丢弃的物质是废物,是无用的,但从另一生产环节看又往往可作为生产原料,因而是有用的。固体废物主要来源于人类的生产和消费活动。在固体废物中对环境影响最大的是工业有害固体废物和城市垃圾。

(二)固体废物的分类

(1)按化学性质分为有机废物和无机废物;

(2)按形状分为固体和泥状;

(3)按来源分为矿业固体废物、工业固体废物、城市垃圾、农业废物;

(4)按危害状况分为危险废物和一般废物。

二、危险废物

(一) 危险废物的定义

危险废物是指国家危险废物名录中所列的废物或者根据国务院环保行政主管部门规定的鉴别方法鉴别认定的，具有《控制危险废料越境转移及其处置巴塞尔公约》所列危险特性之一的废物。危险废物产生量占工业固体废物总量的5%～10%，并以3%的年增长率逐步增加，因此对危险废物的管理正成为主要的环境问题之一。

(二) 危险废物的鉴别

危险废物是否有害可用下列四点来定义：

(1) 引起或严重导致死亡率增加；

(2) 引起各种疾病的增加；

(3) 降低对疾病的抵抗力；

(4) 在处理、贮存、运送、处置或其他管理不当时，对人体健康或环境会造成现实的或潜在的危害。

实际使用时，往往根据废物具有潜在危害的各种特性及物理、化学和生物标准方法对其进行定义和分类。

(三) 危险废物的特性

1. 急性毒性

能引起小鼠(大鼠)在48 h内有半数以上死亡的废物。为评估其毒性大小，可以参考有关制定有害物质卫生标准的试验方法，进行半致死剂量(LD_{50})试验。这种试验包括口服毒性、吸入毒性和皮肤吸收毒性等方面。

2. 易燃性

燃点低于60 ℃的液体，经摩擦、吸湿或自发变化时具有着火倾向的固体，着火时燃烧剧烈而持续，以及在处理过程中会引起危险。

3. 腐蚀性

含水废物，或本身不含水但加入定量水后其浸出液的 $pH \leqslant 2$ 或 $pH \geqslant 12.5$ 的废物，或最低温度为55 ℃对钢制品的腐蚀深度大于0.64 cm/a的废物。

4. 反应性

当具有以下特性之一者：① 不稳定，在无爆震时就很容易发生剧烈变化；② 和水剧烈反应；③ 能和水形成爆炸性混合物；④ 和水混合会产生毒性气体、蒸汽或烟雾；⑤ 在有引发源或加热时能爆震或爆炸；⑥ 在常温、常压下易发生爆炸和爆炸性反应；⑦ 根据其他法规所定义的爆炸品。

5. 放射性

含有天然放射性元素的废物，比放射性大于 1×10^{-7} Ci/kg者；含有人工放射性元素的废物或者比放射性(Ci/kg)大于露天水源限制浓度的10～100倍(半衰期>60 d)者。

6. 浸出毒性

按规定的浸出方法进行浸取，当浸出液中有一种或一种以上有害成分的浓度超过标准的物质。

7. 其他毒性

生物蓄积性、遗传变异性、传染性等。

第二节　固体废物样品的采集和制备

固体废物的监测包括采样计划的设计和实施、分析方法、质量保证等方面，各国都有具体规定。美国国家环境保护局固体废弃物办公室根据资源回收法编写了《固体废物试验分析评价手册》。

我国于1986年颁发了《工业固体废物有害特性试验与监测分析方法》。

一、样品的采集

（一）采样工具

采样工具包括：尖头钢锹、钢尖镐（腰斧）、采样铲（采样器）、具盖采样桶或内衬塑料的采样袋。

（二）采样方案的制订

1. 采样目的

根据固体废物监测的目的来确定，固体废物的监测目的主要有：鉴别固体废物的特性并对其进行分类，进行固体废物环境污染监测，为综合利用或处置固体废物提供依据；污染环境事故调查分析和应急监测；科学研究或环境影响评价；等等。

2. 背景调查和现场踏勘

进行现场踏勘时，应着重了解工业固体废物的以下几个方面：

（1）生产单位或处置单位；

（2）种类、形态、数量和特性（物理特性和化学特性）；

（3）试验及分析的误差和要求；

（4）环境污染、监测分析的历史资料；

（5）产生、堆存、综合利用及现场和周围情况，了解现场及周围环境。

3. 采样程序

（1）根据固体废物批量大小确定应采的份样（由一批废物中的一个点或一个部位，按规定量取出的样品个数）。

（2）根据固体废物的最大粒度（95％以上能通过的最小筛孔尺寸）确定份样量。

（3）根据采样方法，随机采集份样，组成总样，并认真填写采样记录表。

（三）份样数

当已知份样间的标准偏差和允许误差时，可按下式计算份样数：

$$n \geqslant \left(\frac{ts}{\delta}\right)^2 \tag{4-1}$$

式中　n——份样数；

s——份样间的标准偏差；

δ——采样允许误差；

t——选定置信度下的概率。

按表4-1确定份样个数。

表 4-1　批量与最少份样数

批量/{kL(液体)/[t(固体)]}	最少份样数
<5	5
5～50	10
50～100	15
100～500	20
500～1 000	25
1 000～5 000	30
>5 000	35

（四）份样量

份样量是指构成一个份样的固体废物的质量。一般情况下，样品多一些才有代表性，因此，份样量不能少于某一限度。份样量达到一定限度之后，再增加质量也不能显著提高采样的准确度。份样量取决于固体废物的粒度，固体废物的粒度越大，均匀性就越差，份样量就应越多。最小份样量大致与固体废物的最大粒径的 α 次方成正比，与固体废物的不均匀程度成正比。可按切乔特公式计算最小份样量，即

$$m \geqslant K \cdot d_{max}^{\alpha} \tag{4-2}$$

式中　m——最小份样量，kg；

d_{max}——固体废物的最大粒径，mm；

K——缩分系数；

α——经验常数。

按表 4-2 确定每个份样应采的最小质量。所采的每个份样量应大致相等，其相对误差不大于 20%。液态废物的份样量以不小于 100 mL 的采样瓶(或采样器)所盛量为宜。

表 4-2　最小份样量和采样铲容量

最大粒度/mm	最小份样量/kg	采样铲容量/mL
>150	30	
100～150	15	16 000
50～100	5	7 000
40～50	3	1 700
20～40	2	800
10～20	1	300
<10	0.5	125

（五）采样方法

1. 工业固体废物采集

(1) 现场采样

在生产现场采样，首先应确定样品的批量，然后按下式计算出采样间隔，进行流动间隔

采样，即

$$采样间隔 \leqslant 批量(t)/规定的份样数 \tag{4-3}$$

(2) 运输车及容器采样

在运输一批固体废物时，当车数不多于该批废物规定的份样数时，每车应采份样数按下式计算，即

$$每车应采份样数 = 规定份样数/车数 \tag{4-4}$$

当车数多于规定的份样数时，按表 4-3 选出所需最少的采样车数，然后从所选车中各随机采集一个份样。在车中，采样点应均匀分布在车厢的对角线上（图 4-1），端点距车角应大于 0.5 m，表层去掉 30 cm。

表 4-3 所需最少采样车数

车数（容器）	所需最少采样车数（容器数）
<10	5
10～25	10
25～50	20
50～100	30
>100	50

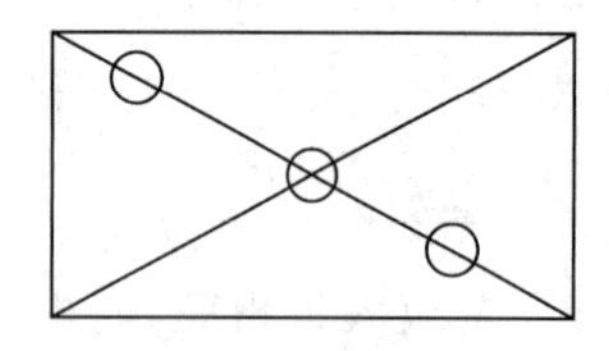
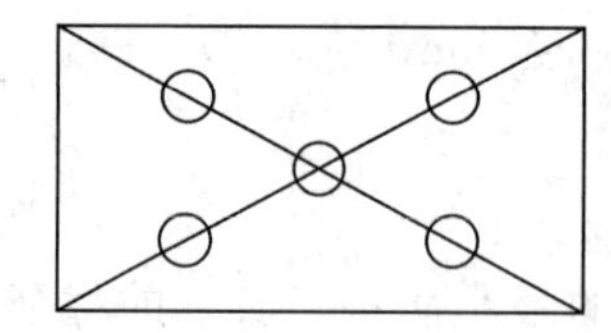
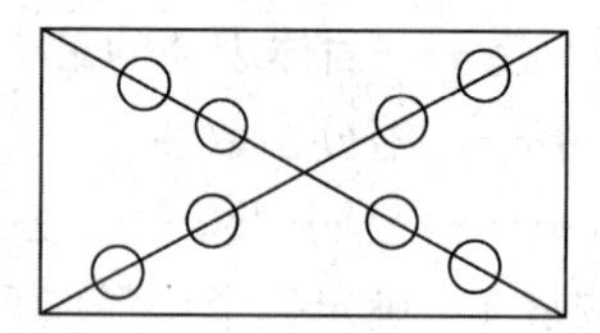

图 4-1 车厢中的采样布点

(3) 废渣堆采样法

在渣堆西侧距堆底 0.5 m 处画一条横线，然后每隔 0.5 m 画一条横线，再每隔 2 m 画一条横线的垂线，其交点作为采样点。按表 4-3 确定的采样车数确定采样点数，在每点上从 0.5～1.0 m 深处各随机采样一份。

2. 城市生活垃圾采集

(1) 确定采样点

为了使样品具有代表性，采用点面结合确定几个采样点。在市区选择 2～3 个居民生活水平与燃料结构具有代表性的居民生活区作为点；再选择一个或几个垃圾堆放场所作为面，定期采样。做生活垃圾全面调查分析时，点面采样时间定为半个月一次。

(2) 方法与步骤

采样点确定后，即可按下列步骤采集样品。

① 将 50 L 容器（搪瓷盆）洗净、干燥、称量、记录，然后布置于点上，每个点放置若干个容器；面上采集时，带好备用容器。

② 点上采样量为该点 24 h 内的全部生活垃圾，到时间后收回容器，并将同一点上若干

容器内的样品全部集中；面上的取样数量以 50 L 为一个单位，要求从当日卸到垃圾堆放场的每车垃圾中进行采样(即每车 5 t)，共取 1 m^3 左右(约 20 个垃圾车)。

③ 将各点集中或面上采集的样品中大块物料现场人工破碎，然后用铁锹充分混匀，此过程尽可能迅速完成，以免水分散失。

④ 混合后的样品现场用四分法，把样品缩分到 90～100 kg 为止，即为初样品。将初样品装入容器，取回分析。

二、样品的制备

(一) 制样工具

制样工具包括：粉碎机(破碎机)、药碾、钢锤、标准套筛、十字分样板、机械缩分器。

(二) 制样要求

(1) 在制样全过程中，应防止样品产生任何化学变化和污染。若制样过程中，可能对样品的性质产生显著影响，则应尽量保持原来状态。

(2) 湿样品应在室温下自然干燥，使其达到适于破碎、筛分、缩分的程度。

(3) 制备的样品应过筛后(筛孔为 5 mm)装瓶备用。

(三) 制样程序

(1) 粉碎：用机械或人工方法把全部样品逐级破碎，通过 5 mm 筛孔。粉碎过程中，不可随意丢弃难以破碎的粗粒。

(2) 筛分：使样品保证 95%以上处于某一粒度范围，根据样品的最大粒径选择相应的筛号，分阶段筛出全部粉碎样品。筛上部分应全部返回粉碎工序重新粉碎，不得随意丢弃。

(3) 混合：使样品达到均匀。混合均匀的方法有堆锥法、环锥法、掀角法和机械拌匀法等，使过筛的样品充分混合。

(4) 缩分：将样品于清洁、平整不吸水的板面上堆成圆锥形状，每铲物料自样品堆成的圆锥顶端落下，使其均匀地沿锥尖散落，不可使圆锥中心错位。反复转堆，至少 3 圈，使其充分混合。然后将圆锥顶端轻轻压平，摊开物料后，用十字板自上压下，分成四等份，取两个对角的等份，重复操作数次，直至不少于 1 kg 试样为止。

三、样品水分的测定

(1) 测定样品中的无机物时，可称取样品 20 g 左右，在 105 ℃下干燥，恒重至±0.1 g，测定水分含量。

(2) 测定样品中的有机物时，应称取样品 20 g 左右，于 60 ℃下干燥 24 h，测定水分含量。

(3) 固体废物测定结果以干样品计算，当污染物含量小于 0.1%时，以 mg/kg 表示，含量大于 0.1%时，则以百分含量表示，并说明是水溶性或总量。

四、样品 pH 值的测定

由于固体废物的不均匀性，测定时应将各点分别测定，测定结果以实际测定 pH 值范围表示。

五、样品的保存

制好的样品密封于容器(容器应对样品不产生吸附、不使样品变质)中保存，贴上标签备用。标签上应注明：编号、废物名称、采样地点、批量、采样人、制样人、时间。特殊样品，可采取冷冻或充惰性气体等方法保存。制备好的样品一般有效保存期为三个月，易变质的试样不受此限制。

第三节　有害特性的监测方法

一、急性毒性的初筛试验

有害废物中有多种有害成分，组分分析难度较大，急性毒性的初筛试验可以简便地鉴别并表达其综合急性毒性。方法是以一定体重的小白鼠或大白鼠为试验动物，选择健康活泼者，试验前禁食 8～12 h。将样品于室温下静置浸泡 24 h，取滤液备用。利用有害废物的浸出液对小白鼠或大白鼠进行一次性灌胃，之后观察其中毒症状，记录 48 h 内的死亡数。

二、易燃性的试验方法

主要是利用闭口闪点测定仪测其闪点。因为闪点较低的液体状废物和燃烧剧烈而持续的非液态状废物，由于摩擦、吸湿、点燃等自发的化学变化会发热、着火，或可能由于它的燃烧引起对人体或环境的危害。

测定步骤为：按标准要求加热样品至一定温度，停止搅拌，每升高 1 ℃点火一次，至样品上方刚出现蓝色火焰时，立即读取温度计上的读数，该值即为测定结果。

三、腐蚀性的试验方法

腐蚀性指通过接触能损伤生物细胞组织或腐蚀物体而引起的危害。其测定方法一是测定 pH 值，另一种是测定在 55.7 ℃以下对钢制品的腐蚀率。

测定 pH 值采用酸度计。对含水量高、呈流态状的稀泥或浆状物料，可将电极直接插入进行测量；对黏稠状物料可离心或过滤后，测其液体 pH 值；对粉、粒、块状物料，称取制备好的样品 50 g(干基)置于 1 L 塑料瓶中，加入新鲜蒸馏水 250 mL，震荡，测其上清液的pH 值，取两个样品测定。

钢制品腐蚀试验方法：将清洁抛光的碳素钢试样浸泡在物料渗出液中，然后将容器置于水浴中加热至 55 ℃，经过 30 d 后，用深度千分尺测量最大腐蚀深度，并换算成 mm/a，标准为 6.35 mm/a。

四、反应性的试验方法

废物的反应性通常指在常温、常压下，当外界条件发生变化时会发生剧烈变化，以致产生爆炸或释放出有毒有害气体的现象。

测定方法包括：撞击感度测定；摩擦感度测定；差热分析测定；爆炸点测定；火焰感度测定

(1) 撞击感度测定：用以确定样品对机械撞击作用的敏感程度，用立式落锤仪进行测定。

(2) 摩擦感度测定：用以测定样品对摩擦作用的敏感程度，用摆式摩擦仪及摩擦装置进行测定，观察样品受摩擦作用后是否发生爆炸、燃烧和分解。

(3) 差热分析测定：确定样品的热不稳定性，用差热分析仪测定。

(4) 爆炸点测定：测定样品对热的敏感程度，用爆发点测定仪测定。

(5) 火焰感度测定：确定样品对火焰的敏感程度，用爆发点测定仪测定。

具体测定方法见相关标准。

五、遇水反应性试验方法

遇水反应性包括以下几个方面：固体废物与水发生剧烈反应释放热量，导致体系温度升高，可通过试验来测定；遇水反应释放出有害气体，如乙炔、硫化氢、砷化氢等；对于与水混合能产生足以危害人体健康或环境的有毒气体、蒸气或烟雾的废物，主要依据专业知识和经验来判断；对于与酸溶液接触后产生氢氰酸和硫化物的比释放率的测定，可以在装有定量废物的封闭体系中加入一定量的酸，将产生的气体吹入洗气瓶中进行测定并分析。

六、浸出毒性的试验方法

固体废物受到水的冲淋、浸泡，其中有害成分将会转移到水相而污染地面水、地下水，导致二次污染。浸出毒性的试验采用规定办法浸出水溶液，然后对浸出液进行分析。我国规定的分析项目有：Hg、Cd、Sn、Cr、Pb、Cu、Zn、Ni、锑、铍、氟化物、氰化物、硫化物、硝基苯类化合物。具体分析方法与“水和废水监测”方法类似。

（一）水平振荡法

称取 100 g 样品（干基），加水 1 L（先调节 pH 为 5.8～6.3），震荡 8 h，静止 16 h，用 0.45 μm滤膜过滤。每个样品作两个平行浸出试验。

（二）翻转法

取干基试样 70 g，置于 1 L 具盖广口聚乙烯瓶中，加入 700 mL 去离子水后，将瓶子固定在翻转式搅拌机上，调节转速为(30±2)r/min，在室温下翻转搅拌 18 h，静置 30 min 后取下，经 0.45 μm 滤膜过滤得到浸出液，测定污染物浓度。浸出液按各分析项目要求进行保护，在合适条件下储存备用。每种样品作两个平行浸出试验，每瓶浸出液对欲测项目平行测定两次，取算术平均值报告结果。试验报告应将被测样品的名称、来源、采集时间、样品粒度级配情况、试验过程的异常情况、浸出液的 pH 值、颜色、乳化和相分层情况说明清楚。对于含水污泥样品，其滤液也必须同时加以分析并报告结果。如测定有机成分宜用硬质玻璃容器。

第四节 生活垃圾和卫生保健机构废弃物的监测

一、生活垃圾及其分类

（一）生活垃圾的概念

生活垃圾是指城镇居民在日常生活中抛弃的固体垃圾，主要包括：生活垃圾、医院垃圾、市场垃圾、建筑垃圾和街道垃圾等。其中医院垃圾和建筑垃圾应予单独处理。

（二）生活垃圾的分类

生活垃圾是由多种物质组成的异质混合体。包括：

(1) 废品类：包括废金属、废玻璃、废塑料、废橡胶、废纤维类、废纸类和废砖瓦类等。

(2) 厨房类（亦称厨房垃圾）：包括饮食废物、蔬菜废物、肉类和肉骨以及我国部分城市厨房所产生的燃料用煤、煤制品、木炭的燃余物等。

(3) 灰土类：包括修建、清理时的土、煤、灰渣。

（三）处理方法

生活垃圾处理的方法大致有焚烧、卫生填埋、堆肥和再生利用。针对不同的方式，有不同的监测项目和重点。

二、生活垃圾特性分析

（一）垃圾采样和样品处理

从不同的垃圾产生地、贮存场或堆放场采集有整体代表性的样品，是垃圾特性分析的第一步，也是保证数据准确的重要前提。为此，应充分研究垃圾产生地的基本情况，如居民情况、生活水平、垃圾堆放时间；还要考虑在收集、运输、贮存过程等可能的变化，然后制订周密的采样计划。采样过程必须详细记录地点、时间、种类、表观特性等。在记录卡传递过程中，必须有专人签署，便于核查。

（二）采样量

依据被分析的量、最大粒度和体积来确定各类垃圾样品的最低量

（三）垃圾的粒度分级

筛分法：按筛目排列，依次连续摇动 15 min，转到下一号筛子，然后称量每一粒度级的质量，计算每一粒度级中微粒所占百分比，即

$$微粒(\%) = [(微粒质量 + 筛子质量) - 筛子质量] / 总样品质量 \times 100\% \quad (4\text{-}5)$$

（四）淀粉的测定

垃圾在堆肥过程中，需借助淀粉量分析来鉴定堆肥的腐熟程度。因为在堆肥过程中形成淀粉碘化络合物，络合物的颜色变化取决于堆肥的降解度。堆肥颜色的变化过程是深蓝—浅蓝—灰—绿—黄。

这种样品分析试验的步骤为：

(1) 将 1 g 堆肥置于 100 mL 烧杯中，滴入几滴乙醇使其湿润，再加 20 mL 36％的高氯酸；

(2) 用纹网滤纸过滤；

(3) 加入 20 mL 碘反应剂到滤液中并搅动；

(4) 将几滴滤液滴到白色板上，观察其颜色变化。

试剂：

(1) 碘反应剂：将 2 g KI 溶解到 500 mL 水中，再加入 0.08 g I_2；

(2) 36％的高氯酸；

(3) 乙醇。

（五）生物降解度的测定

垃圾中含有大量天然的和人工合成的有机物质，有的容易生物降解，有的难以生物降解。目前，对生物降解度的测定采用的是一种可以在室温下对垃圾生物降解度作出适当估计的 COD 试验方法，即：

(1) 称取 0.5 g 已烘干磨碎的样品于 500 mL 锥形瓶中。

(2) 准确量取 20 mL$c(1/6K_2Cr_2O_7)=2$ mol/L 的重铬酸钾溶液加入锥形瓶中并充分混合。

(3) 用另一个量筒量取 20 mL 硫酸加到锥形瓶中。

(4) 在室温下放置 12 h 且不断摇动。

(5) 加入约 15 mL 蒸馏水。

(6) 依次加入 10 mL 磷酸，0.2 g 氟化钠和 30 滴指示剂，每加入一种试剂后必须混匀。

(7) 用硫酸亚铁铵标准溶液滴定，在滴定过程中颜色的变化是棕绿—绿蓝—蓝—绿，在化学计量点时出现的是纯绿色。

(8) 用同样的方法在不加样品的情况下做空白试验。

(9) 如果加入指示剂时已出现绿色，则试验必须重做，必须再加 30 mL 重铬酸钾溶液。

(10) 生物降解度的计算：

$$\mathrm{BDM} = [1.28(V_2 - V_1) \cdot V \cdot c]/V_2 \tag{4-6}$$

式中　BDM——生物降解度；

V_1——滴定样品消耗硫酸亚铁铵标准溶液的体积，mL；

V_2——空白试验滴定消耗硫酸亚铁铵标准溶液的体积，mL；

V——加入重铬酸钾溶液的体积，mL；

c——重铬酸钾溶液的浓度，mol/L；

1.28——折合系数。

(六) 垃圾热值的测定

热值是垃圾焚烧处理的重要指标。热值分高热值(H_o)和低热值(H_n)。垃圾中可燃物质的热值为高热值，但实际上垃圾中总含有一定量不可燃的惰性物质和水，当燃烧升温时，这些物质要消耗热量，同时燃烧产生的水以水蒸气的形式挥发也会消耗热量，故实际的热值要低得多，这一热值叫低热值，显然其实际意义更大。两者换算公式为：

$$H_n = H_o\{[100 - (w_I + W)]/[100 - W_L]\} \times 5.85W \tag{4-7}$$

式中　H_n——低热值，kJ/kg；

H_o——高热值，kJ/kg；

w_I——惰性物质含量(质量分数)，%；

W——垃圾的表面湿度，%；

W_L——垃圾焚烧后剩余的和吸湿后的湿度，%。

热值的测定方法有量热计法和热耗法。

三、渗沥水分析

渗沥水是指从生活垃圾接触中渗出来的水溶液，它提取或溶出了垃圾组成中的物质。主要来源于降水和垃圾自身，渗沥水是填埋处理中最主要的污染源。

(一) 渗沥水的特性

渗沥水的特性决定于它的组成和浓度，其特点是：

(1) 组分的不稳定性，主要取决于垃圾的组成；

(2) 浓度的可变性，主要取决于填埋时间；

(3) 组成的特殊性，渗沥水是不同于生活污水的特殊污水。

(二) 渗沥水的分析项目

根据实际情况，我国提出了渗滤液理化分析和细菌学检验方法，内容包括色度、总固体、总溶解性固体与总悬浮性固体、硫酸盐、氨态氮、凯氏氮、氯化物、总磷、pH、BOD、COD、钾、钠、细菌总数、总大肠菌数等。其中细菌总数和大肠菌数是我国已有的检测项目，测定方法基本上参照水质测定方法，并根据渗滤液特点做一些变动。

四、渗沥试验

工业固体废物和生活垃圾堆放过程中由于雨水的冲淋和自身的关系，可能通过渗沥而污染周围土地和地下水，因此对渗沥水的测定是重要的项目。

（一）固体废物堆场渗沥水采样点的选择

正规设计的垃圾堆场常设有渗沥水渠道和集水井，采集比较方便。见图 4-2。

一般废弃物堆场，渗沥水采样困难，根据实际情况予以采集。

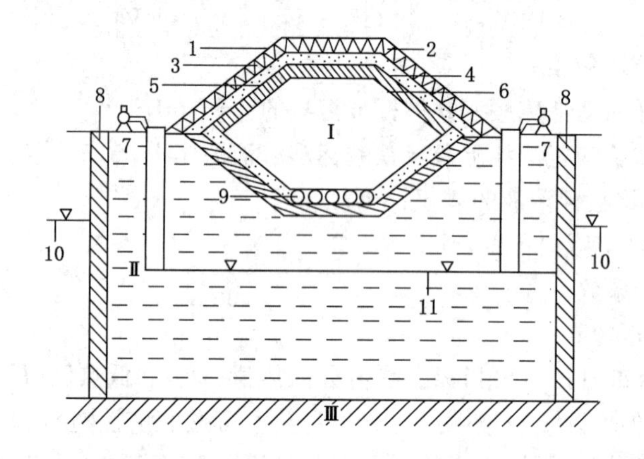

Ⅰ—废物堆；Ⅱ—可渗透性土壤；Ⅲ—非渗透性土壤。
1—表层植被；2—土壤；3—黏土层；4—双层有机内衬；5—沙质土；6—单层有机内衬；7—渗滤液抽吸泵(采样点)；
8—膨润土浆；9—渗滤液收集管；10—正常地下水位；11—堆场内地下水位。

图 4-2　典型安全填场示意图及渗滤液采样点

（二）渗沥试验

1. 工业固体废物渗沥试验

工业固体废物渗沥装置如图 4-3 所示，测定方法为雨水或蒸馏水浸取法。

基本原理：固体废物长期堆放可能通过渗漏污染地下水和周围土地，采用模拟试验的手段是研究固体废物渗漏污染的一种简捷、有效的方法。在玻璃管内填装经 0.5 mm 孔径筛的固体废物，以一定的流速滴加雨水或蒸馏水，从测定渗漏水中有害物质的流出时间和浓度的变化规律，推断固体废物在堆放时的渗漏情况和危害程度。

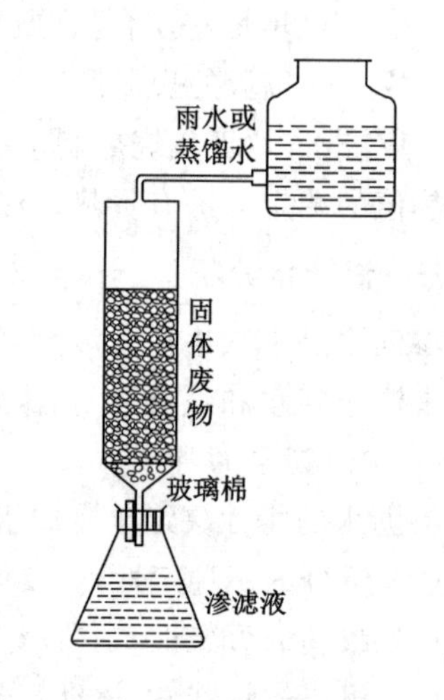

图 4-3　工业固体废物渗滤装置

2. 生活垃圾渗沥试验

生活垃圾渗沥柱如图 4-4 所示。柱的壳体由钢板制成，总容积为 0.339 m^3，柱底铺有碎石层，容积为0.014 m^3，柱上部再铺碎石层和黏土层，容积为0.056 m^3，柱内装垃圾的有效容积为 0.269 m^3。黏土和碎石应采自所研究场地，碎石直径为 1～3 mm。填水量应根据当地地区的降水量而定。

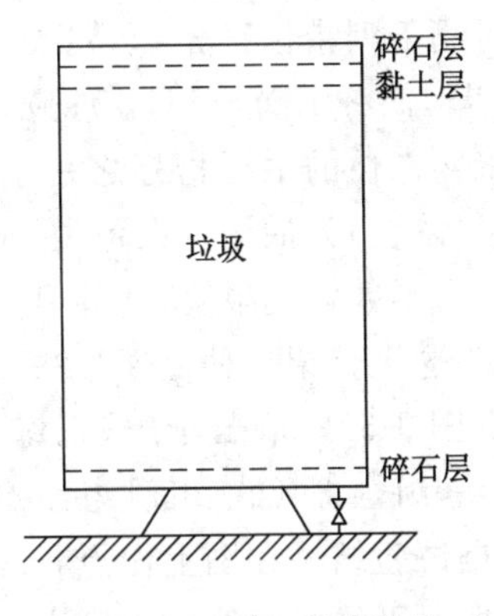

图 4-4　生活垃圾渗滤柱

第五节　有害物质的毒理学研究方法

利用生物在该环境中的反应，确定环境的综合质量，无疑是理想的和重要的手段。生物监测包括对生物体内污染物的测定、生态学评价法、生理生化评价法和细菌学评价法等。用试验动物进行毒性试验。

一、试验动物的选择及毒性试验分类

(一) 试验动物的选择

试验动物的选择根据不同的要求来决定。同时考虑动物的来源、经济价值和饲养管理等方面的因素。不同动物对毒物反应并不一致。国内外常用的试验动物有：小鼠、大鼠、兔、豚鼠、猫、狗和猴等。

(二) 毒性试验分类

毒性试验分为急性毒性试验、亚急性毒性试验、慢性毒性试验和终生试验等。

(1) 急性毒性试验：一次(或几次)投给试验动物较大剂量的化合物，观察在短期内(一般 24 h 到二周以内)的中毒反应。

(2) 亚急性毒性试验：一般用半致死剂量的 1/5～1/20，每天投毒，连续半个月到三个月左右，主要了解该毒性是否有积蓄作用和耐受性。

(3) 慢性毒性试验：用较低剂量进行三个月到一年的投毒，观察病理、生理、生化反应以及寻找中毒诊断指标，并为制定最大允许浓度提供科学依据。

(三) 污染物的毒性作用剂量

污染物的毒性作用剂量可用下列方式表示：

污染物的毒性作用剂量

无害剂量	中毒剂量	致死剂量

↑最大安全量　↑最大耐受量　↑最小致死量　↑半数致死量　↑绝对致死量

污染物的毒性和剂量关系可用下列指标区分：半数致死量，简称 LD_{50}(LC_{50})；最小致死量，简称 MLD(MLC)；绝对致死量，简称 LD_{100}(LC_{100})；最大耐受量，简称 MTD(MTC)。

半数致死量(浓度)是评价毒物毒性的主要指标之一。由于其他毒性指标波动较大，所以评价相对毒性常以半数致死量(浓度)为依据。在鱼类、水生植物、植物毒性试验中也可采用半数存活浓度(或中间耐受限度、半数耐受限度，简称 TL_m)作为评价指标。

半数致死量的计算方法很多，这里介绍一种简便方法——曲线法，它是根据一般毒物的死亡曲线多为"S"形而提出来的(图 4-5)。取若干组(每组至少 10 只)试验动物进行试验，在试验条件下，有一组全部存活，一组全部死亡，其他各组有不同的死亡率，以横坐标表示投毒剂量，纵坐标表示死亡率。根据试验结果在图上做点，连成曲线，在纵坐标死亡率 50%处引出一水平线交于曲线，于交点做水平线的垂线交于横坐标，其所对应的剂量(浓度)即为半数致死量(浓度)。

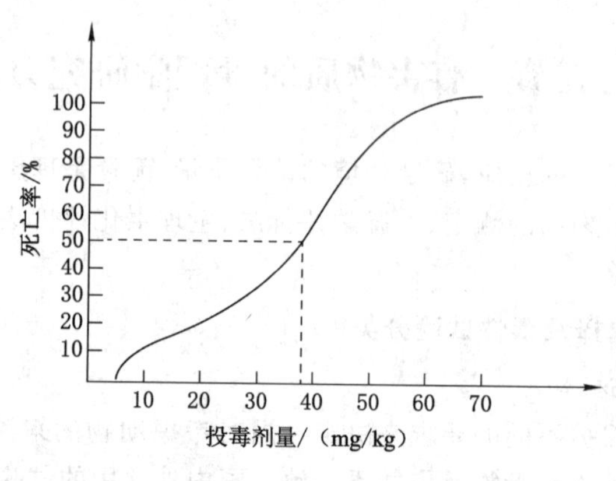

图 4-5　曲线法求 LD_{50}

结合小鼠中毒死亡率与投毒剂量绘成曲线，得到半数致死量为 39 mg/kg，根据表 4-4 急性毒性分级表可以判断该物质为高毒。

表 4-4　急性毒性分级表

等级	名称	小鼠一次灌胃的半数致死量/(mg/kg)	小鼠一次吸入 2 h 的半数致死浓度/(mg/kg)	家兔一次皮肤涂毒的半数致死量/(mg/kg)
1	剧毒	<10	<50	<10
2	高毒	11～100	51～500	11～50
3	中等毒性	101～1 000	501～5 000	51～500
4	低毒	1 001～10 000	5 001～50 000	501～5 000
5	微毒	>10 000	>50 000	>5 000

按染毒方式不同，毒性试验可分为吸入染毒、皮肤染毒、经口投毒和注入投毒等。

二、吸入毒性试验

气体或挥发性液体通常是通过呼吸道进入体内而引起中毒的。因此，研究车间和环境空气中有害物质的毒性以及最高允许浓度需要进行吸入毒性试验。

(一) 吸入染毒法的种类

1. 动态染毒法

将试验动物放置在染毒柜内，连续不断地将受检毒物和新鲜空气配制成一定浓度的混合气体通入染毒柜，同时排出等量的污染空气，以建立一个稳定的、动态平衡的染毒环境。此法常用于慢性毒性试验。

2. 静态染毒法

静态染毒法适宜急性毒性试验。在密闭容器内，加入一定量受检物，使其均匀分布在染毒柜中，经呼吸道侵入试验动物体内。由于静态染毒在密闭容器内进行，试验动物呼吸过程消耗氧，并排出二氧化碳，染毒柜内氧的含量随染毒时间的延长而降低。在吸入染毒过程中，氧的含量要求不低于19%，二氧化碳含量不超过1.7%，所以，10只小鼠的染毒柜的溶剂需要60 L。

(二) 吸入染毒法的注意事项

试验动物应挑选健康、成年并同龄的动物，雌雄各半。

三、口服毒性试验

对于非气态毒物，可使用消化道染毒方法。

(一) 口服染毒法的种类

1. 饲喂法

将毒物混入动物饲料或饮用水中，为保证动物吃完，一般在早上将毒物混在动物喜欢吃的饲料中，待吃完后再继续提供饲料和水。此法符合自然生理条件，但难以精确控制剂量。

2. 灌胃法

将毒物配制成一定浓度的液体或糊状物。对于水溶性物质，可用水配置；对于粉状物质，可用淀粉糊调匀。将注射器的针头磨成光滑的椭圆形，并使之微弯曲。灌胃时尽量使小白鼠处于垂直体位。将已吸取毒物的注射器及针头导管放入口腔，使针头导管弯曲面向腹侧，沿咽喉壁慢慢插入，切勿偏斜。如遇阻力应稍向后退再缓缓前进。一般来说，插入2.5～4.0 cm即可达胃内。

(二) 注意事项

灌胃法中将注射器向外抽气时，如无气体抽出说明已在胃中，即可将试验液推入小白鼠胃内，然后将针头拔出。如注射器抽出大量气泡说明已进入肺或气管，应拔出重插。如果注入后小白鼠迅速死亡，很可能是穿入胸腔或肺内。小白鼠一次灌胃注入量为其质量的2%～3%，最好不超过0.5 mL(以1 g/mL计)。

四、鱼类急性毒性试验

在自然水域中，鱼类能正常生活，说明水体比较清洁；当有毒工业废水排入水体中时，常常引起大批鱼的死亡或消失。因此鱼类毒性试验是检测成分复杂的工业废水和废渣浸出液的综合毒性的有效方法。

(一) 试验鱼的选择和驯养

选择试验鱼类为金鱼。选择无病、行动活泼的金鱼。体长约3 cm，同种同龄。在试验条件相似的生活条件下，选定的金鱼需要驯养7 d以上。

（二）试验条件

(1) 试验液中要有足够的溶解氧，对于冷水鱼不少于5 mg/L，对于温水鱼不少于4 mg/L。

(2) 试验液中的温度：对冷水鱼为12～28 ℃，对温水鱼为20～28 ℃。同一温度变化为±2 ℃。

(3) 试验液中的pH值应控制在6.7～8.5之间。

(4) 每一种浓度的试验溶液为一组，每组至少10条鱼。试验容器用容积约10 L的玻璃缸，保证每升水中的鱼重不超过2 g。

配制试验溶液和驯养鱼用水应视为受污染的河水或湖水。使用自来水，必须经充分曝气才能使用。

（三）试验步骤

(1) 预试验(探索性试验)。为保证正式试验的顺利进行，必须先进行探索性试验，以确定试验溶液的浓度范围。选用溶液浓度范围可大些。每组鱼的尾数可少一些。观察24 h鱼类中毒的反应和死亡情况，找出不发生死亡、全部死亡、部分死亡的浓度。

(2) 试验溶液浓度设计。合理设计试验溶液浓度，是试验成功的重要保证，通常选7个浓度(至少5个)，浓度间隔取等对数间距，例如：10.5，5.6，3.2，1.8，1.0(对数间距0.25)，其体积可用体积百分比或mg/L表示。另设一组对照组，若对照组在试验期间鱼死亡超过10%，则整个试验结果不能采用。

(3) 试验。将试验鱼分别放入盛不同浓度溶液和对照水的玻璃缸中，并记录时间。前8 h要连续观察和记录试验情况，如果正常，继续观察，记录第24 h、48 h、96 h鱼的中毒症状和死亡情况，用于判断毒物或工业废水的毒性。

(4) 毒性判定。半数致死量(LD_{50})是评价毒物毒性的主要指标之一。在鱼类毒性试验中常采用半数忍受限度(TLm)，即半数存活浓度评价毒物的毒性。求TLm值的简便方法是将试验鱼存活半数以上的和半数以下的数据与相应试验溶液毒物浓度绘于半对数坐标纸上，用直线内插法求出。

为给制定有毒物质在水中最高允许浓度提供依据，还应用TLm计算安全浓度。计算安全浓度的经验式有下面两种：

$$安全浓度 = \frac{48\text{TLm} \times 0.3}{(24\text{TLm}/48\text{TLm})^2} \tag{4-8}$$

$$安全浓度 = 48\text{TLm} \times 0.1 \tag{4-9}$$

思考题

1. 什么是固体废物？它是如何进行分类的？

2. 叙述固体废物监测的作用及意义；试阐述固体废物对人类环境的危害。

3. 什么是危险废物？其具有哪些特性？主要判别依据有哪些？

4. 固体废物样品采样方案的制订包括哪些步骤？

5. 如何测定样品的水分及pH值？

6. 如何采集固体废物样品？采集后应怎样处理才能保存？为什么固体废物采样量与粒度有关？

7. 有害固体废物有害特性的检验包括哪些？分别叙述其试验过程。

8. 什么是生活垃圾？它是如何进行分类的？结合自身实际，谈谈应如何处理生活垃圾。

9. 城市生活垃圾特性分析包括哪些指标？

10. 垃圾渗滤水产生的原因是什么？它有何特性？它的监测项目包括哪些？

11. 叙述工业固体废物渗滤的原理及方法。

12. 动物毒性试验的分类有哪些？急性毒性的等级是如何划分的？

13. 按照染毒方式的不同，毒性试验如何分类？并叙述其试验过程。

14. 鱼类急性毒性试验的用途是什么？它所需要的试验条件有哪些？并叙述其试验操作步骤。

15. 固体废物管理的目标及污染控制对策是什么？在整治固体废物方面，我们应做哪些努力？

知识拓展阅读

拓展1：阅读固体废物检测标准依据：

1.《固体废物 二噁英类的测定 同位素稀释高分辨气相色谱-高分辨质谱法》(HJ 77.3—2008)。

2.《固体废物 浸出毒性浸出方法 水平震荡法》(HJ 557—2010)。

3.《固体废物 浸出毒性浸出方法 醋酸缓冲溶液法》(HJ/T 300—2007)。

4.《固体废物 总铬的测定 火焰原子吸收分光光度法》(HJ 749—2015)。

5.《固体废物 挥发性有机物的测定 顶空/气相色谱-质谱法》(HJ 643—2013)。

6.《固体废物 六价铬的测定 碱消解/火焰原子吸收分光光度法》(HJ 687—2014)。

拓展2：阅读有色金属工业固体废物浸出毒性鉴别标准(表4-5)。

表4-5　有色金属工业固体废物浸出毒性鉴别标准

序号	项　目	浸出液的最高允许浓度/(mg/L)
1	汞及其无机化合物	0.05(按Hg计)
2	镉及其化合物	0.3(按Cd计)
3	砷及其无机化合物	1.5(按As计)
4	六价铬化合物	1.5(按Cr^{6+}计)
5	铅及其无机化合物	3.0(按Pb计)
6	铜及其化合物	50(按Cu计)
7	锌及其化合物	50(按Zn计)
8	镍及其化合物	25(按Ni计)
9	铍及其化合物	0.1(按Be计)
10	氟化物	50(按F计)

第五章　土壤质量监测

本章知识要点

本章重点介绍土壤的基本知识;土壤环境质量监测方案的制订内容与方法;土壤样品的采集与加工管理方法;土壤样品的预处理步骤;土壤污染物的测定方法。

第一节　土壤基本知识

土壤是指陆地地表具有肥力并能生长植物的疏松表层。它介于大气圈、岩石圈、水圈和生物圈之间,是环境中特有的组成部分。其质量优劣直接影响人类的生产、生活和发展。近年来,由于人们对化肥、农药、污水灌溉等的不合理使用,土壤污染加剧,质量趋于恶化,并直接影响到人类的生活和健康。如日本富山县神通川流域的土壤污染事件就是如此。该地区引用含镉废水灌溉农田,使土壤受到了严重的镉污染,生产出的稻米也含有镉,致使数千人得了骨痛病。

一、土壤组成

地球表层的岩石经过风化作用,逐渐破坏成疏松的、大小不等的矿物颗粒(称为母质)。而土壤是在母质、气候、生物、地形、时间等多种成土因素综合作用下形成和演变而成的。土壤组成很复杂,总体来说是由矿物质、动植物残体腐解产生的有机质、水分和空气等固、液、气三相组成的复杂体系。

(一)土壤矿物质

土壤矿物质是组成土壤的基本物质,是经过岩石物理分化和化学风化作用形成的,约占土壤固体部分总重量的90%以上,有土壤骨骼之称。土壤矿物质的组成和性质直接影响土壤的物理性质、化学性质。土壤矿物质是植物营养元素的重要供给源,按其成因可分为原生矿物质和次生矿物质。

1. 原生矿物质

它是各种岩石经受不同的物理风化,仍遗留在土壤中的一类矿物,其原来的化学组成没有改变。这类矿物质主要有硅酸盐类矿物、氧化物类矿物、硫化物类矿物和磷酸盐类矿物。

2. 次生矿物质

它大多是由原生矿物质经风化后形成的新矿物，其化学组成和晶体结构均有所改变。这类矿物质主要有简单盐类（碳酸盐、硫酸盐、氯化物）、三氧化物类和次生铝硅酸盐类。三氧化物类如针铁矿、褐铁矿、三水铝石等，它们是硅酸盐类矿物彻底风化的产物。次生铝硅酸盐类是构成土壤黏粒的主要成分，故又称为黏土矿物，如高岭石、蒙脱石和伊利石等。

3. 土壤矿物质的化学组成

土壤矿物质元素的相对含量与地球表面岩石圈元素的平均含量及化学组成相似。土壤中氧、硅、铝、铁、钙、钠、镁、钾八大元素含量约占96%以上，其余诸元素含量甚微，称微量元素。

4. 土壤机械组成

土壤是由不同粒级的土壤颗粒组成。土壤矿物质颗粒的形状和大小多种多样，其粒径从几微米到几厘米，差别很大。不同粒径的土粒成分和物理化学性质有很大差异，土壤粒径的大小影响着土壤对污染物的吸附和解吸能力、转化能力、有效含水量及保水保温能力等。为了研究方便，常按粒径大小将土粒分为若干类，称为粒级；同级土粒的成分和性质基本一致，见表5-1。

表5-1　我国土粒分级标准

土粒名称		粒径/mm
石块		＞10
石砾	粗砾	3～10
	细砾	1～3
沙砾	粗沙砾	0.25～1
	细沙砾	0.05～0.25
粉粒	粗粉粒	0.01～0.05
	细粉粒	0.005～0.01
黏粒	粗黏粒	0.001～0.005
	细黏粒	＜0.001

自然界任何一种土壤，都是由粒径不同的土粒按不同的比例组合而成的，按照土壤中各粒级土粒含量的相对比例或质量分数分类，称为土壤质地分类，即根据沙粒（0.02～2 mm）、粉沙粒（0.002～0.02 mm）和黏粒（＜0.002 mm）在土壤中的相对含量，将土壤分成沙土、壤土、黏壤土、黏土四大类和十二级。见表5-2。

表5-2　国际土壤质地分类

土壤质地分类		各级土粒质量分数/%		
类　别	土壤质地名称	黏粒（＜0.002 mm）	粉沙粒（0.002～0.02 mm）	沙粒（0.02～2 mm）
沙土类	沙土及壤质沙土	0～15	0～15	85～100
壤土类	沙质壤土	0～15	0～15	55～85
	壤土	0～15	30～45	40～55
	粉沙质壤土	0～15	45～100	0～55

表 5-2(续)

土壤质地分类		各级土粒质量分数/%		
类　别	土壤质地名称	黏粒(<0.002 mm)	粉沙粒(0.002～0.02 mm)	沙粒(0.02～2 mm)
黏壤土类	沙质黏壤土	15～25	0～30	55～85
	黏壤土	15～25	20～45	30～55
	粉沙质黏壤土	15～25	45～85	0～40
黏土类	沙质黏土	25～45	0～20	55～75
	壤质黏土	25～45	0～45	10～55
	粉沙质黏土	25～45	45～75	0～30
	黏土	45～65	0～55	0～55
	重黏土	65～100	0～35	0～35

(二) 土壤有机质

土壤有机质绝大部分集中于土壤表层(0～15 cm 或 0～20 cm),我国土壤有机质含量在1%～5%之间。土壤有机质主要来源于植物的根茬、茎秆、落叶、土壤中的动物残骸以及施入土壤的有机肥料等。通常可分为非腐殖质和腐殖质两类。非腐殖质包括糖类化合物、含氮有机物及有机磷和有机硫化物,一般占土壤的10%～15%(质量分数)。土壤有机质主要以腐殖质为主,是植物残体中稳定性较大的木质素及其类似物,在微生物作用下,部分被氧化形成的一类特殊的高分子聚合物具有苯环结构,苯环周围连有多种官能团,如羧基、羟基、甲氧基及氨基等,它作为土壤有机胶体来说,具有吸收性能、土壤缓冲性能以及与土壤重金属的络合性能等,这些性能对土壤的结构、性质、质量都有重大影响。

(三) 土壤生物

土壤中生活着微生物(细菌、真菌、放线菌、藻类等)及动物(原生动物,蚯蚓、线虫类等),它们不但是土壤有机质的重要来源,更重要的是对进入土壤的有机污染物的降解及无机物污染物(如重金属)的形态转化起着主导作用,是土壤净化功能的主要贡献者。

(四) 土壤溶液

通常将土壤水分及其所含溶质的总称称为土壤溶液。它存在于土壤孔隙中,土壤溶液既是植物生长所需要的水分和养分的主要供给源,又是土壤中各种物理、化学反应和微生物作用的介质,是影响土壤性质及污染物迁移、转化的重要因素。

土壤溶液中的水来源于大气降水、降雪、地表径流和农田灌溉,若地下水位接近地表水,也是土壤溶液中水的来源之一。土壤溶液中的溶质包括可溶无机盐、可溶有机物、无机胶体和可溶性气体等。

(五) 土壤空气

土壤空气是存在于未被水分占据的土壤孔隙中的气体的总称,来源于大气、生物化学反应和化学反应产生的气体(如甲烷、硫化氢、氢气、氮氧化物、二氧化碳等)。土壤空气组成既与土壤的本身性质相关,也与季节、土壤水分、土壤深度等条件相关,如在排水良好的土壤中,土壤空气主要来源于大气,其组分与大气基本相同,以氮、氧和二氧化碳为主;而在排水不良的土壤中氧含量下降,二氧化碳含量增加,土壤空气含氧量比大气少,而二氧化碳含量高于大气。

二、土壤的基本性质

(一) 吸附性

吸附性与土壤中存在的胶体物质密切相关。

土壤胶体:无机胶体(如黏土矿物和铁、铝、硅等水合氧化物);有机胶体(主要是腐殖质及少量的生物活动产生的有机物);有机-无机复合胶体。

由于土壤胶体具有巨大的比表面积,胶粒表面带有电荷,分散在水中时界面上产生双电层等性能,使其对有机污染物(如有机磷和有机氯农药)和无机污染物(如 Hg^{2+}、Pb^{2+}、Cu^{2+}、Cd^{2+}等重金属离子)有较强的吸附能力或离子交换吸附能力。

(二) 酸碱性

土壤的酸碱性是土壤的重要理化性质之一,是土壤在形成过程中受生物、气候、地质、水文等因素综合作用的结果。土壤的酸碱度可以划分为九级:pH<4.5 为极强酸性土;pH=4.5~5.5 为强酸性土;pH>5.5~6.0 为酸性土;pH>6.0~6.5 为弱酸性土;pH>6.5~7.0为中性土;pH>7.0~7.5 为弱碱性土;pH>7.5~8.5 为碱性土;pH>8.5~9.5 为强碱性土;pH>9.5 为极强碱性土。

中国土壤的 pH 大多在 4.5~8.5 范围内,并呈东南酸、西北碱的规律。土壤的酸碱性直接或间接地影响污染物在土壤中的迁移转化。

根据氢离子的存在形式,土壤酸度分为活性酸度和潜性酸度两类。活性酸度又称有效酸度,是指土壤溶液中游离氢离子浓度反映的酸度,通常用 pH 值表示。潜性酸度是指土壤胶体吸附的可交换氢离子和铝离子经离子交换作用后所产生的酸度。如土壤中施入中性钾肥(KCl)后,溶液中的钾离子与土壤胶体上的氢离子和铝离子发生交换反应,产生盐酸和三氯化铝。土壤潜性酸度常用 100 g 烘干土壤中氢离子的物质的量表示。土壤碱度主要来自土壤中钙、镁、钠、钾的重碳酸盐、碳酸盐及土壤胶体上交换性钠离子的水解作用。

(三) 氧化还原性

土壤中含有氧化性和还原性无机物质和有机物质,使其具有氧化性和还原性。土壤中的游离氧和高价金属离子、硝酸根等是主要的氧化剂,土壤有机质及其在厌氧条件下形成的分解产物和低价金属离子是主要的还原剂。土壤环境的氧化作用或还原作用通过发生氧化反应或还原反应表现出来,故用氧化还原电位(Eh)来衡量。因为土壤中氧化性和还原性物质的组成十分复杂,计算 Eh 很困难,所以主要用实测的氧化还原电位衡量。通常当 Eh>300 mV 时,氧化体系起主导作用,土壤处于氧化状态;当 Eh<300 mV 时,还原体系起主导作用,土壤处于还原状态。

三、土壤背景值

土壤背景值又称土壤本底值,是指在未受或少受人类活动影响下,尚未受或少受污染和破坏的土壤中元素的含量。当今,由于人类活动的长期影响和工农业的高速发展,土壤环境的化学成分和含量水平发生了明显的变化,要想寻找绝对未受污染的土壤环境是十分困难的。因此,土壤背景值实际上是一个相对的概念。

近几十年来,世界各国都进行了环境背景值的调查和研究工作。我国在第七个五年计划期间,将“中国土壤环境背景值研究”作为国家重点科技攻关课题,完成了 30 个省、自治区、直辖市的41个土壤类型,60多种元素的分析测定,并出版了《中国土壤元素背景值》专著,表5-3摘录了该专著中表层土壤部分元素的背景值。

表5-3 土壤(A层)部分元素的背景值

单位:p·g/kg

元素	算术平均值	标准偏差	几何平均值	几何标准偏差	95%置信度范围值
As	11.2	7.86	9.2	1.91	2.5~33.5
Cd	0.097	0.079	0.074	2.118	0.017~0.333
Co	12.7	6.40	11.2	1.67	4.0~31.2
Cr	61.0	31.07	53.9	1.67	19.3~150.2
Cu	22.6	11.41	20.0	1.66	7.3~55.1
F	478	197.7	440	1.50	191~1 012
Hg	0.065	0.080	0.040	2.602	0.006~0.272
Mn	583	362.8	482	1.90	130~1 786
Ni	26.9	14.36	23.4	1.74	7.7~71.0
Pb	26.0	12.37	23.6	1.54	10.0~56.1
Se	0.290	0.255	0.215	2.146	0.047~0.993
V	82.4	32.68	76.4	1.48	34.8~168.2
Zn	74.2	32.78	67.7	1.54	28.4~161.1
Li	32.5	15.48	29.1	1.62	11.1~76.4
Na	1.02	0.626	0.68	3.186	0.01~2.27
K	1.86	0.463	1.79	1.342	0.94~2.97
Ag	0.132	0.098	0.105	1.973	0.027~0.409
Be	1.95	0.731	1.82	1.466	0.85~3.91
Mg	0.78	0.433	0.63	2.080	0.02~1.64
Ca	1.54	1.633	0.71	4.409	0.01~4.80
Ba	469	134.7	450	1.30	251~809
B	47.8	32.55	38.7	1.98	9.9~151.3
Al	6.62	1.626	6.41	1.307	3.37~9.87
Ge	1.70	0.30	1.70	1.19	1.20~2.40
Sn	2.60	1.54	2.30	1.71	0.80~6.70
Sb	1.21	0.676	I.06	1.676	0.38~2.98
Bi	0.37	0.211	0.32	1.674	0.12~0.88
Mo	2.0	2.54	1.20	2.86	0.10~9.60
I	3.76	4.443	2.38	2.485	0.39~14.1
Fe	2.94	0.984	2.73	1.602	1.05~4.84

土壤元素背景值的表达方式目前还不统一,有几种方法,但我国用得较多的一种是用土

壤样品平均值加减两个标准偏差表示。

土壤背景值的常用表达方法有以下几种：用土壤样品算术平均值(x)表示，用算术平均值加减一个或两个标准偏差(s)表示($x \pm s$ 或 $x \pm 2s$)，用几何平均值(x_g)加减一个几何标准偏差(s_g)表示($x_g \pm s_g$)。我国土壤背景值的表达方法是：当元素测定值呈正态分布或近似正态分布时，用算术平均值(x)表示数据分布的集中趋势，用标准偏差(s)表示数据的分散度，用算术平均值加减两个标准偏差($x \pm 2s$)表示 95%置信度数据的范围值；当元素测定值呈对数正态分布或近似对数正态分布时，用几何平均值(x_g)表示数据分布的集中趋势，用几何标准偏差(s_g)表示数据的分散度，用$\frac{x_g}{s_g^2 - x_g s_g^2}$表示 95%置信度数据的范围值。

土壤元素背景值是环境保护和环境科学的基础数据，是研究污染物在土壤中变迁和进行土壤评价与预测的重要依据。

四、土壤污染

由于自然原因和人为原因，各类污染物质通过多种渠道进入土壤环境。土壤环境依靠自身的组成和性能，对进入土壤的污染物有一定的缓冲、净化能力，但当进入土壤的污染物质量和速率超过了土壤能承受的容量和土壤的净化速率时，就破坏了土壤环境的自然动态平衡，使污染物的积累逐渐占据优势，引起土壤的组成、结构、性状改变，功能失调，质量下降，导致土壤污染。土壤污染不仅使其肥力下降，还可能成为二次污染源，污染水体、大气、生物，进而通过食物链危害人体健康。

土壤环境污染的自然源来自矿物风化后的自然扩散、火山爆发后降落的火山灰等。人为污染源是土壤污染的主要污染源，包括不合理地使用农药、化肥，废(污)水灌溉，使用不符合标准的污泥，生活垃圾和工业固体废物等的随意堆放或填埋，以及大气沉降物等。

土壤中污染物种类多，但以化学污染物最为普遍和严重，也存在生物类污染物和放射性污染物。化学污染物主要指重金属、硫化物、氟化物、农药等；生物类污染物主要是病原体；放射性污染物主要指 90Sr、137Cs 等。

近年来，我国各地区、各部门积极采取措施，在土壤污染防治方面进行了探索和实践，取得了一定成效。但是由于我国经济发展方式总体粗放，产业结构和布局仍不尽合理，污染物排放总量较大，土壤作为大部分污染物的最终受体，其环境质量受到显著影响，部分地区污染较为严重，为此，2016 年 5 月 28 日，国务院印发了《土壤污染防治行动计划》，简称“土十条”。这一计划的发布是我国土壤修复事业的重要事件，它为今后我国的土壤污染防治工作制订了工作目标，例如，统一规划、整合优化土壤环境质量监测点位，2017 年底前，完成土壤环境质量国控监测点位设置，建成国家土壤环境质量监测网络；出台农药包装废弃物回收处理、工矿用地土壤环境管理、废弃农膜回收利用等部门规章。到 2020 年，完善了土壤污染防治法律法规体系，全国土壤污染加重趋势得到初步遏制，土壤环境质量总体保持稳定，农用地和建设用地土壤环境安全得到基本保障，受污染耕地安全利用率达到 90%左右，污染地块安全利用率达到 90%以上。

《土壤环境质量 农用地土壤污染风险管控标准(试行)》(GB 15618—2018)中将土壤污染风险分为筛选值和管制值。当污染物浓度小于或等于筛选值时，说明农产品质量安全、农作物生长或土壤生态环境的风险低；若超过该值，则可能存在风险，应当加强土壤环境监测和农产品协同监测，原则上应当采取安全利用措施。当污染物浓度超过管制值，则食用农产品不符合安全标准，农用地土壤污染风险高，原则上应当采取严格管控措施。农用地土壤污染风险筛选值基本项目(表 5-4)为必测项目，其他项目(表 5-5)由地方生态环境保护主管部门根据本地区土壤污染特点和环境管理需求进行选择。农用地土壤污染风险管制值见表 5-6，建设用地土壤污染风险筛选值和管制值见表 5-7。

表 5-4　农用地土壤污染风险筛选值基本项目　　单位：mg/kg

序号	污染物项目①②		风险筛选值			
			pH≤5.5	5.5<pH≤6.5	6.5<pH≤7.5	pH>7.5
1	镉	水田	0.3	0.4	0.6	0.8
		其他	0.3	0.3	0.3	0.6
2	汞	水田	0.5	0.5	0.6	1.0
		其他	1.3	1.8	2.4	3.4
3	砷	水田	30	30	25	20
		其他	40	40	300	25
4	铅	水田	80	100	140	240
		其他	70	90	120	170
5	铬	水田	250	250	300	350
		其他	150	150	200	250
6	铜	果园	150	150	200	200
		其他	50	50	100	100
7	镍		60	70	100	190
8	锌		200	200	250	300

注：① 重金属和类金属砷均按元素总量计；
② 对于水旱轮作地，采用其中较严格的风险筛选值。

表 5-5　农用地土壤污染风险筛选值其他项目　　单位：mg/kg

序号	污染物项目	风险筛选值
1	六六六总量①	0.10
2	滴滴涕总量②	0.10
3	苯并[a]芘	0.55

注：① 六六六总量为 α-六六六、β-六六六、γ-六六六、δ-六六六四种异构体的含量总和；
② 滴滴涕总量为 p,p′-滴滴伊、p,p′-滴滴滴、o,p′-滴滴涕、p,p′-滴滴涕四种衍生物的含量总和。

表 5-6　农用地土壤污染风险管制值　　单位：mg/kg

序号	污染物项目	风险筛选值			
		pH≤5.5	5.5<pH≤6.5	6.5<pH≤7.5	pH>7.5
1	镉	1.5	2.0	3.0	4.0
2	汞	2.0	2.5	4.0	6.0

表 5-6(续)

序号	污染物项目	风险筛选值			
		pH≤5.5	5.5<pH≤6.5	6.5<pH≤7.5	pH>7.5
3	砷	200	150	120	100
4	铅	400	500	700	1 000
5	铬	800	850	1 000	1 300

表 5-7　建设用地土壤污染风险筛选值和管制值　　单位:mg/kg

序号	污染物项目	筛选值		管制值	
		第一类用地	第二类用地	第一类用地	第二类用地
1	砷	20	60	120	140
2	镉	20	65	47	172
3	铬(六价)	3.0	5.7	30	78
4	铜	2 000	18 000	8 000	36 000
5	铅	400	800	800	2 500
6	汞	8	38	33	82
7	镍	150	900	600	2 000

第二节　土壤环境质量监测方案

土壤环境质量监测是了解土壤环境质量状况的重要措施，旨在防治土壤污染对环境造成的危害，对土壤污染程度、发展趋势进行动态分析测定，具体包括土壤环境质量的现状调查、区域土壤环境背景值的调查、土壤污染事故调查和污染土壤的动态观测。土壤环境质量监测一般包括准备、布点、采样、制样、分析测试、评价等步骤。质量控制/质量保证应该贯穿始终。根据监测目的，依据《土壤环境监测技术规范》(HJ/T 166—2004)和《农田土壤环境质量监测技术规范》(NY/T 395—2012)制订监测方案。

一、监测目的

(一) 土壤质量现状监测

土壤质量现状监测的四种主要类型包括区域环境背景土壤监测、农田土壤监测、建设项目土壤环境评价监测和土壤污染事故监测。

1. 区域环境背景土壤监测

区域环境背景土壤监测的目的是考察区域内不受或未明显受现代工业污染与破坏的土壤原来固有的化学组成和元素含量水平。但目前已经很难找到不受人类活动和污染影响的土壤，只能去找影响尽可能少的土壤。确定这些元素的背景值水平和变化，了解元素的丰缺和供应状况，为保护土壤生态环境、合理施用微量元素及防治地方病提供依据。

2. 农田土壤监测

农田土壤监测的目的是考察用于种植各种粮食作物、蔬菜、水果、纤维和糖料作物、油料作物及农区森林、花卉、药材、草料等作物的农用地土壤质量，评价农用地土壤污染是否存在影响食用农产品质量安全、农作物生长的风险。

3. 建设项目土壤环境评价监测

建设项目土壤环境评价监测的目的是考察城乡住宅和公共设施用地、工矿用地、交通水利设施用地、旅游用地和军事设施用地等土壤质量，评价建设用地土壤污染是否存在影响居住、工作人群健康的风险，加强建设用地土壤环境监管，保障人居环境安全。

4. 土壤污染事故监测

由于废气、废水、废物、污泥对土壤造成了污染，或者使土壤结构与性质发生了明显的变化，或者对作物造成了伤害，需要调查分析主要污染物，确定污染的来源、范围和程度，为行政主管部门采取对策提供科学依据。

（二）污染物土地处理的动态监测

在处理污水、污泥、固体废弃物时，许多无机和有机污染物会被带入土壤，其中有的污染物会残留在土壤中并不断积累。为了确定这些污染物的含量是否达到危险的临界值，需要进行定点长期动态监测，同时要充分利用土地的净化能力，以防止土壤污染并保护土壤生态平衡。

（三）土壤背景值的调查

确定元素的背景值水平和变化，了解元素的丰缺和供应状况，为保护土壤生态平衡、合理使用微量元素以及探讨与防治地方病因提供依据。

二、资料的收集

广泛收集相关资料，包括自然环境和社会环境方面的资料，有利于科学优化布设监测点和后续监测工作。其中自然环境方面的资料包括土壤类型、植被、区域土壤元素背景值、水土流失等；社会环境方面的资料包括生产布局、污染源种类及分布、农药、化肥施用、污水灌溉、人口分布等。具体包括以下内容：

① 收集包括监测区域交通图、土壤图、地质图、大比例尺地形图等资料；

② 收集包括监测区域土类、成土母质等土壤信息资料；

③ 收集工程建设或生产过程对土壤造成影响的环境研究资料；

④ 收集造成土壤污染事故的主要污染物的毒性、稳定性以及如何消除等资料；

⑤ 收集土壤历史资料和相应的法律（法规）；

⑥ 收集监测区域工农业生产及排污、污灌、化肥农药施用情况资料；

⑦ 收集监测区域气候资料（温度、降水量和蒸发量）、水文资料；

⑧ 收集监测区域遥感与土壤利用及其演变过程方面的资料等。

三、监测项目

（一）农用地监测项目

《农田土壤环境质量监测技术规范》（NY/T 395—2012）指出监测项目确定的原则：根据当地环境污染状况（如农区大气、农灌水、农业投入品等），选择在土壤中积累较多，影响范围广、毒性较强且难降解的污染物；根据农作物的敏感程度，优先选择对农作物产量、安全质量影响较大的污染物，如重金属、农药、除草剂等。土壤监测项目根据监测目的确定。《土壤环境监测技术规范》（HJ/T 166—2004）将监测项目分为常规项目、特定项目和选测项目，监测频率与其对应。

常规项目：原则上为《土壤环境质量 农用地土壤污染风险管控标准（试行）》（GB 15618—2018）中所要求控制的污染物。

特定项目：《土壤环境质量 农用地土壤污染风险管控标准（试行）》（GB 15618—2018）中未要求控制的污染物，但根据当地环境污染状况，确认在土壤中积累较多、对环境危害较大、影响范围广、毒性较强的污染物，或者污染事故对土壤环境造成严重不良影响的物质，具体项目由各地自行确定。

选测项目：一般包括新纳入的在土壤中积累较少的污染物、由于环境污染导致土壤性状发生改变的土壤性状指标以及生态环境指标等，由各地自行选择测定。

《土壤环境监测技术规范》（HJ/T 166—2004）规定的具体监测项目与监测频率见表 5-8。常规项目可按当地实际适当降低监测频率，但不可低于每 5 年 1 次，选测项目可按当地实际适当提高监测频率。

表 5-8　土壤监测项目与监测频率

项目类别		监测项目	监测频次
常规项目	基本项目	pH 值、阳离子交换量	每 3 年 1 次 农田在夏收或秋收后采样
	重点项目	镉、铬、汞、砷、铅、铜、锌、镍、六六六、滴滴涕	
特定项目（污染事故）		特征项目	及时采样，根据污染物变化趋势决定监测频率
选测项目	影响产量项目	含盐量、硼、氟、氮、磷、钾等	每 3 年 1 次 农田在夏收或秋收后采样
	污水灌溉项目	氰化物、六价铬、挥发酚、烷基汞、苯并[a]芘、有机质、硫化物、石油类等	
	POPs 与高毒类农药	苯、挥发性卤代烃、有机磷农药、PCBs、PAHs 等	
	其他项目	结合态铝（酸雨区）、硒、钒、氧化稀土总量、铁、锰、镁、钙、钠、铝、放射性比活度等	

《土壤环境质量 农用地土壤污染风险管控标准（试行）》（GB 15618—2018）中规定镉、铬、汞、砷、铅、铜、锌、镍为必测项目；六六六、滴滴涕、苯并[a]芘为选测项目

《农田土壤环境质量监测技术规范》（NY/T 395—2012）将监测项目分为：金属类、农药类及理化性质共 50 个项目

（二）建设用地监测项目

《土壤环境质量 建设用地土壤污染风险管控标准（试行）》（GB 36600—2018）中列出基本项目 45 项，包括重金属和无机物以及挥发和半挥发性有机物。其他项目 40 项，包括重金属、无机物以及挥发和半挥发性有机物、有机农药类、多氯联苯、多溴联苯、二噁英类和石油烃类。

四、采样点的布设

（一）布设原则

土壤是固、液、气三相的混合物，主体是固体。污染物进入土壤后不容易混合，这导致样

品具有很大的局限性。在一般的土壤监测中,采样误差对结果的影响往往大于分析误差,结果的分析值之间相差10%～20%并不罕见,有时甚至可能相差数倍。由于土壤本身在空间分布上具有一定的不均匀性,所以应多点采样并均匀混合以获得具有代表性的土壤样品。在采样过程中应遵循以下原则:

(1) 合理地划分采样单元。在进行土壤监测时,往往面积较大,需要划分成若干个采样单元,同时在不受污染源影响的地方选择对照采样单元。同一单元的差别应尽可能缩小。土壤质量监测或土壤污染监测,可按照土壤接纳污染物的途径(如大气污染、农灌污染、综合污染等),参考土壤类型、农作物种类、耕作制度等因素,划分采样单元。背景值调查一般按照土壤类型和成土母质划分采样单元,因为不同类型的土壤和成土母质的元素组成和含量相差较大。

(2) 对于土壤污染监测,坚持哪里有污染就在哪里布点,并根据技术水平和财力条件,优先布设在那些污染严重、影响农业生产活动的地方。

(3) 采样点不能设在田边、沟边、路边、堆肥边及水土流失严重地区或表层土被破坏处。

(二) 采样点数目

土壤监测布设采样点的数量要根据监测目的、区域范围及环境状况等因素确定。监测区域大、区域环境状况复杂,布设采样点数就要多;监测区域小,区域环境状况差异小,布设采样点数就少。一般要求每个采样单元最少设3个采样点。在"中国土壤背景值调查研究"工作中,采用统计学方法确定采样点数,即在选定的置信水平下,采样点数取决于所测项目的变异程度和要求达到的精度。单个采样段内采样点可按下式计算:

$$n=\left(\frac{s\cdot z}{d}\right)^2$$

式中 n——每个采样单元布设的最少采样点数;

s——样本的相对标准偏差,即变异系数;

z——置信因子,当置信水平为95%时,z 取1.96;

d——允许偏差,当规定抽样精度不低于80%时,d 取0.2。

多个采样单元的总采样点数为每个采样单元分别计算出的采样点数之和。

(三) 采样点布设方法

根据土壤自然条件、类型及污染情况的不同,常用的采样点布设方法有以下几种。

1. 对角线布点法

该法适用于面积小、地势平坦的污水灌溉或受废水污染的地形端正的田块。由田块的进水口向对角引一直线,将对角线划分为若干等份(一般3～5等份),在每个等份的中点处采样,如图5-1(a)所示。若土壤差异性大,可增加采样点。

2. 梅花形布点法

该法适用于面积较小、地势平坦、土壤较均匀的田块。中心点设在两对角线相交处,一般设5～10个采样点,如图5-1(b)所示。

3. 棋盘式布点法

该法适用于中等面积、地势平坦、地形完整开阔但土壤较不均匀的田块。一般采样点在10个以上。该法也适用于受固体废物污染的土壤,因为固体废物分布不均匀,应设20个以上的采样点。如图5-1(c)所示。

4. 蛇形布点法

该法适用于面积较大、地形不平坦、土壤不够均匀的田块。布设采样点数目较多，一般设10个以上分点。如图5-1(d)所示。此法也适用于受固体废物污染的土壤，因为固体废物分布不均匀，应设20个以上分点。为全面客观评价土壤污染情况，在布点的同时要做到与土壤生长作物监测同步进行布点、采样、监测，以利于对比和分析。

5. 放射状布点法

该法适用于大气污染型土壤。以大气污染源为中心，向周围画射线，在射线上布设采样点。在主导风向的下风向适当增设采样点数量，如图5-1(e)所示。

6. 网格布点法

该法适用于地形平缓的地块。将地块划分成若干个均匀网状方格，采样点设在两条支线的交点处或网格的中心，如图5-1(f)所示。农用化学物质污染型土壤、土壤背景值调查常用这种方法。

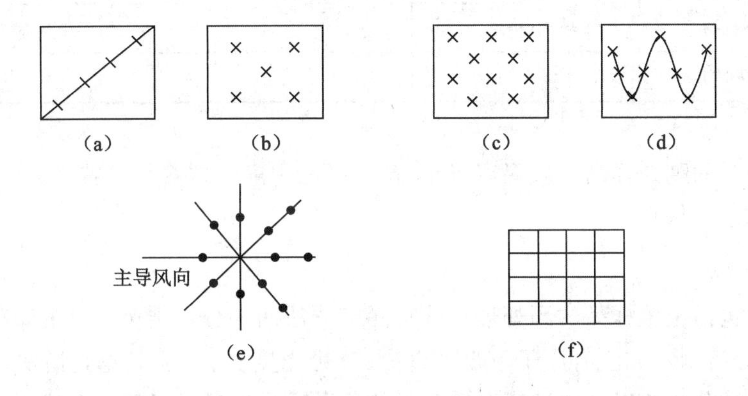

图5-1　土壤采样点布设方法

五、样品采集

样品采集一般分为前期采样、正式采样和补充采样三个阶段进行。

前期采样：根据背景资料与现场考察结果，采集一定数量的样品分析测定，用于初步验证污染物空间分布差异性和判断土壤污染程度，为制订监测方案提供依据。前期采样可与现场调查同时进行。

正式采样：按照监测方案，实施现场采样。

补充采样：正式采样测试后，发现布设的样点没有满足总体设计需要，则要进行增设采样点补充采样。

面积较小的土壤污染调查和突发性土壤污染事故调查可直接采样。

不同监测目的，如区域环境背景土壤监测、农田土壤监测、建设项目土壤环境评价监测和污染事故土壤监测的具体采样方法见本章第三节。

六、样品保存

对于易分解或易挥发等不稳定组分的样品要采取低温保存的运输方法，并尽快送到实验室分析测试。测试项目需要新鲜样品的土样，采集后用可密封的聚乙烯或玻璃容器在4 ℃以下避光保存，样品要充满仪器。避免用含有待测组分或对测试有干扰的材料制成的容器盛装保存样品，测定有机污染物用的土壤样品要选用玻璃容器保存。具体保存条件见表 5-9。

表 5-9　新鲜样品的保存条件和保存时间

测试项目	容器材质	温度/℃	可保存时间/d	备　注
金属（汞和六价铬除外）	聚乙烯、玻璃	<4	180	
汞	玻璃	<4	28	
砷	聚乙烯、玻璃	<4	180	
六价铬	聚乙烯、玻璃	<4	1	
氰化物	聚乙烯、玻璃	<4	2	
挥发性有机物	玻璃（棕色）	<4	7	采样瓶装满装实并密封
半挥发性有机物	玻璃（棕色）	<4	10	采样瓶装满装实并密封
难挥发性有机物	玻璃（棕色）	<4	14	

分析取用后的剩余样品一般保留半年，预留样品一般保留 2 年。特殊、珍稀、仲裁、有争议样品一般要永久保存。

七、监测方法

监测方法包括土壤样品的预处理和分析测定方法两部分。土壤样品的预处理在第四节介绍，常用的分析测定方法有原子吸收光谱法、分光光度法、原子荧光光谱法、气相色谱法、电化学法及化学分析法以及电感耦合等离子体原子质谱法（ICP-MS）、电感耦合等离子体原子发射光谱法（ICP-AES）、X 射线荧光光谱法、中子活化法、液相色谱法及气相色谱-质谱法（GC-MS）等。选择分析方法的原则也是遵循标准方法、权威部门规定或推荐的方法、自选等效方法的先后顺序。第一方法：标准方法（即仲裁方法），按《土壤环境质量 农用地土壤污染风险管控标准（试行）》（GB 15618—2018）、《土壤环境质量 建设用地土壤污染风险管控标准（试行）》（GB 36600—2018）以及《农田土壤环境质量监测技术规范》（NY/T 395—2012）中规定的相关分析方法执行，优先选择国标或者行标。第二方法：由部门规定或推荐的方法。第三方法：根据各地实情，自选等效方法，但应作标准样品验证或比对试验，其检出限、准确度、精密度不低于相应的通用方法要求水平或待测物准确定量的要求。

八、土壤监测质量控制

土壤监测的质量控制包括实验室内部质量控制和实验室间的质量控制。实验室内部质量控制包括分析质量控制基础试验、标准曲线的绘制检查与使用、精密度控制、准确度控制、质量控制图、监测数据异常时的质量控制等。实验室间的质量控制包括技术培训、现场考核、加标质控、中期抽查、抽检互检、最终审核等。具体质控措施参考《土壤环境监测技术规范》（HJ/T 166—2004）、《土壤环境质量 农用地土壤污染风险管控标准（试行）》（GB 15618—2018）、《土壤环境质量 建设用地土壤污染风险管控标准（试行）》（GB 36600—2018）以及《农田土壤环境质量监测技术规范》（NY/T 395—2012）中相关规定执行。

九、农田土壤环境质量评价

监测结果是评价被监测土壤质量的基本数据，其评价方法是：运用评价参数进行单项污染物污染状况、区域综合污染状况评价和划分土壤质量等级。

（一）评价参数

用于评价土壤环境质量的参数有土壤单项污染指数、土壤综合污染指数、土壤污染积累指数、土壤污染物超标倍数、土壤污染样本超标率、土壤污染面积超标率、土壤污染分担率及土壤污染分级标准等。它们的计算方法如下：

$$\text{土壤单项污染指数}=\frac{\text{污染物实测值}}{\text{污染物质量标准值}}$$

$$\text{土壤综合污染指数}=\sqrt{\frac{\text{平均单项污染指数}^2+\text{最大单项污染指数}^2}{2}}$$

$$\text{土壤污染积累指数}=\frac{\text{污染物实测值}}{\text{污染物背景值}}$$

$$\text{土壤污染物超标倍数}=\frac{\text{污染物实测值}-\text{污染物质量标准值}}{\text{污染物质量标准值}}$$

$$\text{土壤污染样本超标率}(\%)=\frac{\text{超标样本总数}}{\text{监测样本总数}}\times 100$$

$$\text{土壤污染面积超标率}(\%)=\frac{\text{超标点面积之和}}{\text{监测总面积}}\times 100$$

$$\text{土壤污染物分担率}(\%)=\frac{\text{某项污染指数}}{\text{各项污染指数之和}}\times 100$$

（二）评价方法

土壤环境质量评价一般以单项污染指数为主，当区域内土壤质量作为一个整体与外区域土壤质量比较时，或一个区域内土壤质量在不同历史阶段比较时，应用土壤综合污染指数评价。土壤综合污染指数全面反映了各污染物对土壤的不同作用，同时又突出了高浓度污染物对土壤环境质量的影响，适用于评价土壤环境的质量等级，表 5-10 为内梅罗污染指数法规定的土壤污染分级标准。

表 5-10　土壤污染分级标准

土壤级别	土壤综合污染指数($P_{综}$)	污染等级	污染水平
1	$P_{综}\leqslant 0.7$	安全	清洁
2	$0.7<P_{综}\leqslant 1.0$	警戒线	尚清洁
3	$1.0<P_{综}\leqslant 2.0$	轻污染	土壤污染超过背景值，作物开始受到污染
4	$2.0<P_{综}\leqslant 3.0$	中污染	土壤、作物均受到中度污染
5	$P_{综}>3.0$	重污染	土壤、作物受污染已相当严重

第三节　土壤样品采集与加工管理

一、土壤样品的采集

采集土壤样品包括根据监测目的和监测项目确定样品类型，进行物质、技术和组织准备，现场踏勘及实施采样等工作。

（一）土壤样品的类型、采样深度及采样量

1. 混合样品

如果只是一般了解土壤污染状况，对种植一般农作物的耕地，只需取 0～20 cm 表层（或耕层）土壤；如果是为了解土壤污染对种植果林农作物的影响，采样深度通常在耕层地表以下 0～60 cm 处。将在一个采样单元内各采集分点采集的土样混合均匀制成混合样，组成混合样的分点数通常为 5～20 个。由于测定所需的土样是多点混合而成的，取样量往往较大，而实际供分析的土样不需太多，一般只需 1～2 kg。因此对所得混合样可反复按四分法弃取，最后留下所需的土量，装入塑料袋或布袋内，贴上标签备用。

采样方法：① 采样筒取样；② 土钻取样；③ 挖坑取样。

2. 剖面样品

要了解土壤污染深度，则应按土壤剖面层次分层采样。土壤剖面是指地面向下的垂直土体的切面。在垂直切面上可观察到与地面大致平行的若干层具有不同颜色、性状的土层。

典型的自然土壤剖面分为 A 层（表层、腐殖质淋溶层）、B 层（亚层、淀积层）、C 层（风化母岩层、母质层）和底岩层，如图 5-2 所示。采集土壤剖面样品时，需要在特定采样点挖掘一个 1 m×1.5 m 左右的长方形土坑，深度为 2 m 以内，一般要求达到母质层或浅水处即可，如图 5-3 所示。盐碱地地下水位较高，应取样至地下水位层；山地土层薄，可取样至风化母岩层。根据土壤剖面颜色、结构、质地、疏松度、温度、植物根系分布等划分土层，并进行仔细观察，将剖面形态、特征自上而下逐一记录。在各层最典型的中部自下而上逐层用小土铲切取一片片土壤样，每个采样点的取样深度和取样量应一致。将同层次土壤混合均匀，各取

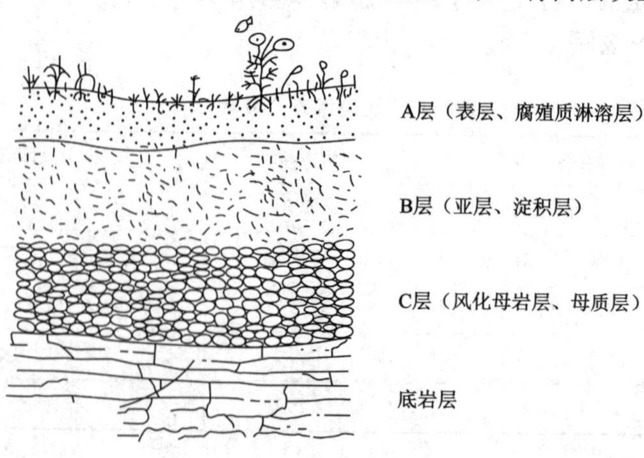

图 5-2　典型的自然土壤剖面

1 kg土样，分别装袋。土壤剖面采样点不得选在土类和母质交错分布的边缘地带或土壤剖面受破坏的地方；剖面的观察面要向阳。

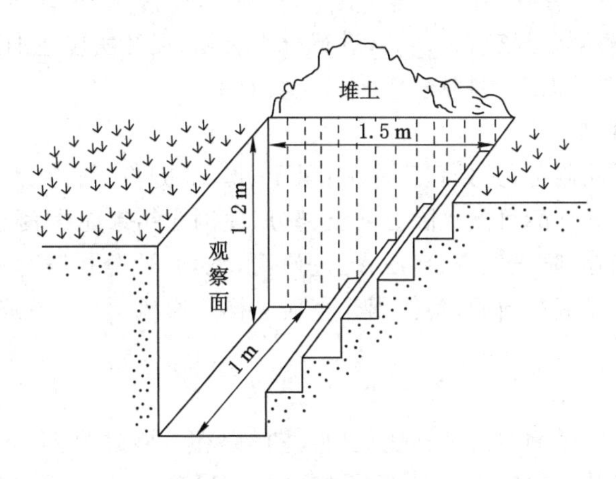

图 5-3　土壤剖面挖掘示意图

土壤背景值调查也需要挖掘土坑，在剖面各层次典型中心部位自下而上采样，但不可混淆层次、混合采样。

（二）采样时间和频次

为了解土壤污染状况，可随时采集样品进行测定。如需同时掌握在土壤上生长的作物受污染状况，可依季节变化或作物收获期采集。《农田土壤环境质量监测技术规范》（NY/T 395—2012）规定，一般土壤在农作物收获期采样测定，必测项目一年中在同一地点采样一次，其他项目 3～5 年测定一次。

（三）采样注意事项

（1）采样点不能设在田边、沟边、路边或肥堆边；

（2）将现场采样点的具体情况，如土壤剖面形态特征等做详细记录；

（3）现场填写两张标签（图 5-4），写上采样地点、采样深度、采样时间、采样人姓名等，一张放入样品袋内，一张扎在样品口袋上。

土壤样品标签

样品标号 ____________________ 业务代号 __________

样品名称 ______________________________________

土壤类型 ______________________________________

监测项目 ______________________________________

采样地点 ______________________________________

采样深度 ______________________________________

采 样 人 ____________________ 采样时间 __________

图 5-4　土壤样品标签

（4）测定重金属的样品，尽量用竹铲、竹片直接采集样品，或用铁铲、土钻挖掘后，用竹片刮去与金属采样器接触的土壤部分，再用竹铲或竹片采集土样。

二、土壤样品的加工与管理

现场采集的土壤样品经核对无误后，进行分类装箱，运往实验室加工处理。在运输中严防样品的损失和混淆，并派专人押运，按时送至实验室。

（一）样品加工处理

样品加工又称样品制备，其处理程序为：风干、磨细、过筛、混合、粉状，制成满足分析要求的土壤样品。加工处理的目的是除去非土部分，使测定结果能代表土壤本身的组成；有利于样品能较长时期保存，防止发霉、变质；通过研磨、混均，使分析时称取的样品具有较高的代表性。加工处理工作应在向阳（勿使阳光直射土样）、通风、整洁、无扬尘、无挥发性化学物质的房间内进行。

1. 样品风干

在风干室将潮湿土样倒在白色搪瓷盘内或塑料膜上，摊成约 2 cm 厚的薄层，用玻璃棒间断地压碎、翻动，使其均匀风干。在风干过程中，拣出碎石、沙砾及植物残体等杂质。

2. 磨碎与过筛

如果进行土壤颗粒分析及物理性质测定等物理分析，取 100～200 g 风干样品于有机玻璃板上，用木棒、木棍再次压碎，经反复处理后使其全部通过 2 mm（10 网目）孔径的筛子，混匀后储于广口玻璃瓶内。

如果进行化学分析，土壤颗粒的粒度影响测定结果的准确度，即使对于一个混合均匀的土样，由于土粒大小不同，其化学成分及含量也有差异，应根据分析项目的要求处理成适宜大小的土壤颗粒。一般处理方法是：将风干土样在有机玻璃板或木板上用锤、碾、棒压碎，并除去碎石、沙砾及植物残体后，用四分法（图 5-5）分取所需土样量，使其全部通过 0.84 mm（20 网目）孔径尼龙筛。过筛后的土样全部置于聚乙烯薄膜上，充分混匀，用四分法分成两份，一份交样品库存放，用于土壤 pH 值、土壤交换量等项目测定；另一份继续用四分法缩分成两份，一份备用，一份磨碎至全部通过 0.25 mm（60 网目）或 0.149 mm（100 网目）孔径尼龙筛，充分混合均匀后备用。通过 0.25 mm（60 网目）孔径尼龙筛的土壤样品，用于农药、土壤有机质、土壤总氮量等项目的测定；通过 0.149 mm（100 网目）孔径尼龙筛的土壤样品用于元素分析。样品装入样品瓶或样品袋后，及时填写标签，一式两份，瓶内或袋内一份，外贴一份。

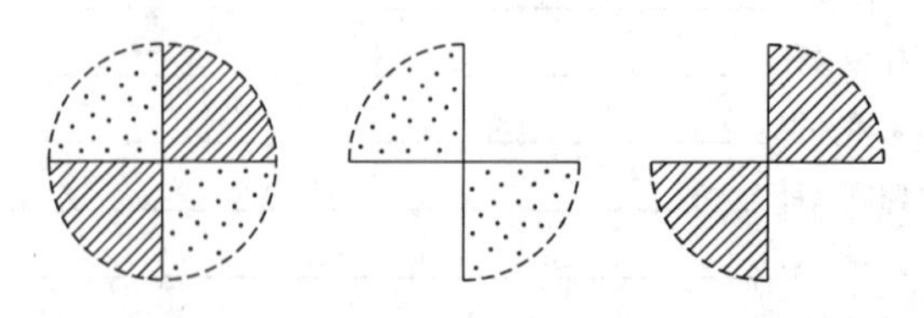

图 5-5　土壤样品的四分法示意图

测定挥发性或不稳定组分，如挥发酚、氨氮、硝酸盐氮、氰化物等，需用新鲜土样。

（二）样品管理

土壤样品管理包括土样加工处理、分装、分发过程中的管理和土样入库保存管理。

土样在加工过程中处于从一个环节到另一个环节的流动状态，为了防止遗失和信息传递失误，必须建立严格的管理制度和岗位责任制，按照规定的方法和程序工作，认真按要求做好记录。

对需要保存的土样，要依据欲分析组分的性质选择保存方法。风干土样存放于干燥、通风、无阳光直射、无污染的样品库内，保存期通常为半年至一年。如分析测定工作全部结束，检查无误后，无须保留时可弃去土样。在保存期内，应定期检查土样保存情况，防止霉变、鼠害和土壤样品标签脱落等，用于测定挥发性和不稳定组分用新鲜土样，将其放在玻璃瓶中，置于低于 4 ℃的冰箱内，保存半个月。

第四节　土壤样品的预处理

土壤样品组分复杂，污染组分含量低，并且处于固体状态。在测定之前，往往需要处理成液体状态和将欲测组分转变为适合测定方法要求的形态、浓度，以及消除共存组分的干扰。

土壤样品的预处理方法主要有分解法和提取法；前者用于元素的测定，后者用于有机污染物和不稳定组分的测定。

一、土壤样品分解方法

土壤样品分解方法有酸分解法、碱熔分解法、高压釜密闭分解法、微波炉加热分解法等。分解的作用是破坏土壤的矿物晶格和有机质，使待测元素进入试样溶液中。

（一）酸分解法

此法是测定土壤中重金属常选用的方法。分解土壤样品常用的混合酸消解体系有：盐酸-硝酸-氢氟酸-高氯酸、硝酸-氢氟酸-高氯酸、硝酸-硫酸-高氯酸、硝酸-硫酸-磷酸等。为了加速土壤中欲测组分的溶解，还可以加入其他氧化剂或还原剂，如高锰酸钾、五氧化二钒、亚硝酸钠等。

用盐酸-硝酸-氢氟酸-高氯酸分解土壤样品的操作要点是：取适量风干土样于聚四氟乙烯坩埚中，用水润湿，加适量浓盐酸，于电热板上低温加热，蒸发至约剩 5 mL 时加入适量浓硝酸，继续加热至近黏稠状，再加入适量氢氟酸并继续加热；为了达到良好的除硅效果，应不断摇动坩埚；最后，加入少量高氯酸并加热至白烟冒尽。对于含有机质较多的土样，在加入高氯酸之后加盖消解。分解好的样品应呈白色或淡黄色（含铁较高的土壤），倾斜坩埚时呈不流动的黏稠状。用水冲洗坩埚内壁及盖，温热溶解残渣，冷却后定容至要求体积（根据欲测组分含量确定）。这种消解体系能彻底破坏土壤矿物质晶格，但在消解过程中，要控制好温度和时间，如果温度过高、消解样品时间短及将样品溶液蒸干都会导致测定结果偏低。

（二）碱熔分解法

碱熔分解法是指将土壤样品与碱混合，在高温下熔融，使样品分解的方法。所用器皿有铝坩埚、瓷坩埚、镍坩埚和铂坩埚等。常用的熔剂有碳酸钠、氢氧化钠、过氧化钠、偏硼酸锂等。其操作要点是：称取适量土样于坩埚中，加入适量熔剂（用碳酸钠熔融时应先在坩埚底垫上少量碳酸钠或氢氧化钠），充分混匀，移入马弗炉中高温熔融。熔融温度和时间视所用熔剂而定，如用碳酸钠于 900～920 ℃熔融 30 min，用过氧化钠于 650～700 ℃熔融 20～30 min等。熔融后的土样冷却至 60～80 ℃，移入烧杯中，于电热板上加水和（1＋1）盐酸加热浸取和中和、酸化熔融物，待大量盐类溶解后，滤去不溶物，滤液定容，供分析测定。

碱熔分解法具有分解样品完全、操作简便快速且不产生大量酸蒸气的特点，但由于使用试剂量大，引入了大量可溶性盐，也易引进污染物质。另外，有些重金属如镉、铬等在高温下易挥发损失。

（三）高压釜密闭分解法

该法是指将用水湿润、加入混合酸并摇匀的土样放入严格密封的聚四氟乙烯坩埚内，置于耐压的不锈钢套管中，放在烘箱加热（一般不超过 180 ℃）分解的方法，具有用酸量少、易挥发元素损失少、可同时进行批量试样分解等特点。其缺点是：观察不到分解反应过程，只能在冷却开封后才能判断样品分解是否完全；分解土样量一般不能超过 1.0 g，使测定含量极低的元素时的称样量受到限制；分解含有机质较多的土样时，特别是在使用高氯酸的场合下，有发生爆炸的危险，可先在 80～90 ℃将有机物充分分解。

（四）微波炉加热分解法

该法是指将土壤样品和混合酸放入聚四氟乙烯容器中，置于微波炉内加热使土样分解的方法。由于微波炉加热不是利用热传导方式使土样从外部受热分解，而是以土样与酸的混合液作为发热体，从内部加热使土样分解，热量几乎不向外部传导损失，所以热效率非常高，并且利用微波能激烈搅拌和充分混匀土样，使其加速分解。如果用微波炉加热分解法分解一般土壤样品，经几分钟便可达到良好的分解效果。

二、土壤样品提取方法

测定土壤中的有机污染物、受热后不稳定的组分，以及进行组分形态分析，需要采用提取方法。常用提取溶剂油有机溶剂、水和酸。

（一）有机污染物的提取

测定土壤中的有机污染物，一般用新鲜土样。称取适量土样放入锥形瓶中，放在振荡器上，用振荡器提取法提取。对于农药、苯并[a]芘等含量低的污染物，为了提高提取效率，常用索氏提取器提取。常用的提取剂有环乙烷、石油醚、丙酮、二氯甲烷、三氯甲烷等。

（二）无机污染物的提取

土壤中易溶无机物组分、有效态组分可用酸或水浸取。例如，用 0.1 mol/L 盐酸振荡提取镉、铜、锌，用蒸馏水提取造成土壤酸度的组分，用无硼水提取有效态硼等。

三、净化和浓缩

土壤样品中的欲测组分被提取后，往往还存在干扰组分，或达不到分析方法测定要求的浓度，需要进一步净化或浓缩。常用净化方法有层析法、蒸馏法等，浓缩法有 K-D 浓缩器法、蒸发法等。

土壤样品中的氰化物、硫化物常用蒸馏-碱溶液吸收法分离。

第五节　土壤污染物的测定

一、土壤水分

土壤水分是土壤生物及作物生长必需的物质，不是污染物组分。但无论是用新鲜土样还是风干土样测定污染组分时，都需要测定土壤含水量，以便计算按烘干土样为基准的测定结果。

对于风干样，用感量 0.001 g 的天平称取适量通过 1 mm 孔径筛的土样，置于已恒重的铝盒中，将称量好的风干土样和新鲜土样放入烘箱内，于(105±2) ℃烘至恒重，计算水分含量。

对于新鲜土样，用感量 0.01 g 天平称取。

$$水分含量(分析基)\% = \frac{m_1 - m_2}{m_1 - m_0} \times 100$$

$$水分含量(烘干基)\% = \frac{m_1 - m_2}{m_2 - m_0} \times 100$$

式中　m_0——烘至恒重的空铝盒质量，g；

m_1——铝盒及土样烘干前的质量，g；

m_2——铝盒及土样烘至恒重时的质量，g。

物料含水率的表示方法有两种：湿基表示法和干基表示法。湿基表示法是以物料质量为基准计算的，而干基表示法是以物料中固体干物质为基准计算的。

二、pH 值

土壤的 pH 值是土壤重要的理化参数，对土壤微量元素的有效性和肥力有重要影响。pH 为 6.5～7.5 的土壤，磷酸盐的有效性最大。土壤酸性增强，使所含许多金属化合物溶解度增大，其有效性和毒性也增大。土壤 pH 值过高或过低，均影响植物的生长。

测定方法：pH 玻璃电极法。称取通过 1 mm 孔径筛的土样 10 g 置于烧杯中，加无二氧化碳蒸馏水 25 mL，轻轻摇动后用电磁搅拌器搅拌 1 min，使水和土充分混合均匀，放置 30 min，用 pH 计测量上部浑浊液的 pH 值。

测定 pH 值的土样应存放在密闭玻璃瓶中，以防止空气中的氨、二氧化碳及酸、碱性气体对其产生影响。土壤的粒径及水土比均对 pH 值有影响。一般酸性土壤的水土比(质量比)保持在(1∶1)～(5∶1)范围时，对测定结果影响不大；碱性土壤水土比以 1∶1 或 2.5∶1 为宜，水土比增加，测得 pH 值偏高。另外，风干土壤和潮湿土壤测得的 pH 值有差异，尤其是石灰性土壤，由于风干作用，土壤中大量二氧化碳损失，导致 pH 值偏高，因此风干土壤的 pH 值为相对值。

三、可溶性盐分

土壤中的可溶性盐分是指经一定时间浸提后从土壤中提取出来的水溶性盐分。当土壤所含的可溶性盐分达到一定数量后，会直接影响作物的发芽和正常生长，其影响程度主要取决于可溶性盐分的含量、组成及作物的耐盐度。就盐的组成而言，Na_2CO_3、$NaHCO_3$ 对作物的危害最大，其次是 NaCl，而 Na_2SO_4 危害相对较轻。因此，定期测定土壤中可溶性盐分总量及盐分的组成，可以了解土壤盐渍程度和季节性盐分动态，为制订改良和利用盐碱土壤的措施提供依据。

测定可溶性盐分的方法有：重量法、电导法、阴阳离子总和计算法。下面简要介绍应用广泛的重量法。

称取通过 1 mm 孔径筛的风干土样 1 000 g，放入 1 000 mL 大口塑料瓶中，加入 500 mL 无二氧化碳蒸馏水，在振荡器上振荡提取后，立即抽气过滤，滤液供分析测定。吸取 50～100 mL 滤液于已恒重的蒸发皿中，置于水浴上蒸干，在 100～105 ℃烘箱中烘至恒重，将所得烘干残渣用 15%过氧化氢溶液在水浴上继续加热去除有机质，再蒸干至恒重，剩余残渣量即为可溶性盐分总量。

水土比和振荡提取时间影响土壤可溶性盐分的提取，故不能随意更改，以使测定结果具有可比性。此外，抽滤时尽可能快速，以减少空气中二氧化碳的影响。

四、金属化合物

（一）铅、镉

铅和镉都是动、植物非必需的有毒有害元素，可在土壤中积累，并通过食物链进入人体。测定它们的方法多用原子吸收光谱法和原子荧光光谱法。

1. 石墨炉原子吸收光谱法

该方法测定要点是：采用盐酸-硝酸-氢氟酸-高氯酸分解法，在聚四氟乙烯坩埚中消解0.1～0.3 g通过0.149 mm（100网目）孔径筛的风干土样，使土样中的欲测元素全部进入溶液，加入基体改进剂后定容。取适量溶液注入原子吸收分光光度计的石墨炉内，按照预先设定的干燥、灰化、原子化等升温程序，使铅、镉化合物解离为基态原子蒸气，对空心阴极灯发射的特征光进行选择性吸收，根据铅、镉对各自特征光的吸光度，用标准曲线法定量。土壤中铅、镉含量的计算式见铜、锌的测定。在加热过程中，为防止石墨管氧化，需要不断通入载气（氩气）。

按照表5-11所列仪器测量条件测定，当称取0.5 g土样消解定容至50 mL时，其检出限为：铅0.1 mg/kg，镉0.01 mg/kg。

表5-11　仪器测量条件

元　素	铅	镉
测定波长/nm	283.3	228.8
通带宽度/nm	1.3	1.3
灯电流/mA	7.5	7.5
干燥温度（时间）/℃(s)	80～100(20)	80～100(20)
灰化温度（时间）/℃(s)	700(20)	500(20)
原子化温度（时间）/℃(s)	2 000(5)	1 500(20)
消除温度（时间）/℃(s)	2 700(3)	2 600(3)
氩气流量/(mL/min)	200	200
原子化阶段是否停气	是	否
进样量/μL	10	10

2. 氢化物发生-原子荧光光谱法

该方法测定原理是：将土样用盐酸-硝酸-氢氟酸-高氯酸体系消解，彻底破坏矿物质晶格和有机质，使土样中的欲测元素全部进入溶液。消解后的样品溶液经转移稀释后，在酸性介质中及有氧化剂或催化剂存在的条件下，样品中的铅或镉与硼氢化钾（KBH_4）反应，生成挥发性铅的氢化物（PbH_4）或镉的氢化物（CdH_4）。以氩气为载气，将产生的氢化物导入原子荧光分光光度计的石英原子化器，在室温（铅）或低温（镉）下进行原子化，产生的基态铅原子或基态镉原子在特制铅空心阴极灯或镉空心阴极灯发射特征光的照射下，被激发至激发态，由于激发态的原子不稳定，瞬间返回基态，发射出特征波长的荧光，其荧光强度与铅或镉的含量成正比，通过将测得的样品溶液荧光强度与系列标准溶液荧光强度比较进行定量。

铅和镉测定中所用催化剂和消除干扰组分的试剂不同，需要分别取土样消解后的溶液测定，它们的检出限可达到：铅 1.8×10^{-9} g/mL，镉 8.0×10^{-12} g/mL。

（二）铜、锌

铜和锌是植物、动物和人体必需的微量元素，可在土壤中积累，当其含量超过最高允许浓度时，将会危害作物。测定土壤中的铜、锌，广泛采用火焰原子吸收光谱法。

火焰原子吸收光谱法测定原理是：用盐酸-硝酸-氢氟酸-高氯酸消解通过 0.149 mm 孔径筛的土样，使欲测元素全部进入溶液，加入硝酸镧溶液（消除共存组分干扰），定容。将制备好的溶液吸入原子吸收分光光度计的原子化器，在空气-乙炔（氧化型）火焰中原子化，产生的铜、锌基态原子蒸气分别选择性地吸收由铜空心阴极灯、锌空心阴极灯发射的特征光，根据其吸光度用标准曲线法定量。按下式计算土壤样品中铜、锌的含量：

$$w=\frac{\rho\cdot V}{m(1-f)}$$

式中　w——土壤样品中铜、锌的质量分数，mg/kg；

ρ——样品溶液的吸光度减去空白试验的吸光度后，在标准曲线上查得铜、锌的质量浓度，mg/L；

V——溶液定容体积，mL；

m——称取土壤样品的质量，g；

f——土壤样品的含水量。

按照表 5-12 所列仪器测量条件测定，当称取 0.5 g 土样消解定容至 50 mL 时，其检出限为：铜 1 mg/kg，锌 0.5 mg/kg。

表 5-12　仪器测量条件

元　素	铜	锌
测定波长/nm	324.7	213.9
通带宽度/nm	1.3	1.3
灯电流/mA	7.5	7.5
火焰性质	氧化性	氧化性
其他可测定波长/nm	327.4，225.8	307.6

（三）总铬

由于各类土壤成土母质不同，铬的含量差别很大。土壤中铬的背景值一般为 20～200 mg/kg。铬在土壤中主要以三价和六价两种形态存在，其存在形态和含量取决于土壤 pH 值和污染程度等。六价铬化合物迁移能力强，其毒性和危害大于三价铬。三价铬和六价铬可以相互转化。测定土壤中铬的方法主要有火焰原子吸收光谱法、分光光度法、等离子体发射光谱法等。

1. 火焰原子吸收光谱法

方法原理：用盐酸-硝酸-氢氟酸-高氯酸混合酸体系消解土壤样品，使待测元素全部进入溶液，同时，所有铬都被氧化成 $Cr_2O_7^{2-}$ 形态。在消解液中加入氯化铵溶液(消除共存金属离子的干扰)后定容，喷入原子吸收分光光度计原子化器的富燃型空气-乙炔火焰中进行原子化，产生的基态铬原子蒸气对铬空心阴极灯发射的特征光进行选择性吸收，测其吸光度，用标准曲线法定量。其计算式同铜、锌的测定。

按照表5-13所列仪器测量条件测定，当称取0.5 g土样消解定容至50 mL时，其检出限为5 mg/kg。

表5-13 仪器测量条件

元 素	铬
测定波长/nm	357.9
通带宽度/nm	0.7
火焰性质	还原性
次灵敏线/nm	359.0,360.5,425.4
燃烧器高度	10 mm(使空心阴极灯光斑通过火焰亮蓝色部分)

2. 二苯碳酰二肼分光光度法

称取土壤样品于聚四氟乙烯坩埚中，用硝酸-硫酸-氢氟酸体系消解，消解产物加水溶解并定容。取一定量溶液，加入磷酸和高锰酸钾溶液，继续加热氧化，将土样中的铬完全氧化成 $Cr_2O_7^{2-}$ 形态，用叠氮化钠溶液除去过量的高锰酸钾后，加入二苯碳酰二肼溶液，与 $Cr_2O_7^{2-}$ 反应生成紫红色络合物，用分光光度计于540 nm波长处测量吸光度，用标准曲线法定量。方法最低检出质量浓度为0.2 μg(六价铬)/(25 mL)。

(四) 镍

土壤中含少量镍对植物生长有益，镍也是人体必需的微量元素之一，但当其在土壤中积累超过允许量后，会使植物中毒；某些镍的化合物，如羟基镍毒性很大，是一种强致癌物质。

土壤中镍的测定方法有火焰原子吸收光谱法、分光光度法、等离子体发射光谱法等，目前以火焰原子吸收光谱法应用最为普遍。

火焰原子吸收光谱法的测定原理是：称取一定量土壤样品，用盐酸-硝酸-氢氟酸体系消解，消解产物经硝酸溶解并定容后，喷入空气-乙炔火焰，将含镍化合物解离为基态原子蒸气，测其对镍空心阴极灯发射的特征光的吸光度，用标准曲线法确定土壤中镍的含量。

测定时，使用原子吸收分光光度计的背景校正装置，以克服在紫外光区由于盐类颗粒物、分子化合物产生的光散射和分子吸收对测定的干扰。如果按照表5-14所列仪器测量条件测定，当称取0.5 g土样定容至50 mL时，镍的检出限为5 mg/kg。

表5-14 仪器测量条件

元 素	镍
测定波长/nm	232.0
通带宽度/nm	0.2
灯电流/mA	12.5
火焰性质	中性

（五）总汞

天然土壤中汞的含量很低，一般为 0.1～1.5 mg/kg，其存在形态有单质汞、无机化合态汞和有机化合态汞，其中，挥发性强、溶解度大的汞化合物易被植物吸收，如氯化甲基汞、氯化汞等。汞及其化合物一旦进入土壤，绝大部分被耕层土壤吸附固定。当积累量超过《土壤环境质量标准》最高允许浓度时，生长在这种土壤上的农作物果实中汞的残留量就可能超过食用标准。

测定土壤中的汞广泛采用冷原子吸收光谱法和冷原子荧光光谱法。

冷原子吸收光谱法的测定原理是：称取适量通过 0.149 mm 孔径筛的土样，用硫酸-硝酸-高锰酸钾或硝酸-硫酸-五氧化二机消解体系消解，使土样中各种形态的汞转化为高价态（Hg^{2+}）。将消解产物全部转入冷原子吸收测汞仪的还原瓶中，加入氯化亚锡溶液，把汞离子还原成易挥发的汞原子，用净化空气带入测汞仪的吸收池中，选择性地吸收低压汞灯辐射出的 253.7 nm 紫外线，测量其吸光度，与汞标准溶液的吸光度比较定量。方法的检出限为 0.005 mg/kg。

冷原子荧光光谱法的测定原理是：将土样经混合酸体系消解后，加入氯化亚锡溶液将离子态汞还原为原子态汞，用载气带入冷原子荧光测汞仪的吸收池中，吸收 253.7 nm 波长紫外线后，被激发而发射共振荧光，测量其荧光强度，与标准溶液在相同条件下测得的荧光强度比较定量。方法的检出限为 0.05 μg/kg。

（六）总砷

土壤中砷的背景值一般为 0.2～40 mg/kg，而受砷污染的土壤，砷的质量分数可高达 550 mg/kg。砷在土壤中以五价和三价两种价态存在，大部分被土壤胶体吸附或与有机物络合、螯合，或与铁（Ⅲ）、铝（Ⅲ）、钙（Ⅱ）等离子形成难溶性砷化物。砷是植物强烈吸收和积累的元素，土壤被砷污染后，农作物中砷含量必然增加，从而危害人和动物。

测定土壤中砷的主要方法有：二乙基二硫代氨基甲酸银分光光度法、新银盐分光光度法、氢化物发生-非色散原子荧光光谱法等。

二乙基二硫代氨基甲酸银分光光度法测定原理：称取通过 0.149 mm 孔径筛的土样，用硫酸-硝酸-高氯酸体系消解，使各种形态存在的砷转化为可溶态离子进入溶液。在碘化钾和氯化亚锡存在下，将溶液中的五价砷还原为三价砷，三价砷被锌与酸反应生成的新生态氢还原为气态砷化氢（胂），被吸收于二乙基二硫代氨基甲酸银-三乙醇胺-三氯甲烷吸收液中，生成红色胶体银，用分光光度计于 510 nm 波长处测其吸光度，用标准曲线法定量。方法检出限为 0.5 mg/kg。

新银盐分光光度法测定原理：土壤样品经硫酸-硝酸-高氯酸消解，使各种形态的砷转化为可溶态砷离子进入溶液后，用硼氢化钾（或硼氢化钠）在酸性溶液中产生的新生态氢将五价砷还原为砷化氢（胂），被硝酸-硝酸银-聚乙烯醇-乙醇吸收液吸收，生成黄色胶体银，在分光光度计上于 400 nm 处测其吸光度，用标准曲线法定量。方法检出限为 0.2 mg/kg。

五、有机化合物

（一）六六六和滴滴涕

六六六和滴滴涕属于高毒性、高生物活性有机氯农药，在土壤残留时间长，其半衰期为 2～4 年。检测采用气相色谱法。土壤被六六六和滴滴涕污染后，对土壤生物会产生直接毒害，并通过生物积累和食物链进入人体，危害人体健康。

六六六和滴滴涕的测定方法广泛使用气相色谱法，其最低检出浓度为 0.05～4.87 μg/kg。

1. 方法原理

用丙酮-石油醚提取土壤样品中的六六六和滴滴涕，经硫酸净化处理后，用带电子捕获检测器的气相色谱仪测定。根据色谱峰保留时间进行两种物质异构体的定性分析，根据峰高(或峰面积)进行各组分的定量分析。

2. 主要仪器及其主要部件

主要仪器是带电子捕获检测器的气相色谱仪，仪器的主要部件包括：

(1) 全玻璃系统进样器。

(2) 与气相色谱仪匹配的记录仪。

(3) 色谱柱：长 1.8～2.0 m、内径 2～3 mm 的螺旋状硬质玻璃填充柱，柱内填充剂(固定相)为质量分数 1.5%的 OV-17(甲基硅酮)和质量分数 1.95%的 QF-1(氟代烷基硅氧烷聚合物)/Chromosorb WAW-DMCS，80～100 网目；或质量分数 1.5%的 OV-17 和质量分数 1.95%的 OV-210/Chromosorb WAW-DMCS-HP，80～100 网目。

(4) 电子捕获检测器：可采用^{63}Ni 放射源或高温^{3}H 放射源。

3. 色谱条件

汽化室温度：220 ℃；柱温：195 ℃；载气(N_2)流量：40～70 mL/min。

4. 测定要点

(1) 样品预处理：准确称取 20 g 土样，置于索氏提取器中，用石油醚和丙酮(体积比为 1∶1)提取，则六六六和滴滴涕被提取进入石油醚层，分离后用浓硫酸和无水硫酸钠净化，弃去水相，石油醚提取液定容后供测定。

(2) 定性和定量分析：用色谱纯 α-六六六、β-六六六、γ-六六六、δ-六六六、p,p′-DDE、o,p′-DDT、p,p′-DDD、p,p′-DDT 和异辛烷、石油醚配制标准溶液；用微量注射器分别吸取3～6 μL 标准溶液和样品溶液注入气相色谱仪测定，记录标准溶液和样品溶液的气相色谱图(图 5-6)。

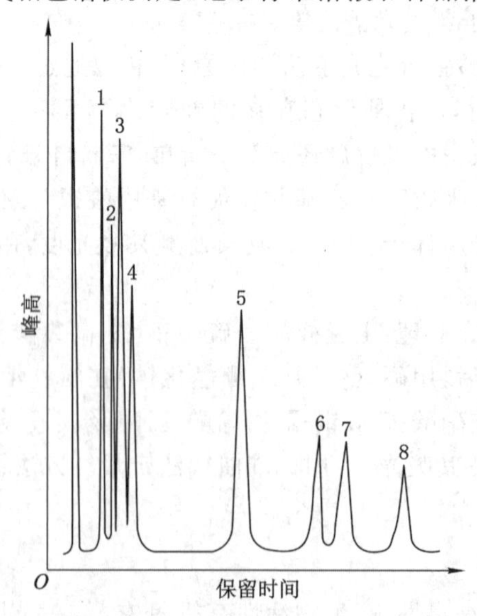

1—α-六六六；2—β-六六六；3—γ-六六六；4—δ-六六六；5—p,p′-DDE；6—o,p′-DDT；7—p,p′-DDD；8—p,p′-DDT。

图 5-6 六六六、滴滴涕等气相色谱图

根据各组分的保留时间和峰高(或峰面积)分别进行定性和定量分析。用标准曲线法计算土样中农药质量分数的计算式如下:

$$w_i = \frac{h_i \cdot m_{si} \cdot V}{h_{si} \cdot V_i \cdot m}$$

式中　w_i——土样中 i 组分农药浓度,mg/kg;

h_i——样品溶液中 i 组分农药的峰高(或峰面积),cm(或 cm^2);

m_{si}——标准溶液中 i 组分农药的质量,ng;

V——土样定容体积,mL;

h_{si}——标准溶液中 i 组分农药的峰高(或峰面积),cm(或 cm^2);

V_i——样品溶液进样量,μL;

m——土样质量,g。

(二) 苯并[a]芘

苯并[a]芘是研究得最多的多环芳烃,被公认为强致癌物质。它在自然界土壤中的背景值很低,但当土壤受到污染后,便会产生严重危害。开展土壤中苯并[a]芘的监测工作,掌握不同条件下土壤中苯并[a]芘量的变化规律,对评价和防治土壤污染具有重要意义。

测定苯并[a]芘的方法有紫外分光光度法、荧光光谱法、高效液相色谱法等。

紫外分光光度法的测定要点是:称取通过 0.25 mm 孔径筛的土壤样品于锥形瓶中,加入三氯甲烷,在 50 ℃水浴上充分提取,过滤,滤液在水浴上蒸发至接近干燥,用环己烷溶解残留物,制成苯并[a]芘提取液。将提取液进行两次氧化铝层析柱分离纯化和溶出后,在紫外分光光度计上测定 350～410 nm 波段的吸收光谱,依据苯并[a]芘在 365 nm、385 nm、403 nm处有三个特征吸收峰进行定性分析。测量溶出液对 385 nm 紫外线的吸光度,对照苯并[a]芘标准溶液的吸光度进行定量分析。该方法适用于苯并[a]芘浓度大于 5 μg/kg 的土壤样品,如苯并[a]芘浓度小于 5 μg/kg,则用荧光光谱法。

荧光光谱法的测定要点是:将土壤样品的三氯甲烷提取液蒸发至接近干燥,并把环己烷溶解后的溶液滴入氧化铝层析柱上进行分离,分离后用苯洗脱,洗脱液经浓缩后再用纸层析法分离,在层析滤纸上得到苯并[a]芘的荧光带,用甲醇溶出,取溶出液在荧光分光光度计上测量其被 387 nm 紫外线激发后发射的荧光(405 nm)强度,对照标准溶液的荧光强度进行定量分析。

高效液相色谱法的测定要点是:将土壤样品置于索氏提取器内,用环己烷提取苯并[a]芘。

思　考　题

1. 土壤有哪些组成成分?
2. 土壤背景值的定义是什么? 对土壤背景值调查的意义有哪些?
3. 土壤环境质量的分类有哪些?
4. 土壤监测有哪些主要的类型? 各种监测类型分别有哪些内容?
5. 土壤监测项目有哪些? 各类监测项目有何区别?
6. 在土壤检测中,采样点的布设原则和布设方法是什么? 采样点数目如何确定?

7. 土壤样品的采样深度及采样量如何确定?

8. 土壤样品加工处理的程序及目的是什么?不同分析方法对土壤颗粒的粒度有何要求?

9. 土壤样品预处理的目的是什么?土壤样品的分解方法有哪些?

10. 土壤样品的分解方法有何异同?

11. 土壤的pH值怎么测定?在测定的过程中需注意哪些事项?

12. 土壤中可溶性盐分的测定有何意义?简述测定可溶性盐分的方法及注意事项。

13. 测定铅、铬的常用方法有哪些?简述用石墨炉原子吸收光谱法测定土壤中铅和铬的原理。

14. 简述用火焰原子吸收光谱法测定铜和锌的原理。

15. 试比较用火焰原子吸收光谱法和二苯碳酰二肼分光光度法测定总铬的异同点。

16. 简述用二乙基二硫代氨基甲酸银分光光度法和新银盐分光光度法测定土壤中总砷的异同。

17. 如何用气相色谱法对土壤中的六六六和滴滴涕进行定性和定量分析?

18. 某金属冶炼企业周边的土壤受到了包含铅、砷和苯并[a]芘等废水的污染,试设计一个监测方案,包括布设监测点、采集土壤、土样制备和预处理以及选择分析测定方法。

知识拓展阅读

拓展1:阅读第三次全国土壤普查试点工作方案。中华人民共和国农业农村部官方网站

拓展2:阅读第三次全国土壤普查技术规程规范(试行)。中华人民共和国农业农村部官方网站

拓展3:阅读第三次全国土壤普查试点工作方案试点实施指南。中华人民共和国农业农村部官方网站

第六章 生物与生态监测

本章知识要点

本章重点介绍水、大气、土壤环境污染的生物监测；生态系统野外观测的内容与方法；生态环境状况评价指标及计算。

生物与生态监测是以生态系统理论为基础，从生物或生态系统角度对生态环境质量进行监测和评价的方法，是生态环境监测的重要组成部分。生物个体在生命周期过程中，从环境中吸收营养物质形成自身生存与生长的能量物质，同时也会吸收和富集生态环境中的污染物质，例如化学物质、重金属元素等，在个体、种群和群落等各层次表现出受污染危害反应，从而可以表征环境污染状况。同样，环境问题也作用于生态系统，对生态系统的结构、质量和功能等产生影响，引起生态系统失衡。

第一节 概 述

一、生物与生态监测

（一）生物监测

生物监测的原理基础是生物体受到污染物影响而在生理、生化、生态及行为等方面表现出不同反应和现象。这种监测包括对生态环境的物理、化学污染进行生物监测以及对受污染生物体进行监测。目前关于生物监测的定义多数倾向于基于生物体对生态环境质量和污染状况的度量，而将对生物体受污染状况的监测定义为生物污染监测。例如《中国大百科全书》（第二版）将生物监测定义为“利用生物个体、种群或群落对环境质量及其变化所产生的反应和影响来阐明环境污染的性质、程度和范围，从生物学角度评价环境质量状况的过程”，该定义即从生物体对环境污染的表征角度来定义生物监测。然而，生物作为生态环境的组成之一，其自身受污染状况也是环境污染表征的一个重要方面，因此，生物监测定义应综合这两个角度来考虑更为全面，即生物监测是利用生命有机体对污染的反应来表征生态环境受污染状况或生物体本身受到污染状况的方法。

生物监测具有综合性、直接性、连续性、累积性、灵敏性特点。此外，生物监测可以开展大面积、长距离布点监测，选择多种物种，空间覆盖范围大、监测功能更多样化；以指示生物作为“监测器”,费用较低,经济性好。

（二）生态监测

生态监测是在地球的整体或者局部范围内观察和收集关于生命支持能力的数据,并加以分析研究,以了解生态环境的现状和变化。这些生命支持能力数据包括生物和非生物因素,具体为生境、动物群、经济/社会三个方面。生态监测利用基于物理、化学、生化、生态学原理的各种技术手段,采用可比性的成熟方法,在时间或空间上监测生态系统的组成、结构、功能、问题以及生物与环境之间的相互关系等各方面的状况及动态变化,为评价和预测生态系统受影响状况和变化趋势、保护生态环境、恢复重建生态、合理利用自然资源提供了基础。

生态监测涉及对个体生态、群落生态及相关的环境因素的监测,其手段涵盖生物学、地理学、环境科学、生态学、物理学、化学、计算机科学等多个学科领域。监测网络通常空间分散性较大,时间多呈周期性,可进行宏观和微观两个尺度监测。因此,生态监测具有综合性、复杂性、分散性、长期性和独特的时空尺度等特点。

按监测对象或生态系统类别,生态监测可分为城市生态监测、农村生态监测、森林生态监测、草原生态监测、荒漠生态监测、水生态监测等;按监测空间尺度可分为宏观生态监测和微观生态监测,微观生态监测又分为干扰性生态监测、污染性生态监测和治理性生态监测。

（三）生物监测与生态监测的关系

生物监测和生态监测都是利用生命系统各个层次对生态环境变化的反应来判定生态环境质量、反映生命系统与生态环境系统的相互影响和相互作用的,二者之间的关系按照监测对象和监测尺度的不同分为以下几种观点。

一是生物监测包括生态监测。此观点从监测对象层次考虑,即认为生态监测是生态系统层面的生物监测,侧重以生物体作为生态环境状况的指示手段,只不过是监测生态系统层级上的生物反应。

二是生态监测包括生物监测。此观点将生态监测分为生物监测和地球物理化学监测两方面,生物监测关注生物体对生态环境状况的反应,而生态监测则监测生物体自身反应和生物与生态环境之间相互关系的反应两方面,监测对象更复杂,监测尺度更大。

三是生态监测独立于生物监测。此观点认为生态监测的目的、对象都比生物监测更复杂、更综合,是对多学科监测技术的综合应用。

其实,无论是生物监测还是生态监测,都属于生态学范畴,都是基于生物学和生态系统理论基础,对生物受生态环境影响及生物与生态环境之间关系的表征。目前所说的生物监测,大部分是指生态监测,将二者等同而论。但一般生物监测更多地用来表示采用指示生物法对生物体污染或生态环境污染进行监测的技术手段,生态监测更侧重于大尺度、综合性的监测,更多地关注生物与非生物之间的关系,是从整个生态系统层面开展的监测。

二、生物与生态监测的发展

生物监测是随着环境生物学的发展产生的,最早可追溯到1909年提出的污水生物系统和不同污染区指示生物监测,用于评价水体污染。这种方法至今仍有应用。到了20世纪70年代,水污染的生物监测成了活跃的研究领域,1977年美国材料试验协会(ASTM)出版了《水和废水质量的生物监测会议论文集》,概括了利用各类水生生物进行监测和生物测试技术的成就和进展。同时,空气污染和土壤污染的生物监测技术也得到快速发展,例如利用植物叶片受害症状监测空气中的污染物，用土壤动物多样性监测土壤污染情况。

我国生物监测工作开始于20世纪70年代，监测方法取得了长足的发展，特别是在水体污染生物监测方面研究成果丰富。1986年制定的《环境监测技术规范：生物监测（水环境）部分》，标志着我国水环境生物监测走上规范化道路。我国“水体污染控制与治理科技重大专项”研究中，针对重点流域的水体污染、湖泊富营养化等问题，运用藻类、底栖无脊椎动物等指示生物监测水体污染，发展了综合指数、BI指数等监测评价方法，并从生物群落完整性角度评价水体健康，出版了一些专著和图谱，推动了水体污染生物监测技术发展。在环境空气污染和土壤污染的生物监测方面，目前还没有标准的技术规范，有待发展。

生态监测始于20世纪40年代英国的区域生境调查，并随着遥感和空间技术的发展逐步向立体化、综合性的现代概念发展。我国生态监测发展迅速，在地面生态监测网络建设、“天空地一体化”监测技术体系构建等方面成果丰富。比较有代表性的地面生态监测网络有中国科学院的“中国生态系统研究网络（CERN）”，覆盖了城市、农田、森林、草地、荒漠、湿地、湖泊和海湾等多类生态系统；国家林业和草原局的“中国森林生态系统定位研究网络（CFERN）”，基本覆盖了我国从北到南的寒温带针叶林、温带针阔混交林、暖温带落叶阔叶林、亚热带常绿阔叶林和热带季雨林、雨林，以及从东向西的森林、草原、荒漠三大植被区中典型地带性森林类型和最主要的次生林和人工林类型。此外，农业部门、气象部门、生态环境部门都针对各自实际工作需要建立了一批野外观测和试验研究站。据初步统计，全国的野外观测台站约有7 000个，其中研究型的台站约424个，我国“国家生态系统观测研究网络（CNERN）”对各类生态监测台站进行整合、标准化和规范化。

2020年生态环境部发布《近岸海域环境监测技术规范 第六部分 近岸海域生物监测》（HJ 442.6—2020）、2021年发布《全国生态状况调查评估技术规范》系列标准文件，对近岸海域、森林、草地、湿地、荒漠等生态系统的生物监测、野外观测、生态系统遥感解译与野外核查给出规范化规定，推动了我国生态监测技术规范化。

三、生态监测技术

生态监测技术涉及多学科，综合了空中遥感、地面监测和辅助监测等多种手段，主要包括地面监测（图6-1）、遥感监测（图6-2和图6-3）、“3S”技术综合监测等。

图6-1　海南尖峰岭森林生态系统国家野外科学观测研究站现场监测系统

（图片来源：http://jff.cern.ac.cn/）

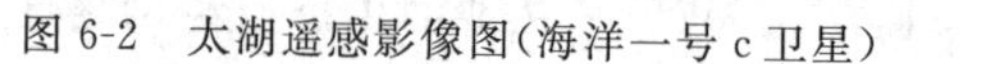

图 6-2　太湖遥感影像图(海洋一号 c 卫星)　　图 6-3　2009 年北京奥运场馆(0.4 m 分辨率)

地面监测是通过在地面设置固定监测台站、监测样带/采样线、针对性采样点等方式,进行定期或特定的生态数据监测和收集,是传统的生态监测技术,也是遥感监测数据精确性验证的重要手段。该方法可获取最直接、详细、准确的地面生态数据,但监测过程受地面自然环境条件限制较大。

遥感监测包括卫星遥感监测、航空遥感监测和地面遥感监测。其中航空遥感监测一般采用单引擎轻型飞机进行空中监测,监测时首先用坐标网覆盖研究区域,典型的坐标是 10 km×10 km。飞行时,这个坐标用于系统地记录位置和发送分析获得的数据。遥感监测弥补了地面监测受自然环境条件限制的不足。

“3S”技术综合监测是对遥感(remote sensing,RS)、全球定位系统(globe positioning system,GPS)和地理信息系统(geographic information system,GIS)技术的集合应用。通过对“3S”技术应用,形成了对生态系统空间监测、空间定位及空间分析完整的监测分析技术体系,与其他监测技术对比,监测结果更具有综合性、准确性和完整性。

第二节　生物污染监测

生物从环境中摄取养分和水分的同时也摄入了污染物质。污染物质在生物体内积累、迁移、转化,产生毒害作用,改变生物体性能。生物污染监测就是采取各种检测方法测定生物体内污染物质种类、含量及生物体受污染物毒害作用所产生的生理机能的变化,来表征生物被污染程度的方法。生物污染监测的对象是生物体,监测内容是生物体内所含的污染物,监测结果反映生物受污染和危害的程度,同时也可以反映生物生存环境中污染物累积情况。例如,通过监测植物叶片中硫含量反映植物受空气中 SO_2 污染程度和空气中 SO_2 的污染程度。

一、生物受污染途径

生物在环境中受污染的途径包括表面吸附(黏附)、生物吸收、生物富集。

表面吸附:也称为表面黏附、表面附着,是指污染物黏附在生物体表面对生物体造成污染和危害的过程。例如城市大气环境中烟尘、扬尘等颗粒物沉降在城市植物叶片表面,造成植物污染和危害。

生物吸收:是指污染物通过生物体器官的吸收作用进入生物体的过程,包括主动吸收

(代谢吸收)和被动吸收(物理吸收)。例如,污染物通过生物的呼吸道、皮肤和消化道等进入生物体内,并通过血液传输、自身代谢等方式到达全身组织产生毒害作用。

生物富集:也称生物浓缩,是指生物体不断地从环境中吸收低剂量污染物,并随着自身生长发育对体内污染物进行浓缩和积累的现象。通过富集作用,生物体内检测出的污染物含量可能会比环境中高很多。另外,生物还可通过生物链进行传递和累积,这也属于生物富集方式。例如,大鱼吃小鱼,小鱼吃浮游生物,通过食物链传递后大鱼体内的污染物含量可能是水中污染物浓度的数万倍。

二、污染物在生物体内的分布与迁移

污染物进入生物体后,生物体通过迁移、积累和排泄等作用,使污染物在体内不同部位呈不均匀分布的特点。例如,某氟污染区的茄子叶片中含氟量为 107 μg/g,而果实中氟含量只有 3.8 μg/g。因此,只有了解生物体内污染物的分布和转化,才能正确选择样品采集部位和监测方法,获得准确的监测结果。

(一) 污染物在植物体内的分布与迁移

污染物进入植物体后,通过导管转运传递到达体内不同器官,一般分为自上而下传递和自下而上传递。体内污染物分布与污染物性质、受污染途径、植物种类等因素有关。

植物根系对土壤和水中污染物的吸收和迁移属于自下而上方式。污染物经根系进入植物体后,在蒸腾作用下经导管在体内转移、积累、分布,不同的器官产生的污染物存量不同,最终对植物产生污染和危害。此种方式下,污染物在植物体内的一般分布规律为:根＞茎＞叶＞穗＞壳＞种子。但也有例外,例如莴笋受镉污染后,体内镉含量表现为根＞叶＞茎。

植物叶片对大气中气态、颗粒态污染物的吸收与迁移属于自上而下方式。大气中污染物附着在植物叶片上,通过气孔被吸收后,经导管到达各器官。由于污染物直接与叶片接触,因此叶片中的污染物含量最高,导致受污染和危害最严重的部位也通常是叶片。例如,受酸雨影响的地区,叶片的污染损害往往用肉眼即可看到。

此外,污染物的渗透能力与富集部位有关,影响污染物在植物体内的分布,此性能在农作物污染监测中发挥了重要作用。例如,渗透能力强的农药多富集在果肉、米粒中,渗透能力弱的农药多富集在果皮、米糠中,因此选择合适的作物部位监测不同类别农药残留量,才能正确反映食品安全状况。

(二) 污染物在动物体内的分布与迁移

污染物在动物体内的分布和迁移包括吸收、分布和排泄三个过程。

1. 吸收

吸收是指污染物通过饮食、呼吸、体表等多种途径进入动物体内,经血液循环分布至各组织器官,对动物产生危害的过程。动物的消化道、呼吸道和皮肤是主要的吸收机体。

2. 分布

分布是指污染物进入动物体后经由血液进入各组织器官,并与组织器官结合或从组织器官返回血液的反复过程。污染物通过与血红蛋白结合随血液循环分布至各组织器官,因此在动物体内的分布与血液流量丰富程度有关,一般先分布在血流丰富的器官,例如肝脏、肾脏等,然后再转移到血液流量较少的器官。此外,污染物在动物体内转移是个复杂过程,须经过细胞膜进入细胞才会对器官产生危害,因此分布具有一定的选择性,多呈不均匀分布。

根据污染物性质和在动物体内的分布规律，分布形式分为均匀分布型、水解后分布型、骨骼亲和型、特定器官亲和型、脂溶型(表 6-1)。各类型往往不是单独存在的，而是彼此交叉存在，例如铅属于骨骼亲和型污染物，当铅进入动物体 1 个月后，90%分布于骨骼中，但刚进入生物体时，却有 50%分布于肝脏中。

表 6-1　污染物在动物体内的分布规律和特点

分布类型	污染物特点	分布组织和器官	代表污染物
均匀分布型	溶于体液	均匀分布于各组织	钾、钠、锂、氟、氯、溴
水解后分布型	水解后形成胶体	肝脏、其他网状内皮系统	镧、锑、钍等三价或四价阳离子
骨骼亲和型	与骨骼亲和性强	骨骼	铅、钙、钡、镭等二价阳离子
特定器官亲和型	对某一器官亲和性强	特定器官	碘(甲状腺中)、甲基汞(脑中)
脂溶型	脂溶型	脂肪	有机氯化物、甲苯

3. 排泄

排泄是污染物及代谢物质向动物体外转移的过程，主要的排泄器官为肝脏和肾脏，肠、肺和外分泌腺体等也具有一定的排泄功能。污染物进入动物体后，大部分要经过酶代谢作用，转化为不同形态和性质的化合物，其毒性可能弱于原来污染物，也可能更强。

三、生物样品的采集与制备

污染物在生物体内往往分布不均匀，样品采集部位的代表性、准确性和对样品的正确处理都会对监测结果带来影响，因此正确采集和处理样品是生物污染监测的重要环节。

(一) 植物样品的采集与制备

植物样品的采集要依据代表性、典型性和适时性的原则。所采集的样品要能代表一定范围的污染情况或者能反映监测目的，要在综合考虑污染源分布、污染类型、植物特征等多因素基础上，合理选择采样地点、采样方法和植物株体。一般采集混合样，以 10～20 株植物混合为一个样品，大型果实以 5～10 株混合为一个样品，不能只采单株样品；采集的部位要能满足监测目的，能够反映通过监测要了解的污染状况，不能随意将不同部位样品混合。此外，要根据监测目的选择植物生长的适当时期进行采样，例如农药施用前后。

1. 采样点布设

首先开展现场调查和资料收集、分析，结合监测目的确定并划分采样小区，然后采用梅花布点法或交叉间隔布点法确定代表性植株(图 6-4)，避开住宅、路旁、沟渠、粪堆附近。

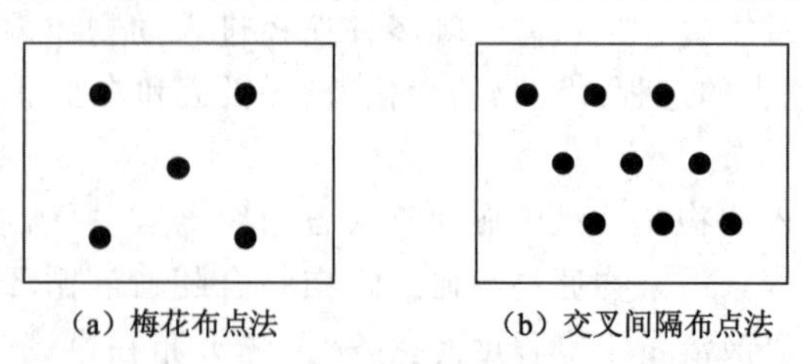

(a) 梅花布点法　　(b) 交叉间隔布点法

图 6-4　植物采样布点方法

2. 样品采集与保存

要在晴朗无风时采样，雨后不宜采样。植株选择要避开病虫害、枯死株等特殊株体，一般不采集田埂、地边及距离田埂地边 2 m 以内植株。不同部位的样品要分类采集、分别制备混合样品封装保存，也可以整株采集后带回实验室分离不同部位。水生植物采全株，采集根部样品时要尽量保持根部完整，清除泥土并不能损伤根毛。

样品采集后要立即封装入袋，防止水分损失，贴好标签，记录编号、采样地点、植物种类、分析项目等。新鲜样品测定要尽快分析，当天不能完成分析的要放入冰箱保存。测定干样品需将新鲜样品放置在干燥通风处晾干或在 40～60 ℃鼓风干燥箱中烘干。

采样量要能满足分析需要，一般为待测试样量的 3～5 倍。

3. 样品制备

新鲜样品制备：首先用干净纱布轻轻擦去样品表面的泥土、杂质等，也可以用清水、去离子水洗净、晾干；然后用组织捣碎机捣碎混匀成混合样，对于根、茎、叶片等含纤维较多不易捣碎的部位，可剪碎混匀研磨成混合样。

干样品制备：首先采用风干或烘干进行初步干燥；然后去除初干样品的灰尘、杂物等，用磨碎机磨碎，带皮样品先去皮再磨碎；最后将样品过筛，使样品全部通过 40～60 网目尼龙塑料筛，混匀成混合样，保存于磨口玻璃广口瓶或聚乙烯广口瓶中。一个干样至少 20～50 g。

(二) 动物样品的采集与制备

污染物进入动物体内后，随着血液循环和淋巴系统可分布全身各组织器官。因此，动物的血液、尿液、粪便、毛发、指甲、骨骼、组织和脏器等均可作为监测样品。

1. 血液

动物血液中污染物浓度可反映近期接触污染物的水平，与吸收量正相关。一般采集静脉血、耳垂血或指血 10 mL，冷藏备用，主要用来监测铅、汞等重金属或氟化物、酚等。

2. 尿液

早晨尿液中的排泄物浓度较高，可一次收集，也可收集 8 h 或 24 h 尿样，测定结果表征收集时间内尿液中污染物的平均含量。尿液收集方便，在动物污染监测中应用广泛。

3. 毛发和指甲

人发样品一般采 2～5 g，男性采集枕部发，女性原则上采集短发。采样后，用中性洗涤剂洗涤，去离子水冲洗，再用乙醚或丙酮洗净，室温下充分晾干后保存备用，主要用来检测汞、砷等重金属。指甲剪取后，先用热碱水洗去污垢，再用温水洗净，干燥备用。

4. 组织和脏器

组织和脏器取样操作要小心，防止破损。检验较大个体动物受污染情况时，可在躯干的各部位切取肌肉片制成混合样。肝、肾、心、肺等最好能取整个组织，否则要先确定采样部位。采样时，先剥取被膜，再取纤维组织丰富的部位作为样品。采集组织和脏器样品后，捣碎、混匀，制成浆状鲜样备用。

5. 水生生物

水生生物样品监测主要从对人体的直接影响考虑，一般只取水产品可食部位进行监测。鱼类先按种类和大小分类，大鱼一般取 3～5 条，小鱼取 10～30 条。样品选取后先去除杂物、洗净，去除非食用组织，然后取每条鱼的厚肉、虾肉、毛虾的整虾、贝肉制成混合样，切碎、混匀，或用组织捣碎机捣碎成糊状，立即分析或用样品瓶置于冰箱内备用。

(三) 样品预处理

生物样品预处理是指在污染物测定前对样品进行分解,对待测污染物进行富集和分离,或对干扰组分进行挥发掩蔽的过程,主要包括消解、灰化、提取、分离和浓缩。

1. 消解

消解法又称为湿法消解、湿法氧化或消化法,常用的消解体系有硝酸-高氯酸、硝酸-硫酸、硫酸-高锰酸钾、硝酸-矿酸-五氧化二钒等。消解时,将生物样品与强酸共煮,生物体的有机物分解成 CO_2 和 H_2O 除去。高锰酸钾或五氧化二钒等可加快氧化速度,例如测定生物体中的汞时,加入五氧化二钒后反应温度可达 190 ℃,能破坏甲基汞,使汞全转化为无机汞。

2. 灰化

灰化法又称燃烧法或高温分解法。灰化温度一般为 450～550 ℃,一般不用来测定挥发性组分样品。对于易挥发组分,一般采用低温灰化技术,例如汞、砷等,可用氧瓶燃烧法。根据待测组分不同,可选用不同材料的坩埚和温度。样品灰化完全后,用酸或水提取供测。

3. 提取、分离和浓缩

提取法的目的是提取生物体中农药、石油烃、酚等待测的有机组分,但也可能把其他干扰组分同时提取出来。例如,用石油醚提取有磷农药时,会将脂肪一同提取出来。因此,在测定前须用分离法分离杂质,即净化;若提取的待测组分浓度低于分析方法的最低检测浓度,须用浓缩法提高组分浓度。常用的提取方法有振荡浸取法、组织捣碎提取法、直接球磨提取法、索氏提取器[图 6-5(a)]提取法等;分离法有萃取法、色谱法、低温冷冻法、层析法、磺化法、皂化法等;浓缩法包括常压蒸馏法、减压蒸馏法、蒸发法、K-D 提取器[图 6-5(b)]浓缩法等。

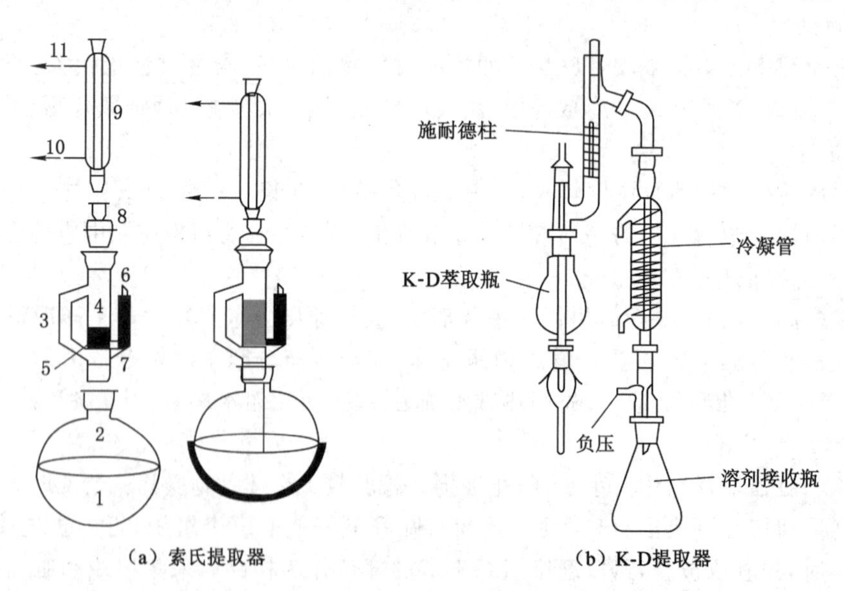

(a) 索氏提取器　　(b) K-D提取器

1—搅拌子;2—烧瓶;3—蒸汽路径;4—套管;5—样品包;6—虹吸管;7—虹吸管出口;
8—转接头;9—冷凝管;10—冷凝管入水口;11—冷凝管出水口。

图 6-5　索式提取器和 K-D 浓缩器

四、生物体中污染物的测定

生物体中污染物的测定方法与水体、土壤中污染物的测定方法相似,先通过样品预处理，将待测污染物处理为溶液后进行测定。但是，由于生物体中污染物含量一般较低，测定设备的灵敏度、检出限要求较高，通常需选用灵敏高的现代分析仪器进行痕量或超痕量分析。常用的分析方法包括光谱分析法、色谱分析法、电化学分析法、放射分析法和联合检测技术等（表 6-2）。我国 GB/T 5009 系列标准规定了食品中铅、铜、锌、铬、锡、汞、氟、有机农药残留等无机元素和有机污染物的具体测定技术要求。

表 6-2　生物体中污染物的测定方法

方　法		适用对象
光谱分析法	可见-紫外分光光度法	多种农药、汞、砷、铜、酚类杀虫剂、芳香烃、氟、氰等
	红外分光光度法	有机污染物结构鉴别及定量测定
	原子吸收分光光度法	金属元素
	X 射线荧光光谱分析法	多元素分析，对硫、磷等轻元素效果好
色谱分析法	薄层色谱分析法	分离、显色、检测有机物、农药污染物
	气相色谱分析法	烃类、酚类、苯和硝基苯、有机磷和有机氯农药、多氯联苯
	高效液相色谱分析法	相对分子质量大于 300、高沸点、热稳定性差、强极性污染物
电化学分析法	示波极谱法、阳极溶出伏安法	有机农药、重金属
联合检测技术	GC-MS、LC-MS	痕量污染物定性或定量测定

第三节　环境污染生物监测

生物监测是环境污染监测的主要技术手段之一。按监测的环境介质分为水环境污染生物监测、大气环境污染生物监测、土壤环境污染生物监测等；按监测生物种类分为动物监测、植物监测和微生物监测等；按分析方法分为实验室内测试和现场调查。

一、水环境污染生物监测

水环境污染生物监测是通过分析水生生物种类、数量和性状特征等来评估水环境污染程度和水质状况的。常用的监测方法有水生生物群落监测法、细菌指标检验法、急性生物毒性测试法等。

不同水体环境监测指标不同。河流必测底栖动物和大肠菌群，选测周丛生物和浮游植物；湖泊必测叶绿素 a 含量、浮游植物、大肠菌群，选测底栖动物；城市水体在鱼类、溞类、藻类、发光细菌和微型生物群落级的五类毒性试验中选测一种；近岸海域必测浮游植物、大型浮游动物、大肠菌群、细菌总数、底栖动物（底内生物）和叶绿素 a 含量，选测初级生产力、赤潮生物、底栖动物（底下生物）、中小型浮游动物、大型藻类和鱼类。

（一）水生生物群落监测法

水生生物群落监测法是指利用水中浮游生物、周丛生物、底栖动物等的种类和数量变化反映水体受污染程度的方法，其测定方法主要有指示生物法、污水生物系统法和生物指数法等。

1. 采样要求

在监测区域自然和社会环境调查基础上，依据监测目的和监测对象设置采样断面，尽可能与水环境理化监测断面一致,并考虑水环境整体性布设,要具有代表性、经济性和连续性。

(1) 浮游生物指悬浮于水中、随水流生活的微型生物,包括浮游植物和浮游动物。淡水中浮游植物主要是藻类,浮游动物包括原生动物、轮虫、枝角类和桡足类。常规生物监测,每年采样不少于2次(春秋两季),监测年变化要四季取样。对于河流水体,在水面下0.5 m左右采样;对于湖库,若水深不超过2 m,可仅在0.5 m深处取样;如果水体透明度较低,需在下层加取一样,与表层样品混合;对于水深小于5 m的水体,在0.5 m、1 m、2 m、3 m、4 m处采样并取混合样;对于透明度较高的深水水体,在表层及透明度0.5倍、1倍、1.5倍、2.5倍和3倍处取样并取混合样,作为定量样品。监测垂直分布则不同层分别采样,不混合。采样工具有浮游生物网和采水器,浮游生物网分为定性网和定量网两种类型,采水器有瓶式采水器、有机玻璃采水器和透明度盘等。

(2) 周丛生物指淹水环境下附着生长于各种基质表面的微型生物,包括细菌、真菌、藻类、原生动物、轮虫、鱼卵等。水环境污染生物监测主要指硅藻类。采集于天然基质(水中的石头、木块、动物等)的周丛生物样品一般只进行定性测定,定量测定选用人工基质采样,常用的人工基质有硅藻计、聚酯薄膜、聚氨酯泡沫塑料块(PFU)等。采样时,将人工基质固定于水面下5~15 cm、能接收合适光照、避开急流和旋流处,放置14 d。

(3) 底栖动物指生活在水体底部的淤泥、石块表面或缝隙中或依附在水生植物之间不能通过40网目分样筛的大型无脊椎动物,包括软体动物、水生昆虫、环节动物、大型甲壳类等。浅水区的底栖动物定性采样可用手抄网或用手采样,水较深时常用三角拖网或彼得逊采泥器。样品采集后随即固定保存。定量采样时以每平方米的种类组成和现存量来表征和计算。湖泊、水库和底质非砾石且较松软的河流中采样常用彼得逊采泥器(图6-6),河流或溪流常用人工基质篮式采样器(图6-7),需放置14 d后取出再分拣样品。

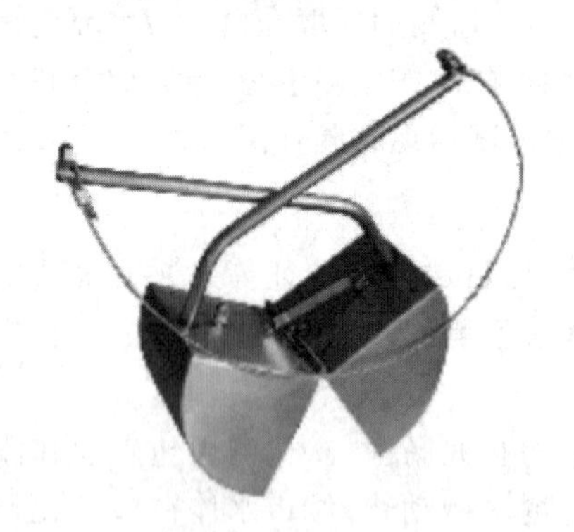

图6-6　彼得逊采泥器

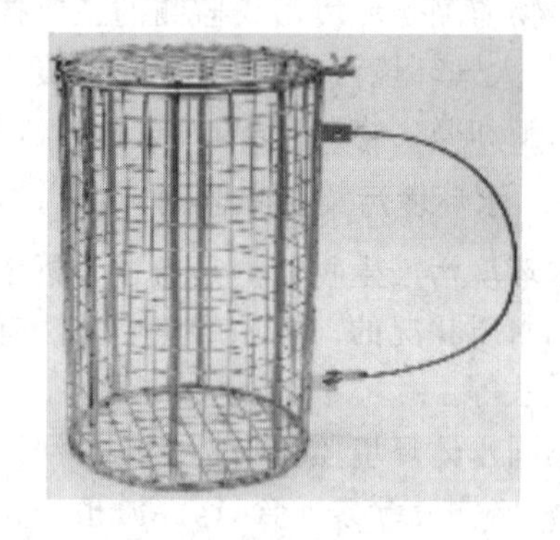

图6-7　人工基质篮式采样器

2. 指示生物法

指示生物是指对水体污染反应敏感的生物,常见的水污染指示生物有浮游生物、周丛生物、底栖动物、水生维管束植物等。不同种类的水生生物对水体污染的适应能力不同,只适于在清洁水中生活的称为清水生物或寡污生物,适于在污水中生活的称为污水生物。

不同污染程度的水体中生存着不同的污水生物。严重污染水体的指示生物有颤蚓类、毛蠓、细长摇蚊幼虫、小口钟虫、绿色裸藻、小颤藻等,颤蚓类是有机污染严重水体中的优势种。中等污染水体的指示生物主要有居栉水虱、瓶螺、被甲根藻、四角盘星藻、环绿藻、脆弱刚毛藻、蜂巢席藻等；清洁水体指示生物有蚊石蚕、扁蜉、蜻蜓、田螺、簇生竹枝藻等。

3. 污水生物系统法

污水生物系统法是由德国植物学家柯尔克维茨(Kolk Witz)和微生物学家马松(Marsson)于20世纪初提出的。这种方法将受有机污染的河流从排污口至下游分成四个污染程度逐渐下降的连续带，即多污带、α-中污带、β-中污带和寡污带，共同构成污水生物系统。

多污带的指示生物主要有浮游球衣细菌、贝氏硫细菌、素衣藻、钟虫、颤蚯蚓、摇蚊幼虫等；α-中污带的指示生物主要有大颤藻、小颤藻、椎尾水轮虫、栉虾等藻类和轮虫类；β-中污带指示生物主要藻类、轮虫类和虫类，例如梭裸藻、腔轮虫、绿草履虫等；寡污带的生物是需氧型生物，种类丰富，细菌类较少，浮游植物、鱼类等大量存在。

4. 生物指数法

生物指数法是一种将生物种类、数量等调查结果运用数学公式计算成生物指数的方法，用以表征生物种群和群落变化，评价水环境质量。包括底栖动物指数、贝克生物指数、硅藻生物指数、Goodnight-Whitley生物指数、生物比重指数、特伦特指数、污染生物指数及多样性指数等。

(1) 底栖动物指数

底栖动物指数(BI指数)是目前美国国家环境保护局(EPA)重点推荐使用的水质生物评价指数之一，20世纪90年代被我国引入并开始使用，其计算公式为：

$$BI = \sum_{i=1}^{N} \frac{V_i \times N_i}{N} \tag{6-1}$$

式中，V_i和N_i分别为第i个分类单元的耐污值和个体数；N为样本总个体数。

耐污值是指生物对污染因子的忍耐力，反映生物对水污染的敏感性，一般以0～10表示，耐污值越高，表明生物耐污能力越强，越低则越敏感。

(2) 贝克生物指数

贝克生物指数是由美国学者Beck于1955年提出的，其计算公式为：

$$I = 2A + B \tag{6-2}$$

式中，A为敏感种类数；B为耐污种类数。

一般I值范围为0～40，0表示重污染区，1～10为中污染区，大于10为清洁区。

1974年日本学者津田松苗修改了贝克生物指数，提出贝克-津田指数。该指数不限于在采集点采集，而是在拟评价或监测的河段把各种底栖大型无脊椎动物尽量采到，再用贝克生物指数公式计算，结果判定见表6-3。

表6-3　水体污染的贝克-津田指数判定标准

污染程度	清洁水域	轻度污染水域	中度污染	严重污染
指数范围	$I \geq 20$	$10 < I < 20$	$6 < I \leq 10$	$0 < I \leq 6$

(3) 多样性指数

多样性指数是从种类数量和分布角度反映群落结构特征的方法，常用的指数有Margalef指数、Shannon-Weiner指数和Simposon指数等。其计算公式为：

$$M = \frac{S - 1}{\ln N} \tag{6-3}$$

$$H = -\sum_{i=1}^{S}(n_i/N)\log_2(n_i/N) \tag{6-4}$$

$$P = \frac{N(N-1)}{\sum_{i=1}^{S} n_i(n_i-1)} \tag{6-5}$$

式中,M 为 Margalef 指数;H 为 Shannon-Weiner 指数;P 为 Simpson 指数(又称组合多样性指数);S 为样品中生物种类数;N 为样品中生物总个体数;n_i 为第 i 种生物个体数。结果判定见表 6-4。

表 6-4 不同污染水体的多样性指数范围

指数	清洁水体	轻度污染	中度污染	严重污染
Margalef 指数	>5	4~5	3~4	<3
Shannon-Weiner 指数	>3	2~3	1~2	<1
Simposon 指数	>6	3~6	2~3	<2

5. PFU 微生物型生物群落监测法(PFU 法)

PFU 法由美国学者 Caims 于 1969 年提出,该方法是通过将聚氨酯泡沫塑料块(polyurethane foam unit,PFU)放入水中一定时间,观察和测定附着在 PFU 上的微生物来反映群落结构和功能的。

监测时,将 PFU 置于水下 0.5 m 左右处,常规监测不少于 1 d,水质评价采集暴露 1 d、3 d、7 d、11 d、15 d、21 d、28 d 样品,静水和流水分别在 28 d 和 15 d 结束。取出后将水挤入烧杯中,固定、过滤、沉淀后定容测定。定性测定选用活体观察法,定量测定采用长条计数法。PFU 法还可用于水体污染毒性测试。我国标准《水质 微型生物群落监测 PFU 法》(GB/T 12990—91)对 PFU 法的测定过程和毒性试验技术要求做了具体规定,可参考学习。

(二) 叶绿素 a 含量的测定

叶绿素 a 含量的测定是研究水体富营养化的有效方法,其采样点和采样时间要求同"浮游生物"。水样采集后需放在荫凉处,应立即预处理,否则要低温(0~4 ℃)避光保存,每升水样加 1%碳酸镁悬浊液 1 mL 防止色素溶解。冰冻(−20 ℃)下最多保存 30 d。常用的测定方法有分光光度法、高效液相色谱法和荧光光谱法。

分光光度法:采用过滤法富集水样中的浮游植物,用丙酮或乙醇提取叶绿素 a,于 663 nm波长处测定吸光度,根据吸光度与叶绿素 a 浓度间的线性关系测定叶绿素 a 浓度。叶绿素 b、叶绿素 c 和提取液浊度的干扰在波长 645 nm、630 nm 和 750 nm 处修订去除。其计算公式为:

$$c = \frac{[11.64 \times (D_{663} - D_{750}) - 2.16 \times (D_{645} - D_{750}) + 0.10 \times (D_{630} - D_{750})] \times V_1}{V \times \delta} \tag{6-6}$$

式中,c 为叶绿素 a 浓度,mg/m^3;D 为各波长处的吸光度;V 为水样体积,L;V_1 为提取液定容后体积,mL;δ 为比色皿光程,cm。

(三) 细菌指标检验法

水中的细菌总数与水污染具有一定关系。因此,实际水体污染分析中常检查细菌总数,细菌总数越多，污染越严重。

1. 采样

样品采集需按无菌操作保证样品不受污染，采样瓶使用前要洗涤和灭菌，采样时无须用水样冲洗采样瓶。采集江河、湖泊、水库样品时，采样瓶带塞沉入水面下 10～15 cm 处，拔塞，瓶口朝水流方向采集。采集一定深度水样时，可采用单层采水器（图 6-8）或多层采水器（图 6-9）。采集的水样尽快进行实验室细菌检验，从采样到检验之间不宜超过 2 h，10 ℃以下保存不超过 6 h。

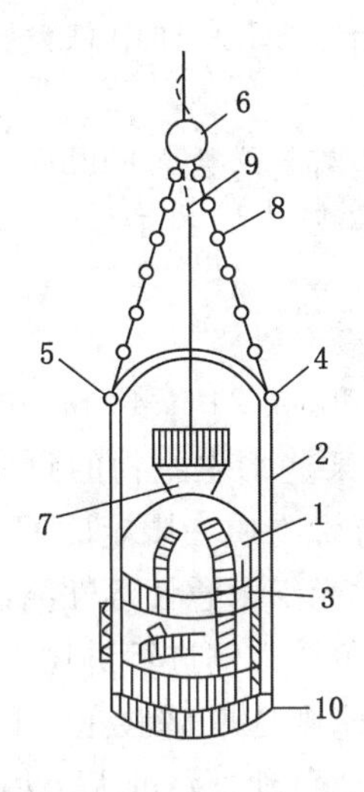

1—水样瓶；2，3—采水器架；4，5—控制平衡挂钩；
6—固定绳子挂钩；7—瓶塞；8—采水器绳；
9—拔掉瓶塞软绳；10—铅垂。

图 6-8　单层采水器

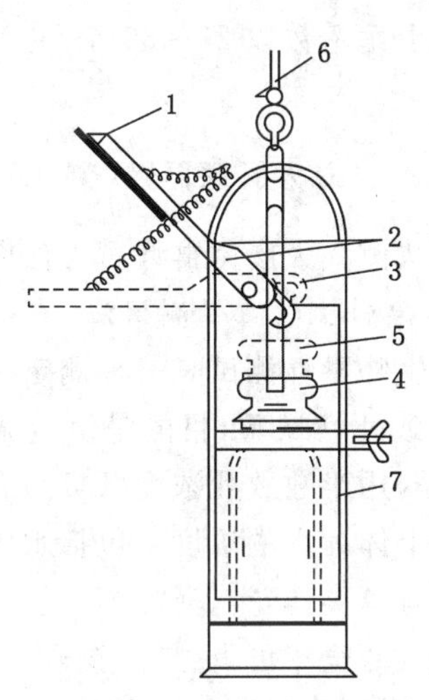

1—叶片；2，3—杠杆；
4，5—玻璃塞；6—悬挂绳；
7—金属架。

图 6-9　多层采水器

2. 指标测定

常用指标包括细菌总数、总大肠菌群、粪大肠菌群、粪链球菌、沙门氏菌等（表 6-5）。

表 6-5　水体污染细菌指标测定方法

指　　标	指标含义	测定方法
细菌总数	1 mL 水样在营养琼脂中于 37 ℃培养 48 h 所生长的细菌菌落总数，反映水体被有机物污染的程度	平皿菌落计数法
总大肠菌群	37 ℃培养 24 h 能发酵乳糖产酸产气的、需氧及兼性厌氧革兰氏阴性无芽孢杆菌	多管发酵法、滤膜法、延迟培养法
粪大肠菌群	44.5 ℃下能生长并发酵乳糖产酸产气的大肠菌群	
粪链球菌	人和温血动物的粪便中的链球菌	多管发酵法、滤膜法、倾注平板培养法
沙门氏菌	人、畜患者或带菌者粪便排出的致病菌	滤膜法浓缩后，培养和平板分离测定

3. 计数与结果分析

(1) 细菌总数

以无片状菌落的平皿进行计数，或当片状菌落不足半皿、另一半均匀分布时，可以对均匀分布的半皿进行计数，然后将计数结果乘以2。当菌落数小于100时，按实际报告；当菌落数大于100时，采用两位有效数字，按10的指数表示，例如4.2×10^3个/mL。

1 mL水中，细菌总数为10～100个为极清洁水体；100～1 000个为清洁水体；1 000～10 000个为不太清洁水体；10 000～100 000个为不清洁水体；大于100 000个为极不清洁水体。

(2) 总大肠菌群(滤膜法)

滤膜上菌落数以20～60个/片为宜，根据过滤水样量计算1 L水样中总大肠菌群数，其公式为：

$$总大肠菌群数(个/L)=\frac{滤膜上生长的大肠杆菌菌落数\times 1\,000}{过滤水样量(mL)} \tag{6-7}$$

滤膜法测粪大肠菌群计算方法同式(6-7)。

(四) 急性生物毒性测试法

急性生物毒性测试是一种测定某种有毒物质在不同浓度、在24 h、48 h、96 h期间对受体生物的致死性试验，目的是测定某种化学物质或废水对某些水生生物的致死浓度范围。毒性的强弱用半数致死浓度(LC_{50})表示，即该化学物质或有毒物质在限定时间内使50%的受体生物个体死亡的浓度。包括水生生物急性毒性试验、发光细菌急性毒性测试等，常用的水生生物有鱼类、藻类、溞类等，鱼类应用较为广泛，本节以鱼类为例进行讲述。

一般按照全年可得、易于饲养、试验方便、健康稳定等原则选取试验鱼，可选一种或多种，金鱼、斑马鱼、剑尾鱼等常用，也可选择具有代表性的当地鱼种。鱼的大小尽量一致。试验前，试验鱼需在实验室驯养至少12 d，临试前在与试验条件相似环境中驯养7 d。

试验方法有静水试验、换水试验和流水试验。静水试验全过程不换水，换水试验一般24 h换3次水，流水试验测定BOD高负荷或不稳定或挥发性污染物水样，试验时间为96 h。

测定结果用LC_{50}值及95%可信限表示。LC_{50}需明确暴露时间，计算方法包括直线内插法、概率单位目测法和直线回归法等。直线内插法最常用，即在半对数坐标纸上，以对数坐标轴表示浓度，以算术坐标轴表示死亡率绘制试验结果。选取大于50%死亡率和小于50%中最接近50%死亡率的各1点，用直线连接。直线与50%死亡率的交点对应的浓度值即为LC_{50}值(图6-10)，$LC_{50}<1$时，为极高毒；1～10为高毒；10～100为中毒；>100为低毒。该

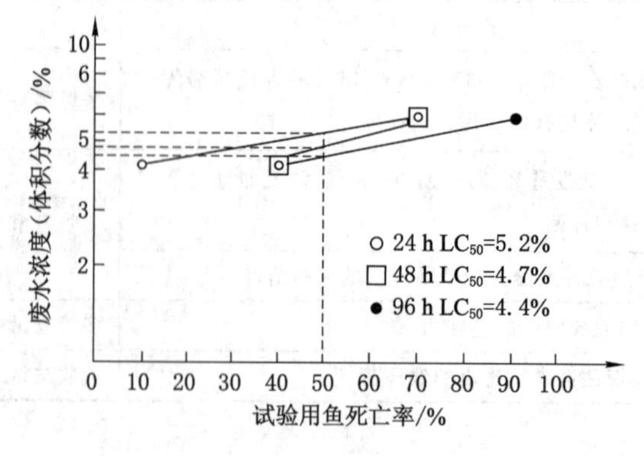

图6-10 直线内插法求LC_{50}

方法简便，但无法求得95%可信限。如果试验数据不适于计算LC_{50}，可用不引起死亡的最高浓度和引起100%死亡的最低浓度估算LC_{50}的近似值，即这两个浓度的几何平均值。

二、大气环境污染生物监测

生物对大气环境中某些污染物很敏感，可以作为监测生物。由于大气中没有固定的微生物种群，动物管理比较复杂，因此微生物和动物在大气环境污染监测中应用受到限制，一般多用植物作为监测生物。植物受大气污染后往往受害症状比较明显，且因其敏感性往往能较早发现污染情况，例如当大气中乙醛浓度超过0.39 mg/m^{3}时，矮牵牛2 h就会出现可见的受害症状。植物受到不同污染物影响会表现不同症状，因此能检测出污染物种类，找出污染源，而且通过植物对污染物的累积作用可监测污染物长时间的慢性影响，因此植物不仅能直接反映大气环境污染，还能反映一个地区的污染历史及对生态系统的影响。此外，植物种类多，成本低，监测方法简便，可结合绿化一同进行。本节主要讲述大气环境污染植物监测法。

（一）污染症状监测法

植物对大气污染具有一定的抗性，不同植物的抵抗力不同，同一植物对不同污染物的抵抗力也不同。例如棉花对HF抗性很强，但对SO_2很敏感，而唐菖蒲却对HF很敏感。因此常通过观测不同植物的受害症状监测大气污染。监测前一般先调查周边污染源排放和气候情况，然后从叶子受害症状、植物受害方式和叶片污染物含量等判定是否源于大气污染。

1. 植物的受害症状

一般当大气中出现SO_2、NO_2、Cl_2、HCl、HF、H_2S、NH_3、O_3、乙烯等污染时，植物比较容易出现受害症状，最直接的表征是叶片出现变色、脱水、斑点、坏死等症状，甚至全株枯死。植物对不同污染物的表征不同，常见污染物产生的叶片症状见表6-6。

表6-6　大气污染的叶片受害症状

污染物	叶片受害症状
SO_2	初期稍微失去膨压和原有光泽，出现暗绿色水渍状斑点，叶面微有水渗出、起皱；逐渐呈现灰绿色失绿斑，并呈现坏死斑，以灰白色、象牙色、灰黄色、淡灰色等浅色为主，也有黄褐色、红棕色、深褐色、黑色；阔叶植物叶脉间有不规则坏死斑，严重时呈条状、块斑，与健康组织界限明显；单子叶植物平行叶脉间呈现斑点状或条状坏死区；针叶植物从针尖逐渐向下发展，呈红棕色或褐色
HF	叶尖和叶缘坏死，伤区和非伤区间有红色或褐色界限，伴有失绿或过早脱落。针叶植物从当年生针叶的针尖起向下逐渐由绿色变为黄色、赤褐色，至枯焦脱落
O_3	初期叶片均匀分布大小形状规则的银灰色或褐色点细密状斑，逐渐脱色呈黄褐色或白色并连片成块斑，慢慢叶片退绿或脱落。针叶植物针尖变红、褐色，再退为灰色，针叶出现孤立黄斑或斑迹
NH_3	脉间呈现点状或块状伤斑，中龄叶片最敏感，整个叶片变暗绿色至褐色、黑色

2. 污染程度判定

根据叶片受害面积，污染程度一般分为五级。叶片无明显伤害症状为无污染，受害面积25%以下为轻度污染、25%～50%为中度污染、50%～75%为重度污染、75%以上为严重污染。可选择一种分布普遍的敏感植物，选择两种或两种以上时需对结果进行处理，公式为：

$$S=\frac{1}{n}\sum_{i=1}^{n}S_i \tag{6-8}$$

式中，S、S_i 为判断污染程度的标准叶面积和叶片受害面积；n 为选择的植物种类数。

（二）指示植物监测法

指示植物是指受污染后能敏感、快速产生明显受害症状的植物，一般为当地常见且分布广、生长期长的植物。筛选方法有野外现场调查法、盆栽试验法、人工熏气法和叶片浸蘸法等。常见大气污染指示植物如表 6-7 所示。

表 6-7　常见大气污染指示植物

污染物	指示植物
SO_2	紫花苜蓿、一年生早熟禾、芥菜、百日草、大麦、荞麦、南瓜、白杨、白桦树、苔藓、地衣
HF	唐菖蒲最敏感，还有金荞麦、玉米、葡萄、郁金香、金线草、杏树、雪松、云杉、慈竹
NO_2	烟草、番茄、秋海棠、向日葵、菠菜
O_3	矮牵牛花、菜豆、洋葱、烟草、菠菜、马铃薯、葡萄、黄瓜、松树、美国白蜡树
NH_3	向日葵、悬铃木、枫杨、女贞
PAN	一年生早熟禾、长叶莴苣、瑞士甜菜、番茄、芹菜、大丽花
Cl_2	荞麦、向日葵、萝卜、曼陀罗、百日草、郁金香、海棠、落叶松、油松、枫杨

1. 植物群落监测法

监测前，先通过调查和试验确定群落中不同种植物对污染物的抗性等级，分为敏感、中等和抗性强三类。如果敏感植物叶部出现受害症状，表明空气轻度污染；如果抗性中等的植物出现部分受害症状，表明空气中度污染；当抗性中等植物出现明显受害症状，有些抗性强的植物也出现部分受害症状时，表明空气严重污染。根据植物呈现受害症状的特征、程度和受害面积比例等判断主要污染物和污染程度。

2. 栽培指示植物监测法

该方法先将指示植物在没有污染的环境中盆栽或地栽培植，待生长到适宜大小时，移至监测点，观察受害症状和程度。例如，用唐菖蒲监测空气中的氟化物，先在非污染区将其球茎栽培在花盆中，长出 3～4 片叶后移至污染区，放在污染源主导风向下风侧不同距离，并定期观察受害情况，根据不同距离处植物受害程度判定污染程度和污染范围。该方法也可结合工厂绿化来施行，例如可以在工厂周围栽植雪松，若发现春季针叶发黄、枯焦，说明工厂周围可能出现 SO_2 或 HF 污染。

（三）其他监测方法

大气环境污染的其他生物监测方法还有地衣、苔藓监测法，树木年轮监测法，污染物含量监测法等，实际上地衣、苔藓监测法和树木年轮监测法也属于指示植物监测法范畴。早在 20 世纪 50 年代，地衣和苔藓就已用来监测大气中 SO_2 和 HF 污染。利用树木年轮的宽度可以反映长时间的大气污染过程，还可以采用原子吸收法或溶出伏安法测定年轮中的重金属，推测一个地区的重金属污染历史。通过测定植物叶片污染物的含量，可以直接、准确地判断大气污染状况，包括污染物的种类、范围和程度。

三、土壤环境污染生物监测

土壤是动物和微生物的重要生存环境，也是植物生长的根本。土壤受到污染后，特别是重金属、农药污染等，会对动物和微生物的数量、组成和功能产生影响，植物也往往表现出明显的受害特征，因此，可以利用对土壤污染敏感的指示生物的变化特征监测土壤污染。

（一）指示生物和受污染表现

对土壤污染敏感的植物以草本科、蕨类和地衣等为主，例如，大小蕨、黄花草、酸模、长叶车前、紫云英、蜈蚣草、碱蓬等可指示重金属污染或酸碱性土壤，柏木可作为石灰性土壤的指示生物。土壤受到污染后，植物可呈现出叶片斑痕、生理代谢异常、生长受到抑制等现象，例如农药污染会使植物叶片出现烧伤斑点，严重时叶片脱落，甚至减少开花和果实量。

土壤中的原生动物、线性动物、软体动物、环节动物和节肢动物等都对土壤污染变化较为敏感，蚯蚓、线虫、甲螨是常见的指示动物。在污染土壤中，一些敏感的指示生物数量或种类会减少甚至消失，耐受型动物得以存活，但呈现出种群数量和结构改变、多样性下降现象。

土壤是微生物的大本营，因此多种微生物都可作为土壤污染的指示生物，例如大肠菌群、真菌和放线菌、腐生菌、嗜热菌等。

（二）生物样品的采集与制备

土壤生物监测样品采集与制备具体方法可参见本章第二节内容。

第四节　生 态 监 测

一、生态监测方案的制订

生态监测方案是对生态监测工作的总计划，内容主要包括：明确监测对象和范围，确定监测项目或监测内容，制订具体监测技术路线，提出主要生态问题，确定优先监测内容，细化监测指标、方法及频率，规定监测数据分析处理方法，提出质量保证与质量控制要求等。

生态监测方案的制订：提出资源、生态与环境问题；踏勘监测范围，开展监测平台和监测站选址；确定监测内容、方法及设备，生态系统要素及监测指标，监测场地，监测频率及周期；规范监测数据、实验分析数据、统计数据、文字数据、图形及图像数据的检验与修正，控制数据质量与精度；建立数据库，输出信息或数据；编制生态监测项目报表，对提出的生态问题进行统计分析、建立模型、动态模拟、预测预报、评价和规划、制定政策等。

（一）监测指标选取原则

生态监测指标是生态监测的主要内容，指标选取时要充分考虑代表性、综合性、可比性、可获取性等原则。所选取的指标要能够代表监测生态系统的特征、符合监测目的需求，能够综合反映所监测资源、环境和生态各层次的生态环境问题，以结构和功能指标为主，并在当前自然环境、技术能力等条件是可以获取的，同种生态系统不同监测点需按照相同的监测指标体系进行监测，保证监测结果的可比性。此外，可依据监测对象或监测台站的特殊性增加特定指标，宏观生态监测可选定相应的数量指标和强度指标，微观生态监测指标要能反映主要生态过程，包括生态系统的各个部分。

（二）陆地生态系统常用监测指标

陆地生态系统监测主要针对森林生态系统、草原生态系统、农田生态系统、荒漠生态系统等展开，指标包括气象、水文、土壤、植物、动物和微生物6类(表6-8)。

表6-8 陆地生态系统监测项目

要素	常规指标	选择指标
气象	空气温度和湿度、平均风速、最大风向、降雨量、蒸发量、地面温度及浅层地温、日照时数	大气干、湿沉降物及其化学组成和性质，林间 CO_2 浓度
水文	地表径流量、泥沙流失量、径流水化学组成(酸度、碱度、总氮、总磷、总钾、硝态氮、亚硝态氮、农药-农田)、径流水总悬浮物、地下水位、泥沙颗粒组成、泥沙化学成分(有机质、全氮、全磷、全钾、农药和重金属-农田)	附近河流水质、泥沙量及颗粒组成，农田灌水量、入渗量和蒸发量
土壤	有机质、养分含量(全氮、全磷、全钾、水解氮、速效磷、速效钾)、pH值、交换性酸及组成、交换性盐基及组成、阳离子交换量、颗粒组成、团粒结构、容重、含水量	CO_2 释放通量(稻田测 CH_4)，农药残留量，重金属残留量，盐分总量，水田氧化还原电位，化肥和有机肥施用量及化学组成(农田)，元素背景值，生命元素含量，沙丘动态(荒漠)
植物	物种及组成、种群密度、现存生物量、枯死凋落物量、凋落物分解率、地上部分生产量、不同器官的化学组成(粗灰分、氮、磷、钾、钠、有机碳、热量、水分和光能收支)	珍稀植物及其物候特征(森林)，可食部分农药，重金属，硝态氮和亚硝态氮含量(农田)，可食部分粗蛋白、脂肪含量
动物	种类及组成、种群密度、生物量、热值、能量和物质收支、元素分析(灰分，蛋白质、脂肪含量、全磷、钠、钾、钙、镁)	珍稀野生动物数量及动态，动物元素，体内农药、重金属等残留量(农田)
微生物	种类、种群密度、生物量、热值	土壤酶类型，土壤呼吸强度，土壤固氮作用，元素含量与总量

(三) 水生生态系统监测指标和方法

包括淡水生态系统监测和海洋生态系统监测，监测指标包括水文气象、水质、底质、游泳动物、浮游植物、浮游动物、微生物、着生藻类和底栖动物等，各类要素的监测指标见表6-9。

表6-9 水生生态系统监测指标

要素	常规项目	选择项目
水文气象	日照时数，总辐射量，降水量，蒸发量，风速，风向，气温，湿度，气压，云量，云形，云高、可见度	海况(海洋)，入流量和出流量(淡水)，入流和出流水的化学组成(淡水)，水位(淡水)，大气干、湿沉降物量及组成(淡水)
水质	水温，颜色，气味，浊度，透明度，电导率，残渣，氧化还原电位，pH值，矿化度，总氮，亚硝酸盐氮，硝酸盐氮，氨氮，总磷，总有机碳，溶解氧，化学需氧量，生化需氧量，重金属(镉、汞、砷、铬、铜、锌、镍)，农药	油类
底质	氧化还原电位，pH值，粒度，总氮，总磷，有机质，甲基汞，重金属(总汞，砷，铬，铜，锌，镉，铅，镍)，农药	硫化物，化学需氧量，五日生化需氧量
游泳动物	种类及数量，年龄和丰度，现存量，捕捞量和生产力	体内农药、重金属残留量，致死剂量和亚致死剂量，酶活性(p-450酶)

表 6-9(续)

要素	常规项目	选择项目
浮游植物	群落组成,定量分类数量分布(密度),优势种动态,生物量,生产力	体内农药、重金属残留量,酶活性(p-450 酶)
浮游动物	群落组成,定性分类,定量分类数量分布,优势种动态,生物量	体内农药、重金属残留量
微生物	细菌总数,细菌种类,大肠菌群及分类,生化活性	—
着生藻类 底栖生物	定性分类,定量分类,生物量动态,优势种	体内农药、重金属残留量

二、生态系统野外观测

生态系统野外观测是指在生态系统内设置样地和样方,通过直接测量、观察等方法获取观测指标数据的方法,是生态监测的主要方法之一,可直接获得与生态系统相关的气象、水文、土壤、生物、灾害及人类活动等指标,能直接反映生态系统自然条件和人为干扰状况。

(一) 观测程序

生态系统野外观测应遵循规范性、可操作性、先进性和经济与技术可行性的原则。观测过程中,首先根据所观测的生态系统类型,确定观测内容;其次选择样地、布设样方,并构建观测指标体系;然后根据不同的观测内容进行指标测定、采样、记录;最后汇总所有观测数据,填写完成野外观测结果记录表。

(二) 样地选择和样方设置

生态系统野外观测样地要具有代表性和典型性,避开权属不清、变更频繁的地区。尽量在生态系统类型一致的平地或相对均一的缓坡坡面上,至少选择 2 个能够代表观测对象的样地,面积为 1×10^4 m^2。尽量选取已有样地作为固定样地,湿地生态系统野外观测一般依托已有固定样地。在生态系统类型交错复杂区域可适当增加样地数量,类型单一区域可适当减少。

样地内一般设置多个重复样方调查观测指标。样方应能反映生态系统随地形、土壤和人为环境等条件的变化特征。均一地面样地的样方布设,应在区域内进行简单随机抽样代替整体分布;非均一地面样地,应根据样地内空间异质程度分层抽样,要求层内相对均一,并在层内进行局部均匀采样,表达各层的参数。同一样地内重复样方的数量根据观测生态系统类型、气候带、植被类型等不同而定,布设方法见表 6-10。森林生态系统同步需布设不少于 4 个面积不小于 1 m^2 的林下植被调查样方,调查物种、植被高、覆盖度、生物量等指标。

表 6-10　生态系统野外观测样方布设大小与数量

对象	个数	样方大小
森林	≥2	一般:20 m×20 m;灌丛:10 m×10 m
草地	≥9	1 m×1 m
湿地	≥3	森林湿地:20 m×20 m;灌丛湿地:10 m×10 m;草本湿地:1 m×1 m
荒漠	≥3	木本植物:20 m×20 m;草本植物:1 m×1 m

（三）观测指标

各类生态系统根据观测内容设置观测指标(表 6-11)。

表 6-11　生态系统野外观测指标和观测方法

对象	内容	指　　标
森林	基本情况	海拔、地形类型、坡度、坡向、坡位、土壤类型、腐殖质厚度、小气候、径流量
	森林类型	—
	每木检尺	树种、胸径、树高、生物量、冠幅、树龄
	林分指标	起源、优势树种、林龄/平均年龄、平均胸径、平均高、郁闭度、叶面积指数
草地	生物指标	草地优势种、多度、植被覆盖度、群落高度、频度、叶面积指数、生物量
	水文指标	地下水位、草地蒸散量、径流量、坡度、坡长
	土壤指标	采样、有机碳密度、容重、机械组成、pH 值、含水量、有机质含量、全氮
	灾害指标	草原灾害
湿地	类型指标	湿地类型、湿地植被类型
	生物指标	植被覆盖度、叶面积指数、郁闭度、木本/草本生物量、优势种、底栖动物群落特征、水生植被
	水文指标	湿地蒸散量、径流量、水质
	土壤指标	有机碳密度、湿度、底泥的理化性质、渗透性
荒漠	类型指标	荒漠类型、荒漠植被类型
	生物指标	植被覆盖度、叶面积指数、木本/草本生物量、优势种、动物物种数
	土壤指标	有机质含量、pH 值、容重、机械组成、含水量
	气象指标	风速/风向、气温、降水量、蒸发量、光合有效辐射(PAR)

三、生态环境状况评价

生态环境状况评价基于对生态环境遥感监测和地面调查数据，建立指标体系，采用综合指数来表征生态环境的优劣度、稳定度和脆弱度及生态环境整体状态和变化趋势。我国生态环境状况监测与评价按评价范围分为区域评价和专题生态区评价。

（一）评价指标体系

采用生态环境状况指数(ecological index，EI)评价区域生态环境质量状况，指标体系包括区域生物丰贫、植被覆盖高低、水的丰富程度、受胁迫程度、承载的污染物压力以及严重影响人类生活的生态破坏或环境污染事件等 6 个方面。

采用生态功能区生态功能状况指数(ecological index in ecological function area，EFI)评价以提供防风固沙、水土保持、水源涵养、生物多样性维护等生态产品为主体功能的地区的生态质量和生态功能状况，指标体系包括生态状况、环境状况和生态功能调节 3 个方面。

采用城市生态环境状况指数(city ecological index，CEI)评价城市或城市群的生态环境质量状况，指标体系包括环境质量、污染负荷和生态建设 3 个方面。

采用自然保护区生态环境保护状况指数(ecological protect index in natural reserve，NEI)从面积适宜性、外来物种入侵度、生境质量和开发干扰程度 4 个方面综合评价自然保护区生态环境保护状况。

以上 4 个指数的具体指标及权重及计算方法参考标准 HJ 192—2015 规定。

（二）结果评价

根据各综合指数计算结果，区域生态环境状况、生态功能区生态功能、城市生态环境质量、自然保护区生态保护状况均分为优、良、一般、较差和差 5 个等级（表 6-12），综合指数值越高，说明生态环境、生态功能区生态功能、城市生态环境质量或自然保护区生态保护状况越好。

表 6-12　生态环境评价结果分级标准

等级	区域生态环境状况	生态功能区生态功能	城市生态环境质量	自然保护区生态保护状况
优	EI≥75	FEI≥70	CEI≥80	NEI≥75
良	55≤EI<75	60≤FEI<70	70≤CEI<80	55≤NEI<75
一般	35≤EI<55	50≤FEI<60	60≤CEI<70	35≤NEI<55
较差	20≤EI<35	40≤FEI<50	50≤CEI<60	20≤NEI<35
差	EI<20	FEI<40	CEI<50	NEI<20

（三）变化程度评价标准

根据各评价综合指数结果与基准值对比，将变化程度划分为四级，即无明显变化、略微变化、有明显变化和显著变化。各变化程度评价标准见表 6-13。

表 6-13　生态环境变化程度评价标准

变化程度		区域生态环境状况	生态功能区生态功能	城市生态环境质量	自然保护区生态保护状况
无明显变化	标准	|ΔEI|<1	|ΔFEI|<1	|ΔCEI|<1	|ΔNEI|<2
	描述	无明显变化			
略微变化	标准	1≤|ΔEI|<3	1≤|ΔFEI|<2	1≤|ΔCEI|<3	2≤|ΔNEI|<5
	描述	变化值为正值表示略微变好，负值表示略微变差			
有明显变化	标准	3≤|ΔEI|<8	2≤|ΔFEI|<4	3≤|ΔCEI|<8	5≤|ΔNEI|<10
	描述	变化值为正值表示明显变好，负值表示明显变差。生态环境类型改变则为明显变化			
显著变化	标准	|ΔEI|≥8	|ΔFEI|≥4	|ΔCEI|≥8	|ΔNEI|≥10
	描述	变化值为正值表示显著变好，负值表示显著变差			

思　考　题

1. 什么是生物监测？什么是生态监测？简述二者的区别和联系。
2. 目前主要采用的生态监测技术有哪些？举例说明。
3. 生物体受污染的途径有哪些？污染物进入生物体后，一般分布规律是什么？
4. 举例说明污染物是如何通过生物链对人类健康产生危害的。
5. 如何进行生物样品的采集和处理？动物样品的预处理方法有哪些？

6. 某地水生生物群落监测中,共发现5种底栖动物,耐污值分别为4.5、6.0、5.0、9.0、7.5,物种个数分别为8、15、11、20和18个,根据底栖动物指数计算方法和参考评价标准(BI值≤4.2,最清洁;BI值4.2~5.7,清洁;BI值5.7~7.0,轻污染;BI值7.0~8.5,中度污染;BI值>8.5,重污染)判定水体的污染程度。

7. 举例说明植物受大气污染后的表现症状。

8. 生态监测方案的内容包括哪些?一般如何制订生态监测方案?

9. 简述陆地生态系统和水生生态系统的监测要素和主要监测指标。

10. 如何开展森林生态系统野外观测样地选择和样方布设?阐述监测指标和方法。

11. 查阅资料,阐述生态环境状况评价方法,举例说明其应用。

知识拓展阅读

拓展1:生物监测法测定呼和浩特市环境空气中重金属含量。

2020年,内蒙古师范大学的杨娜等科学研究人员基于生物监测法测定呼和浩特市秋季环境空气中的重金属含量,在长期无雨日采集七个样点的槐树树叶,每个采样点采集2株个体的健康成熟叶片作为重复,测定叶表尘吸附量,采用火焰分析法分析叶片的重金属吸附剂量,从而对呼和浩特市区环境空气中重金属含量进行初步推算。结果显示槐树叶片有良好的滞尘能力,并对Cd、Cr、Cu、Mn、Ni、Pb均有所富集,富集量与叶表尘吸附量有关,说明可以运用生物监测法间接得到环境空气中的重金属含量,表征环境空气质量。该成果发表于《中国环境科学学会2021年科学技术年会论文集》中。

拓展2:基于RS与GIS技术的西藏多龙矿集区生态环境监测。

西藏多龙矿集区铜多金属矿产资源丰富,铜储量约2 500万t,位居中国第一。矿集区矿产资源的开发能带来巨大的社会经济效益,但青藏高原地区生态环境承载力有限,矿山开发容易造成生态环境的不可逆破坏。国土资源部成矿作用与资源评价重点实验室联合中国地质大学(北京)基于我国高分二号、美国Landsat 8等遥感影像数据,采用人机交互解译方法提取多龙矿集区有关人类活动、水文、荒漠化、金属氧化物污染及草地覆盖等信息,分析生态环境现状,研究成果可为将来多龙矿集区的绿色开发提供生态环境背景资料和基础数据,并能为今后藏北其他矿床及矿集区的生态与地质环境监测及评价分析提供参考。该研究成果发表在《地质学报》杂志2019年第4期,可参考学习。

第七章　物理性污染监测

本章知识要点

本章重点介绍噪声污染监测含义及评价；声音的特性；核和电磁辐射监测；放射性检测及检测方法；振动污染监测；光和热污染监测及评价指标。

第一节　噪声与振动污染监测

噪声与振动污染也是当代主要的环境污染之一。噪声污染是一种物理性污染，一般情况下它并不致命，且与声源同时产生同时消失，噪声源分布很广，较难集中处理。由于噪声渗透到人们生产和生活的各个领域，且能够直接感觉到它的干扰，不像物质污染那样只有产生后果才受到注意，所以噪声往往是受到抱怨和控告最多的环境污染。振动是噪声产生的原因，机械设备产生的噪声有两种传播方式：一种是以空气为介质向外传播，称为空气声；另一种是声源直接激发固体构件振动，这种振动以弹性波的形式在基础、地板、墙壁中传播，并在传播中向外辐射噪声，称为固体声。振动能传播固体声而造成噪声危害；同时振动本身能破坏机械设备、建筑结构，损伤人的机体。

一、噪声污染监测

(一) 声音和噪声

声音的本质是波动。受作用的空气发生振动，当振动频率在 20～20 000 Hz 范围内作用于人耳的鼓膜时，产生的感觉称为声音。声源可以是固体的振动，也可以是流体(液体和气体)的振动。声音的传播介质有空气、液体和固体，它们分别称为空气声、液体声和固体声。噪声污染监测主要讨论空气声。

人类生活在一个声音的环境中，通过声音进行交谈、表达思想感情以及开展各种活动。但有些声音也会给人类带来危害。例如，震耳欲聋的机器声、呼啸而过的飞机声等，这些人们生活和工作不需要的声音称为噪声，从物理现象判断，一切无规律的或随机的声信号叫噪声；噪声判断还与人们的主观感觉和心理因素有关，即一切不希望存在的干扰声都叫噪声。噪声可能是由自然现象所产生，也可能是由人类活动所产生，它可能是杂乱无章的声音，也可能是和谐的音乐，只要超过了人们生活、生产和社会活动所能容忍的程度都被称为噪声。

所以在某些时候和某些情绪条件下，音乐也可能是噪声。

噪声的主要危害是：损伤听力、干扰人们的睡眠和工作、影响睡眠、诱发疾病、干扰语言交流，强噪声还会影响设备正常运转和损坏建筑结构。噪声会使人听力损失，这种损失是累积性的。在强噪声下工作一天，只要噪声不是过强（120 dB 以上），事后只产生暂时性的听力损失，经过休息可以恢复；但如果长期在强噪声下工作，每天虽可以恢复，经过一段时间后，就会产生永久性的听力损失。过强的噪声还能杀伤人体。

环境噪声的来源有四种：一是交通噪声，包括汽车、火车和飞机等所产生的噪声；二是工厂噪声，如鼓风机、汽轮机、织布机和冲床等所产生的噪声；三是建筑施工噪声，如打桩机、挖土机和混凝土搅拌机等发出的声音；四是社会生活噪声，如高音喇叭、收音机等发出的过强声音。

（二）声音的物理特性和量度

1. 声音的发生、频率、波长和声速

(1) 声音的产生

当物体在空气中振动，使周围空气发生疏、密交替变化并向外传递，且这种振动频率在 20～20 000 Hz 时，人耳可以感觉到，称为可听声，简称声音。频率低于 20 Hz 的声音称为次声，高于 20 000 Hz 的声音称为超声。当它们作用到人的听觉器官时，不引起声音的感觉，所以人类听不到这些声音。

(2) 频率和周期

声源在 1 s 内振动的次数叫频率，记作 f，单位为 Hz。

振动一次所经历的时间叫周期，记作 T，单位为 s。显然，频率和周期互为倒数，即 $T=1/f$。

(3) 波长

沿声波传播方向，振动一个周期所传播的距离，或在波形上相位相同的相邻两点间的距离称作波长，记为 λ，单位为 m。

(4) 声速

1 s 内声波传播的距离叫声波速度，简称声速，记作 c，单位为 m/s。频率、波长和声速三者的关系是：

$$c = f\lambda \tag{7-1}$$

声速与传播声音的介质和温度有关。在空气中，声速(c)和温度(t)的关系可简写为：

$$c = 331.4 + 0.607t \tag{7-2}$$

常温下，声速约为 345 m/s。

2. 声功率、声强和声压

(1) 声功率

声功率(W)是指单位时间内，声波通过垂直于传播方向某指定面积的声能量。在噪声监测中，声功率是指声源总声功率，单位为 W。

(2) 声强

声强(I)是指单位时间内，声波通过垂直于传播方向单位面积的声能量，单位为 W/m^2。

(3) 声压

声压(p)是由于声波的存在而引起的压力增值，单位为 Pa。声波是空气分子有指向、有节律的运动。声波在空气中传播时形成压缩和稀疏交替变化，所以压力增值是正负交替的。但通常讲的声压是取均方根值，叫有效声压，故实际上总是正值，对于球面波和平面波，声压与声强的关系是：

$$I = \frac{p^2}{\rho \cdot c} \tag{7-3}$$

式中　ρ——空气密度，如以标准大气压与 20 ℃时的空气密度和声速代入，得到 $\rho \cdot c = 408$ 国际单位值(Pa·s/m)，也叫瑞利。$\rho \cdot c$ 称为空气对声波的特性阻抗。

3．分贝、声功率级、声强级和声压级

(1) 分贝

人们日常生活中遇到的声音，若以声压值表示，由于变化范围非常大，可以达六个数量级以上，同时由于人的听觉对声信号强弱刺激反应不是线性的，而是呈对数比例关系的，所以采用分贝来表达声学量值。

所谓分贝是指两个相同的物理量(如 A_1 和 A_0)之比取以 10 为底的对数并乘以 10(或 20)。

$$N = 10\lg \frac{A_1}{A_0} \tag{7-4}$$

分贝符号为"dB"，量纲为 1，在噪声测量中是很重要的参量。式中 A_0 是基准量(或参考量)，A_1 是被量度量。被量度量和基准量之比取对数，此对数值称为被量度量的"级"。亦即用对数标度时，所得到的是比值，它代表被量度量比基准量高出多少"级"。

(2) 声功率级

$$L_W = 10\lg \frac{W}{W_0} \tag{7-5}$$

式中　L_W——声功率级，dB；

W——声功率，W；

W_0——基准声功率，10^{-12} W。

(3) 声强级

$$L_I = 10\lg \frac{I}{I_0} \tag{7-6}$$

式中　L_I——声强级，dB；

I——声强，W/m^2；

I_0——基准声强，10^{-12} W/m^2。

(4) 声压级

$$L_p = 10\lg \frac{p^2}{p_0^2} = 20\lg \frac{p}{p_0} \tag{7-7}$$

式中　L_p——声压级，dB；

p——声压，Pa；

p_0——基准声压，2×10^{-5} Pa，是人耳刚能听到的 1 000 Hz 纯音的最低声压。

4．噪声的叠加和相减

(1) 噪声的叠加

两个以上独立声源作用于某一点，产生噪声的叠加。

声能量是可以代数相加的，设两个声源的声功率分别为 W_1 和 W_2，那么总声功率$W_{总}=$

W_1+W_2。而两个声源在某点的声强为 I_1 和 I_2 时，叠加后的总声强 $I_总=I_1+I_2$。但声压不能直接相加。

由于

$$I_1=\frac{p_1^2}{\rho\cdot c}$$

$$I_2=\frac{p_2^2}{\rho\cdot c}$$

故
$$p_总=\sqrt{p_1^2+p_2^2}$$

又
$$(p_1/p_0)^2=10^{L_{p1}/10}$$

$$(p_2/p_0)^2=10^{L_{p2}/10}$$

故总声压级：

$$L_p=10\lg\frac{p_1^2+p_2^2}{p_0^2}=10\lg(10^{L_{p1}/10}+10^{L_{p2}/10}) \tag{7-8}$$

如果 $L_{p1}=L_{p2}$，即两个声源的声压级相等，则总声压级：

$$L_p=L_{p1}+10\lg 2=L_{p1}+3(\text{dB}) \tag{7-9}$$

即作用于某一点的两个声源声压级相等，其合成的总声压级比一个声源的声压级增加 3 dB。当声压级不相等时，按上式计算较麻烦。可以利用图 7-1 查曲线来计算。方法是：设 $L_{p1}>L_{p2}$，以其差值按图查得 ΔL_p，则总声压级 $L_{p总}=L_{p1}+\Delta L_p$。

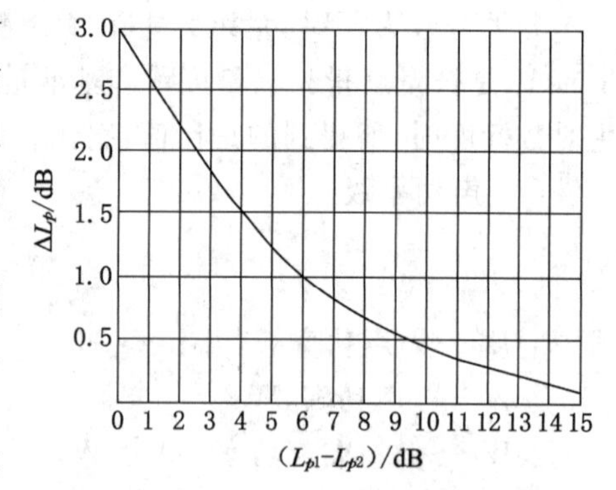

图 7-1　两噪声源的噪声曲线

【例 7-1】 两声源作用于某一点的声压级分别为 $L_{p1}=96$ dB，$L_{p2}=93$ dB，由于 $L_{p1}-L_{p2}=3$ dB，$\Delta L_p=1.8$ dB，因此 $L_{p总}=96+1.8=97.8$ (dB)。

由图可知，两个噪声相加，总声压级不会比其中较大的声压级大 3 dB 以上；而两个声压级相差 10 dB以上时，叠加增量可忽略不计。掌握了两个声源的叠加，就可以推广到多声源的叠加，只需逐次两两叠加即可，而与叠加次序无关。

例如，有 8 个声源作用于一点，声压级分别为 70 dB、70 dB、75 dB、82 dB、90 dB、93 dB、95 dB、100 dB，它们合成的总声压级可以任意次序查图 7-1 的曲线两两叠加而得。任选两种叠加次序如下：

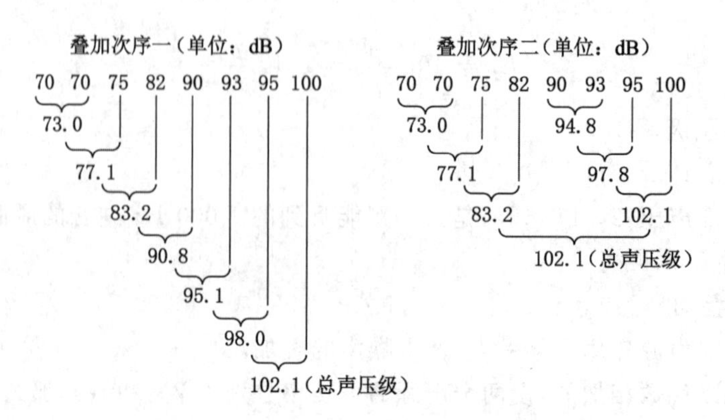

应该指出，根据波的叠加原理，若是两个相同频率的单频声源叠加，会产生干涉现象，即需考虑叠加点各自的相位，不过这种情况在环境噪声中几乎不会遇到。

(2) 噪声的相减

噪声测量中经常碰到如何扣除背景噪声的问题，这就是噪声的相减问题。通常噪声源的声级比背景噪声高，但由于后者的存在使测量读数增高，所以需要减去背景噪声。图 7-2 为背景噪声修正曲线，使用方法见下例。

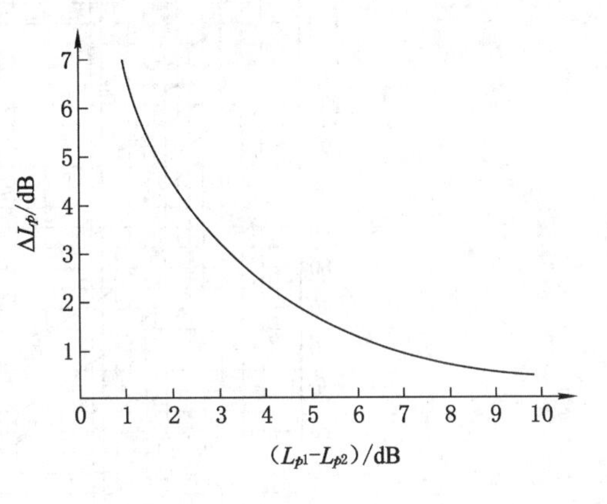

图 7-2　背景噪声修正曲线

【例 7-2】　为测定某车间中一台机器的噪声大小，从声级计上测得声级为 104 dB，当机器停止工作，测得背景噪声为 100 dB，求该机器噪声的实际大小。

解　由题可知 104 dB 是指机器噪声和背景噪声之和(L_p)，而背景噪声是 100 dB (L_{p1})。

$L_p - L_{p1} = 4$ dB，从图 7-2 中可查得相应的 $\Delta L_p = 2.2$ dB，因此该机器的实际噪声级 L_{p2} 为：$L_{p2} = L_p - \Delta L_p = 101.8$ (dB)。

5. 噪声的评价

从噪声的定义可知，噪声包括客观的物理现象(声波)和主观感觉两个方面。但最后判别噪声的是人耳，所以确定噪声的物理量和主观感觉的关系十分重要。不过这种关系相当复杂，因为主观感觉涉及复杂的生理结构和心理因素。这类工作是用统计方法在试验基础上进行研究的。

(1) 响度和响度级

响度(N)：人的听觉与声音的频率有非常密切的关系，一般来说两个声压相等而频率不相同的纯音听起来是不一样响的。响度是人耳判别声音由轻到响的强度等级，它不仅取决于声音的强度(如声压级)，还与它的频率及波形有关。响度的单位叫“宋”(sone)，1 宋的定义是声压级为 40 dB，频率为 1 000 Hz，且来自听者正前方的平面波形的强度。如果另一个声音听起来是这个声音的 n 倍，即声音的响度为 n 宋。

响度级(L_N)：响度级的概念也是建立在两个声音的主观比较上的。定义 1 000 Hz 纯音声压级的分贝值为响度级的数值，任何其他频率的声音，当调节 1 000 Hz 纯音的强度使之与这声音一样响时，则这 1 000 Hz 纯音的声压级分贝值就定为这一声音的响度级值。响度级的单位叫 “方”(phon)。

利用与基准声音比较的方法，可以得到人耳听觉频率范围内一系列响度相等的声压级与频率的关系曲线，即等响曲线(图 7-3)，该曲线为国际标准化组织所采用，所以又称 ISO 等响曲线。

等响曲线中同一曲线上不同频率的声音，听起来感觉一样响，而声压级是不同的。从曲线形状可知，人耳对 1 000～4 000 Hz 的声音最敏感。对低于或高于这一频率范围的声音，灵敏度随频率的降低或升高而下降。例如，一个声压级为 80 dB 的 20 Hz 纯音，它的响度级只有 20 方，因为它与 20 dB 的 1 000 Hz 纯音位于同一条曲线上，同理，与它们一样响的 10 000 Hz纯音声压级为 28 dB。

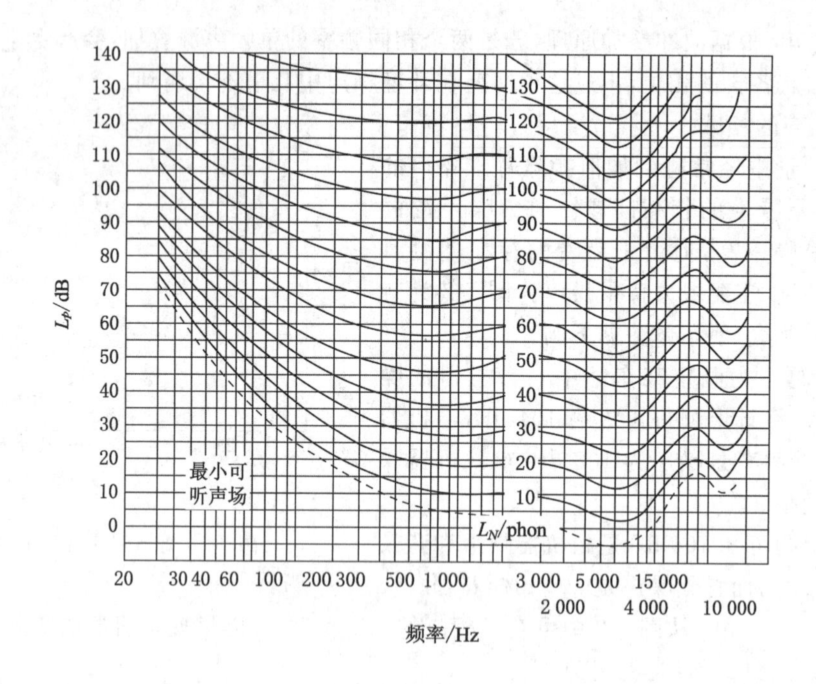

图 7-3　等响曲线

响度与响度级的关系：根据大量试验得到，响度级每改变 10 方，响度加倍或减半。例如，响度级为 30 方时响度为 0.5 宋；响度级为 40 方时响度为 1 宋；响度级为 50 方时响度为 2 宋，依次类推。它们的关系可用下列数学式表示：

$$N = 2^{0.1(L_N-40)} \tag{7-10}$$

$$L_N = 40 + 33\lg N \tag{7-11}$$

(2) 计权声级

上面所讨论的是纯音（或狭频带信号）的声压级和主观感觉之间的关系，但实际上声源所发出的声音几乎都包含很广的频率范围。为了能用仪器直接反映人的主观响度感觉的评价量，有关人员在噪声测量仪器——声级计中设计了一种特殊滤波器，叫计权网络。通过计权网络测得的声压级，已不再是客观物理量的声压级，而叫计权声压级或计权声级，简称声级。常用的有 A、B、C 和 D 声级。

A 声级是模拟人耳对 55 dB 以下低强度噪声的频率特性；B 声级是模拟 55～85 dB 的中等强度噪声的频率特性；C 声级是模拟高强度噪声的频率特性；D 声级是对噪声参量的模拟，专用于飞机噪声的测量。计权网络是一种特殊滤波器，当含有各种频率的声波通过时，它对不同频率成分的衰减是不一样的。A、B、C 计权网络的主要差别在于对低频成分衰减的程度，A 衰减最多，B 其次，C 最少。A、B、C、D 计权网络的特性曲线见图 7-4，其中 A、B、C 三条曲线分别近似于 40 方、70 方和 100 方三条等响曲线的倒转。由于计权网络的特性曲线的频率特性是以 1 000 Hz 为参考计算衰减的，因此以上曲线均重合于 1 000 Hz。后来实践证明，A 声级表征人耳主观听觉较好，故近年来 B 和 C 声级较少应用。A 声级以 L_{pA} 或 L_A 表示，其单位用 dB(A) 表示。

(3) 等效声级、噪声污染级和昼夜等效声级

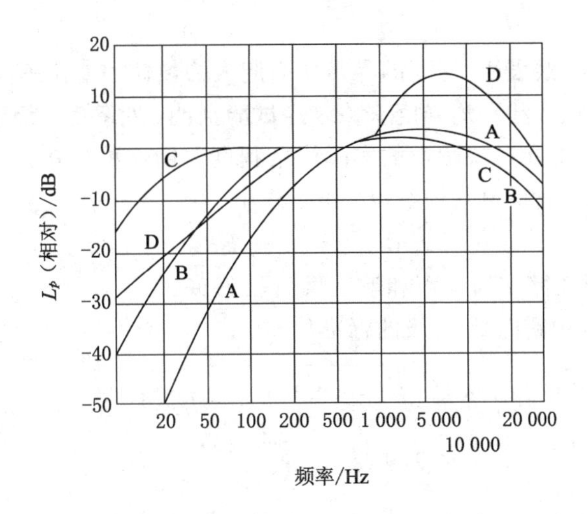

图 7-4　A、B、C、D 计权网络的特性曲线

① 等效声级

A 声级能够较好地反映人耳对噪声的强度与频率的主观感觉，因此对一个连续的稳态噪声，它是一种较好的评价方法，但对一个起伏的或不连续的噪声，A 声级就显得不合适了。例如，交通噪声随车辆流量和种类而变化；又如，一台机器工作时其声级是稳定的，但由于它是间歇性工作，与另一台声级相同但连续工作的机器对人的影响就不一样。因此提出了一个用噪声能量按时间平均的方法来评价噪声对人影响的量，即等效声级，符号为“L_{eq}”或“$L_{Aeq.T}$”。它是用一个相同时间内声能量与之相等的连续稳定的 A 声级来表示该段时间内噪声声级大小的。例如，有两台声级为 85 dB 的机器，第一台连续工作 8 h，第二台间歇工作，其有效工作时间之和为 4 h。显然作用于操作工人的平均声能量前者比后者大一倍，即等效声级大 3 dB。因此，等效声级反映在声级不稳定的情况下，人实际所接受的噪声能量的大小，它是一个用来表达随时间变化的噪声的等效量，其计算方法如下：

$$L_{eq} = 10\lg\left(\frac{1}{T}\int_0^T 10^{0.1L_{pA}dt}\right) \tag{7-12}$$

式中　L_{pA}——某时刻 t 的瞬时 A 声级，dB；

T——规定的测量时间，s。

如果数据符合正态分布，其累积分布在正态概率纸上为一直线，则可用下面近似公式计算：

$$L_{eq} = L_{50} + d^2/60 \qquad d = L_{10} - L_{90} \tag{7-13}$$

式中，L_{10}，L_{50}，L_{90} 表示累积百分声级，其具体定义是：L_{10} 为测定时间内，10%的时间超过的噪声级，相当于噪声的平均峰值；L_{50} 为测量时间内，50%的时间超过的噪声级，相当于噪声的平均值；L_{90} 为测量时间内，90%的时间超过的噪声级，相当于噪声的背景值。

累积百分声级 L_{10}、L_{50} 和 L_{90} 的计算方法有两种：一种是在正态概率纸上画出累积分布曲线，然后从图中求得；另一种简便方法是将测定的一组数据（如 100 个），从大到小排列，第 10 个数据即为 L_{10}，第 50 个数据即为 L_{50}，第 90 个数据即为 L_{90}。目前大多数声级计都有自动计算并显示功能，不需要手工计算。

② 噪声污染级

对非稳态噪声的实践表明，涨落的噪声所引起人的烦恼程度比等能量的稳态噪声要大，并且与噪声暴露的变化率和平均强度有关。经试验证明，在等效声级的基础上加上一项表示噪声变化幅度的量，更能反映噪声的实际污染程度。用这种噪声污染级评价航空或道路的交通噪声比较合适。故噪声污染级（L_{NP}）公式为：

$$L_{NP} = L_{eq} + K\delta \tag{7-14}$$

式中 K——常数，对道路交通噪声和航空噪声取 2.56；

δ——测定过程中瞬时 A 声级的标准偏差。

$$\delta = \sqrt{\frac{1}{n-1}\sum_{i=1}^{n}(\overline{L_{pA}} - L_{pAi})^2} \tag{7-15}$$

式中 L_{pAi}——测得的第 i 个瞬时 A 声级；

$\overline{L_{pA}}$——所测瞬间 A 声级的算术平均值，即 $\overline{L_{pA}} = \frac{1}{n}\sum_{i=1}^{n}L_{pAi}$；

n——测得瞬时 A 声级的总数。

对于许多重要的公共噪声，噪声污染级也可写成：

$$L_{NP} = L_{eq} + d \tag{7-16}$$

或

$$L_{NP} = L_{50} + d^2/60 + d \tag{7-17}$$

式中，$d = L_{10} - L_{90}$。

③ 昼夜等效声级

考虑到夜间噪声具有更大的烦扰程度，故提出一个新的评价指标——昼夜等效声级（也称日夜平均声级），符号为“L_{dn}”。它表达社会噪声昼夜间的变化情况，表达式为：

$$L_{dn} = 10\lg\left[\frac{16 \times 10^{0.1L_d} + 8 \times 10^{0.1(L_n+10)}}{24}\right] \tag{7-18}$$

式中 L_d——昼间等效声级，时间是 6:00—22:00，共 16 h；

L_n——夜间等效声级，时间是 22:00—次日 6:00，共 8 h。

昼间和夜间的时间，可依地区和季节不同而稍有变更。

为了表明夜间噪声对人的烦扰更大，故计算夜间等效声级这一项时应加上 10 dB 的计权。

为了表征噪声的物理量和主观感觉的关系，除了上述评价指标外，还有语言干扰级（SIL）、感觉噪声级（PNL）、交通噪声指数（TNI）和噪声次数指数（NNI）等。

(4) 噪声的频谱分析

一般声源所发出的声音，不会是单一频率的纯音，而是由许许多多不同频率、不同强度的纯音组合而成的。将噪声的强度（声压级）按频率顺序展开，使噪声的强度成为频率的函数，并考查其波形，叫作噪声的频率分析（或频谱分析）。噪声的频谱分析很重要，它能使人们深入了解噪声声源的特性，帮助寻找主要的噪声污染源，并为噪声控制提供依据。

频谱分析的方法是使噪声信号通过一定带宽的滤波器，通带越窄，频率展开越详细；反之通带越宽，频率展开越粗略。以频率为横坐标，相应的强度（如声压级）为纵坐标作图。经过滤波后各通带对应的声压级的包络线（即轮廓）叫噪声频谱。图 7-5 是一次实测的噪声频谱图。

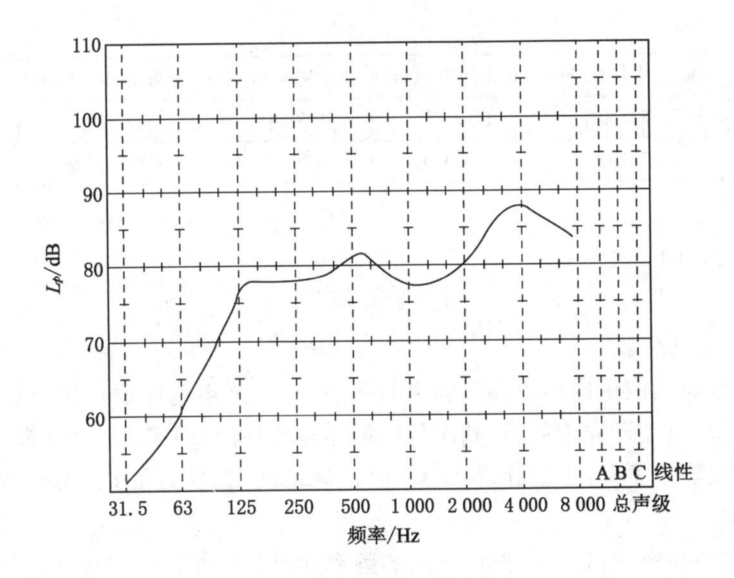

图 7-5　实测的噪声频谱图

滤波器有等带宽滤波器、等百分比带宽滤波器和等比带宽滤波器。等带宽滤波器是指任何频段上的滤波，通带都是固定的频率间隔，即含有相等的频率数；等百分比带宽滤波器具有固定的中心频率百分数间隔，故它所含的频率数随滤波通带的频率升高而增加。例如，等百分比为 3%的滤波器，100 Hz 的通带为(100±3) Hz；1 000 Hz 的通带为(1 000±30) Hz，而 10 000 Hz的通带为(10 000±300) Hz。噪声监测中所用的滤波器是等比带宽滤波器，它是指滤波器的上、下截止频率 f_1 和 f_2 之比以 2 为底的对数为某一常数，常用的有 1 倍频程滤波器和 1/3 倍频程滤波器等。它们的具体定义是：

1 倍频程：

$$\log_2 \frac{f_2}{f_1} = 1 \tag{7-19}$$

1/3 倍频程：

$$\log_2 \frac{f_2}{f_1} = \frac{1}{3} \tag{7-20}$$

n 倍频程的通式为：

$$f_2/f_1 = 2^n \tag{7-21}$$

1 倍频程常简称为倍频程，在音乐上称为一个八度，是最常用的。表 7-1 列出了 1 倍频程滤波器最常用的中心频率值(f_m)以及上、下截止频率。它经国际标准化组织认定并作为各国滤波器产品的标准值。

表 7-1　1 倍频程滤波器常用的中心频率和截止频率

中心频率 f_m/Hz	上截止频率 f_2/Hz	下截止频率 f_1/Hz	中心频率 f_m/Hz	上截止频率 f_2/Hz	下截止频率 f_1/Hz
31.5	44.547 3	22.273 7	1 000	1414.20	707.100
63	89.094 6	44.547 3	2 000	2 828.40	1 414.20
125	176.775	88.387 5	4 000	5 656.80	2 828.40

表 7-1(续)

中心频率 f_m/Hz	上截止频率 f_2/Hz	下截止频率 f_1/Hz	中心频率 f_m/Hz	上截止频率 f_2/Hz	下截止频率 f_1/Hz
250	353.550	176.775	8 000	11 313.6	5 656.80
500	707.100	353.550	16 000	22 627.2	11 313.6

中心频率 f_m 的定义是：

$$f_m = \sqrt{f_2 \cdot f_1} \tag{7-22}$$

（三）噪声测量仪器

噪声测量仪器的测量内容主要是噪声的强度，一般是声场中的声压，至于声强、声功率则较少直接测量，只在研究中使用；其次是测量噪声的特征，即声压的各种频率组成成分。

噪声测量仪器主要有：声级计、声级频谱仪、记录仪、录音机和实时分析仪器等。

1. 声级计

声级计，又叫噪声计，是一种按照一定的频率计权和时间计权测量声音的声压级和声级的仪器，是声学测量中最常用的基本仪器。它是一种电子仪器，但又不同于电压表等客观电子仪表。在把声信号转换成电信号时，可以模拟人耳对声波反应速度的时间特性，对高低频有不同灵敏度的频率特性，以及不同响度时改变频率特性的强度特性。因此，声级计是一种主观性的电子仪器。

声级计可用于环境噪声、机器噪声、车辆噪声以及其他各种噪声的测量，也可用于电声学、建筑声学等测量。为了使世界各国生产的声级计的测量具有可比性，国际电工委员会(IEC)制定了声级计的有关标准，并推荐各国采用。2013 年国际电工委员会发布了《声级计》(IEC 61672—1：2013)新的国际标准，该标准代替原《声级计》(IEC 61672—1：2002)，我国根据新标准，相应制定了《声级计检定规程》(JJG 188—2017)。

(1) 声级计的工作原理

声级计的工作原理见图 7-6。声压由传声器膜片接收后，声压信号被转换成电信号，经

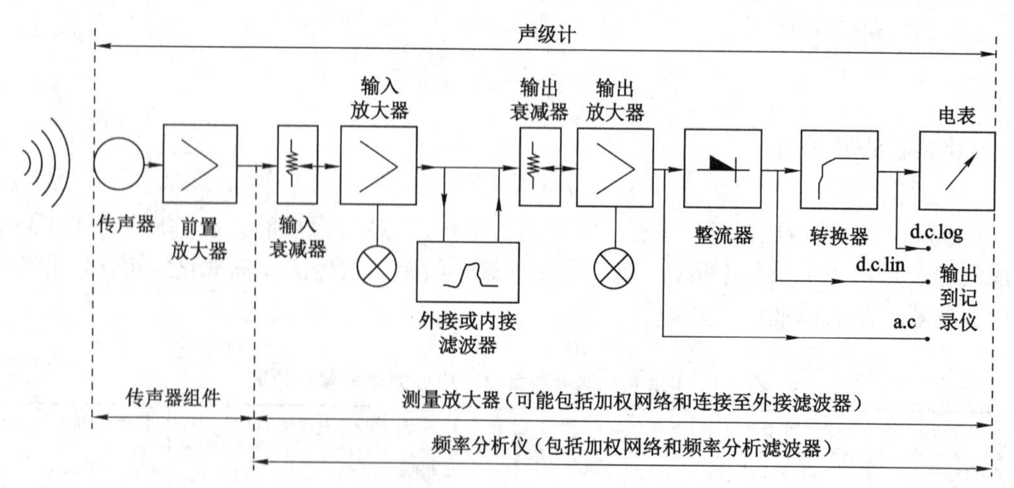

图 7-6　声级计工作原理图

前置放大器作阻抗变换后送到输入衰减器，由于表头指示范围一般只有 20 dB，而声音变化范围可高达 140 dB，甚至更高，所以必须使用衰减器来衰减较强的信号，再由输入放大器进行定量放大。放大后的信号由计权网络进行计权，它用于模拟人耳对不同频率有不同灵敏度的听觉响应。在计权网络处可外接滤波器，这样可做频谱分析。输出的信号由输出衰减器减到额定值，随即送到输出放大器放大，使信号达到相应的功率输出，输出信号经 RMS 检波后(均方根检波电路)送出有效值电压，推动电表或数字显示器，显示所测的声压级分贝值。

(2) 声级计的分类

按其精度将声级计分为 1 级和 2 级。两种级别的声级计的各种性能指标具有同样的中心值，仅仅是容许误差不同，而且随着级别数字的增大，容许误差放宽。按体积大小，声级计可分为台式声级计、便携式声级计和袖珍式声级计。按指示方式，声级计可分为模拟指示(电表、声级灯)和数字指示声级计。根据 IEC 651 标准和国家标准，1 级和 2 级声级计在参考频率、参考入射方向、参考声压级和基准温湿度等条件下，测量的准确度(不考虑测量不确定度)如表 7-2 所示。

表 7-2　两种声级计测量的准确度

声级计级别	1	2
准确度/dB	±0.7	±1.0

声级计上有阻尼开关，能反映人耳听觉的动态特性，快挡“F”用于测量起伏不大的稳定噪声。如噪声起伏超过 4 dB 可利用慢挡“S”，有的仪器还有读取脉冲噪声的“脉冲”挡。

老式声级计的示值采用表头刻度方式，通常是 −5(或 −10)～0，以及 0～10，跨度共 15(或 20)dB。现在使用的声级计一般具有自动加权处理数据的功能。图 7-7是一种新式声级计的外形图。

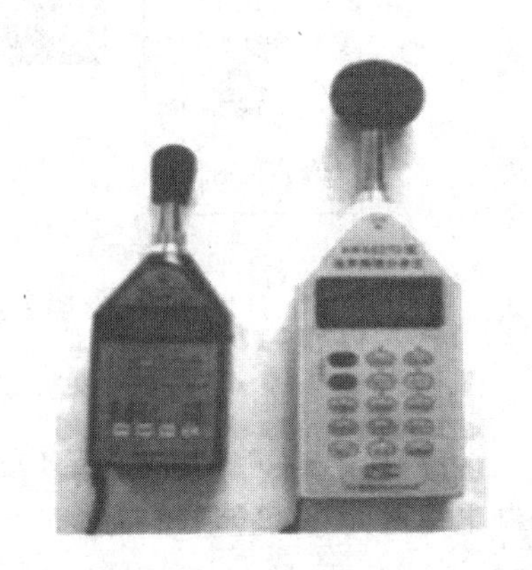

图 7-7　AWA5610B 型和 AWA6270 型积分声级计的外形图

2. 环境噪声自动监测系统

欧洲许多城市建立了噪声自动监测系统，巴黎、雅典、马德里等都建有数十套噪声自动监测系统。新加坡建设了由 18 个测点组成的城市环境噪声自动监测网。我国的港澳台地区也实施了环境噪声自动监测，2008 年台湾地区建设了 240 多套噪声自动监测系统，北京首都国际机场建立了机场噪声自动监测系统，南昌市于 2006 年对建筑施工工地进行了噪声自动监控。

环境噪声自动监测系统主要由噪声自动监测子站、管理控制中心以及数据传输系统组成。噪声自动监测子站由噪声监测终端、全天候户外传声器单元、各自选配部件、不间断电源(UPS)、数据传输设备、固定站设施等构成，管理控制中心主要由数据通信服务器、数据存储服务器、噪声计算工作站、管理系统、信息发布系统组成，如图 7-8 所示。HS5626 噪声自动监测系统如图 7-9 所示。

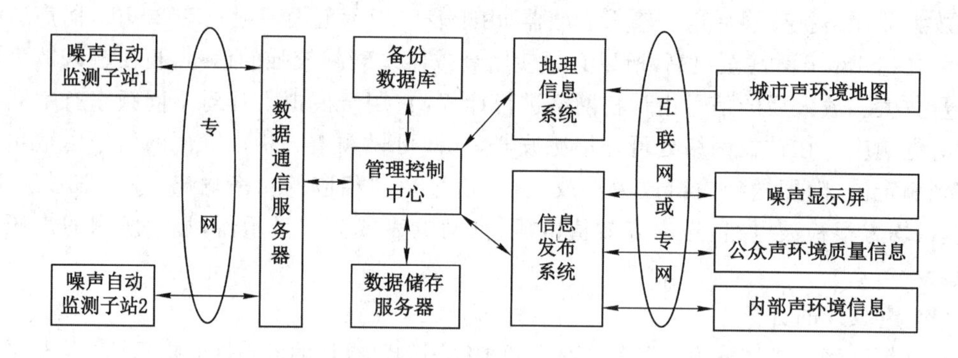

图 7-8　噪声自动监测系统结果示意图

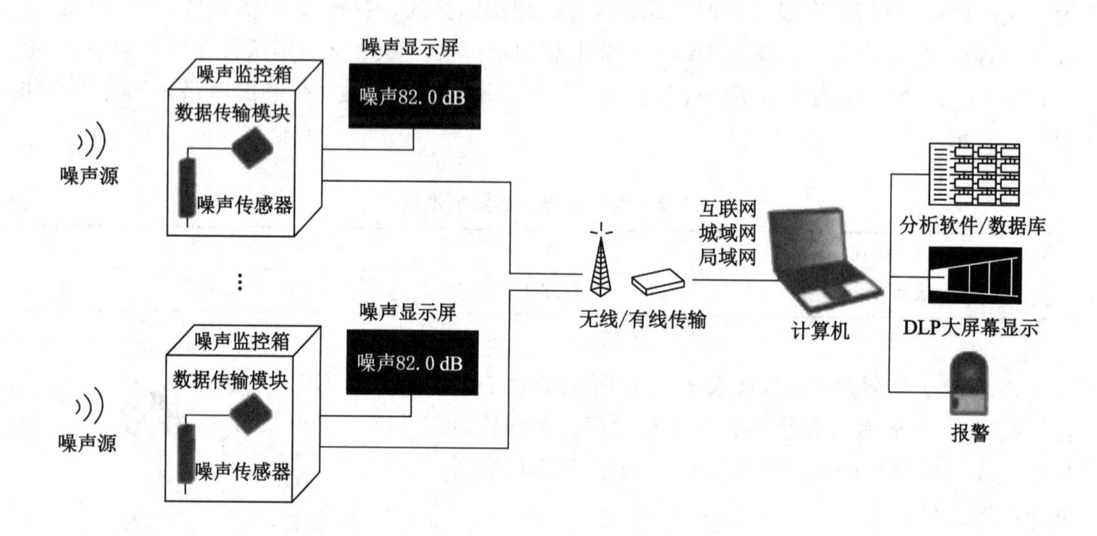

图 7-9　HS5626 噪声自动监测系统

（四）噪声标准

噪声对人的影响与声源的物理特性、暴露时间和个体差异等因素有关。所以噪声标准的制定是在大量试验基础上进行统计分析的，主要考虑因素是保护听力、噪声对人体健康的影响、人们对噪声的主观烦恼度和目前的经济和技术条件等方面。对不同的场所和时间分别加以限制。即同时考虑标准的科学性、先进性和现实性。

从保护听力角度，一般认为每天 8 h 工作在 80 dB 以下环境中听力不会损失，而在声级分别为 85 dB 和 90 dB 环境中工作 30 年，根据国际标准化组织（ISO）的调查，耳聋的可能性分别为 8％和 18％。在声级为 70 dB 的环境中，谈话就感到困难。而干扰睡眠和休息的噪声级阈值白天为 50 dB，夜间为 45 dB，我国环境噪声允许范围见表 7-3。

环境噪声标准制定的依据是环境基准噪声。各国大多参考 ISO 推荐的基数（如睡眠为 30 dB），根据不同时间、不同地区和室内噪声受室外噪声影响的修正值以及本国具体情况来制定（表 7-4、表 7-5 和表 7-6）。我国《声环境质量标准》（GB 3096—2008）环境噪声限值摘录于表 7-7。

表 7-3　我国环境噪声允许范围　　单位:dB

人的活动	最高值	理想值
体力劳动(保护听力)	90	70
脑力劳动(保证语言清晰度)	60	40
睡眠	50	30

表 7-4　一天不同时间对基数的修正值　　单位:dB

时间	修正值
白天	0
晚上	−5
夜间	−15～−10

表 7-5　不同地区对基数的修正值　　单位:dB

地区	修正值
农村、医院、休养区	0
市郊、交通量很少的地区	+5
城市居住区	+10
居住区、工商区、交通混合区	+15
城市中心(商业区)	+20
工业区(重工业)	+25

表 7-6　室内噪声受室外噪声影响的修正值　　单位:dB

窗户状况	修正值
开窗	−10
关闭的单层窗	−15
关闭的双层窗或不能开的窗	−20

表 7-7　各类声环境功能区的环境噪声限值　　单位:dB(A)

类别		昼间	夜间
0 类		50	40
1 类		55	45
2 类		60	50
3 类		65	55
4 类	4a 类	70	55
	4b 类	70	60

表中“0 类声环境功能区”指康复疗养区等特别需要安静的区域；表中“1 类声环境功能区”指以居民住宅、医疗卫生、文化教育、科研设计、行政办公为主要功能，需要保持安静的区域；表中“2 类声环境功能区”指以商业金融、集市贸易为主要功能，或者居住、商业、工业混杂，需要维护住宅安静的区域；表中“3 类声环境功能区”指以工业生产、仓储物流为主要功能，需要防止工业噪声对周围环境产生严重影响的区域；表中“4 类声环境功能区”指交通干线两侧一定距离之外，需要防止交通噪声对周围环境产生严重影响的区域，包括 4a 类和 4b 类两种类型。4a 类为高速公路、一级公路、二级公路、城市快速路、城市主干路、城市次干路、城市轨道交通(地面段)、内河航道两侧区域；4b 类为铁路干线两侧区域。

上述标准值指户外允许噪声级，测量点选在居住或工作建筑物外，离任一建筑物的距离不小于 1 m 处。传声器距地面的垂直距离不小于 1～2 m。如必须在室内测量，则标准值应低于所在区域 10 dB(A)，测量点距墙面和其他主要反射面不小于 1 m，距地板 1.2～1.5 m，距窗户约 1.5 m，开窗状态下测量。铁路两侧区域环境噪声测量应避开列车通过的时段。夜间频繁出现的噪声(如风机噪声等)，其峰值不得超过标准值 10 dB(A)，夜间偶尔出现的噪声(如短促鸣笛声)，其峰值不得超过标准值 15 dB(A)。《建筑施工场界环境噪声排放标准》(GB 12523—2011)规定的建筑施工场界环境噪声排放限值见表 7-8，美国国家环境保护局关于建筑施工工程的最大允许噪声值见表 7-9。

表 7-8　建筑施工场界环境噪声排放限值　　单位：dB(A)

昼间	夜间
70	55

表 7-9　美国国家环境保护局关于建筑施工工程的最大允许噪声值　　单位：dB(A)

测量时间	测量时段	受影响的建筑物类型		
		1#	2#	3#
12 h	7:00—19:00	60	75	75
	19:00—7:00	50	—	65
1 h	7:00—19:00	—	—	—
	19:00—22:00	—	65	—
	22:00—7:00	—	55	—
5 min	7:00—19:00	75	90	90
	19:00—22:00	55	70	70
	22:00—7:00	55	60	70

注：“1#”代表的是医院、学校、高等教育研究所、家中有老人病人的建筑物。

“2#”是指位于正在发出噪声的施工区域方圆 150 m 内的居住建筑物。

“3#”是除了“1#”“2#”类以外的建筑物。

(五) 噪声监测

关于噪声的测量方法，目前国际标准化组织和各国都有测量规范，除了一般方法外，对许多机器设备、车辆、船舶和城市环境等均有相应的测量方法。

1. 测量仪器

测量仪器应为精度 2 级及 2 级以上的积分式声级计及环境噪声自动监测仪器，其性能符合 GB/T 3785.1—2023 的要求。测量仪器和噪声校准器应按规定定期检定。

2. 气象条件

测量应在无雨雪、无雷电的天气条件下进行，风速为 5 m/s 以上时停止测量。测量时传声器加风罩以避免风噪声干扰，同时也可保持传声器清洁。铁路两侧区域环境噪声测量应避开列车通过的时段。

3. 测量时段

测量时段分为昼间(6:00—22:00)和夜间(22:00—次日 6:00)两部分。随着地区和季节不同，上述时间可由县级以上人民政府按当地习惯和季节变化划定。

在昼间和夜间的规定时间内测得的等效[连续 A]声级分别称为昼间等效声级和夜间等效声级。

4. 测点布置

(1) 城市声环境常规监测

① 城市区域声环境监测

城市区域声环境监测主要目的是反映城市(建成区)噪声的整体水平，因此测点布置应尽可能地覆盖整个建成区，对于建成区的绿地、水面、公园、广场、道路等凡是人能活动的场所，都应属于有效网格范围。

网格测量法是将要普查测量的城市某一区域或整个城市划分成多个等大的正方形网格，网格要完全覆盖被普查的区域或城市。每一网格中的工厂、道路及非建成区的面积之和不得大于网格面积的 50%，否则视为该网格无效。有效网格总数应多于 100 个。测点布置在每一个网格的中心。若网格中心点不宜测量(如为建筑物、厂区内等)，应将测点移动到距离中心点最近的可测量位置上。

应分别在昼间和夜间进行测量。在规定的测量时间内，每次每个测点测量 10 min 的等效[连续 A]声级(L_{eq})。将全部网格中心测点测得的 10 min 的等效[连续 A]声级进行算术平均运算，所得到的平均值代表某一区域或全市的噪声水平。

将测量到的等效[连续 A]声级按 5 dB 一挡分级(如 61～65 dB，66～70dB，71～75 dB)。用不同的颜色或阴影线表示每一挡等效[连续 A]声级，绘制在覆盖某一区域或城市的网格上，用于表示区域或城市的噪声污染分布情况。

监测点位基础信息见表 7-10 规定的内容。

表 7-10 区域声环境监测点位基础信息表

网络代码	测点名称	测点经度	测点纬度	测点参照物	网络覆盖人口/万人	功能区代码	备注

计算整个城市环境噪声总体水平。将整个城市全部网格测点测得的等效声级分昼间和夜间进行算术平均运算，所得到的昼间平均等效声级 S_d 和夜间平均等效声级 S_n 代表该城市昼间和夜间的环境噪声总体水平。

$$\overline{S} = \frac{1}{n}\sum_{i=1}^{n} L_i \qquad (7\text{-}23)$$

式中 $\overline{S}$——城市区域昼间平均等效声级(S_d)或夜间平均等效声级(S_n),dB(A);

L_i——第 i 个网格测得的等效声级,dB(A);

n——有效网格总数。

城市区域环境噪声总体水平按表 7-11 进行评价。

表 7-11　城市区域环境噪声总体水平等级划分　　单位:dB(A)

等级	一级	二级	三级	四级	五级
昼间平均等效声级($\overline{S}_d$)	50.0	50.1～55.0	55.1～60.0	60.1～65.0	>65.0
夜间平均等效声级($\overline{S}_n$)	40.0	40.1～45.0	45.1～50.0	50.1～55.0	>55.0

城市区域环境噪声总体水平等级“一级”至“五级”可分别对应评价为“好”“较好”“一般”“较差”和“差”。

② 道路交通声环境监测

道路交通声环境监测反映道路交通噪声源的噪声强度,分析噪声声级与车流量、路况等的关系和变化规律,进一步分析城市道路交通的年度变化规律和变化趋势。

测点应选在两路口之间,道路边人行道上,离车行道的路沿 20 cm 处,此处离路口应大于 50 m,路段不足 100 m 的选路段中点,这样该测点的噪声可以代表两路口间该段道路的交通噪声。

为调查道路两侧区域的道路交通噪声分布,垂直道路按噪声传播由近及远方向设测点测量。直到噪声级降到邻近道路的功能区(如混合区)的允许标准值为止。

在规定的测量时间段内,各测点每隔 5 s 记一个瞬时 A 声级(慢响应),连续记录 200 个数据,同时记录车流量(辆/h)。

将 200 个数据从大到小排列,第 20 个数为 L_{10},第 100 个数为 L_{50},第 180 个数为 L_{90}。并计算 L_{eq},因为交通噪声基本符合正态分布,故可用下式计算:

$$L_{eq} \approx L_{50} + \frac{d^2}{60} \qquad d = L_{10} - L_{90} \qquad (7\text{-}24)$$

目前使用的积分式声级计大多带有计算 L_{eq} 的功能,可自动将所测数据从大到小排列后计算显示 L_{eq} 的值。

评价量为 L_{eq} 或 L_{10},将每个测点 L_{10} 按 5 dB 一档分级(方法同前),以不同颜色或不同阴影线画出每段道路的噪声值,即得到城市交通噪声污染分布图。

根据测量结果应得出全市交通干线 L_{10}、L_{50}、L_{90} 的平均值(L)和最大值以及标准偏差,以便进行城市间比较。

$$L = \frac{1}{l}\sum_{i=1}^{n} L_k l_k \qquad (7\text{-}25)$$

式中 l——全市交通干线总长度,km;

L_k——所测第 k 段交通干线的 L_{eq}(或 L_{10});

l_k——所测第 k 段交通干线的长度,km。

道路交通噪声平均值的强度级别按表7-12进行评价。

表7-12　道路交通噪声强度等级划分

等级	一级	二级	三级	四级	五级
昼间平均等效声级(L_d)	≤68.0	68.1～70.0	70.1～72.0	72.1～74.0	>74.0
夜间平均等效声级(L_n)	≤58.0	58.1～60.0	60.1～62.0	62.1～64.0	>64.0

道路交通噪声强度等级“一级”至“五级”可分别对应评价为“好”“较好”“一般”“较差”和“差”。

③ 功能区声环境监测

功能区声环境监测通过评价声环境功能监测点的昼间与夜间达标情况，反映城市各类功能区监测点位的声环境质量随时间的变化状态，从而分析功能区监测点位随时间的变化规律和变化趋势。

选点原则：能满足检测仪器测试条件，安全可靠；监测点位能保持长期稳定；能避开反射面和附近的固定噪声源；监测点位应兼顾行政区划分；4类声环境功能区选择有噪声敏感建筑物的区域。

采用《声环境质量标准》(GB 3096—2008)附录B中的定点检测法。在标准规定的城市建成区中，优化选取一个或多个能代表某一区域或整个城市建成区环境噪声平均水平的测点，监测点位距地面高度1.2 m以上，进行24 h连续监测。测量每小时的L_{eq}及昼间的L_d和夜间的L_n，可按网格测量法进行测量。将每一小时测得的等效[连续A]声级按时间排列，得到24 h的声级变化图形，用于表示某一区域或城市环境噪声的时间分布规律。

将某一功能区昼间连续16 h和夜间连续8 h测得的等效声级分别进行能量平均，计算昼间等效声级和夜间等效声级，即

$$L_d = 10\lg\left(\frac{1}{16}\sum_{i=1}^{16} 10^{0.1L_i}\right) \tag{7-26}$$

$$L_n = 10\lg\left(\frac{1}{8}\sum_{i=1}^{8} 10^{0.1L_i}\right) \tag{7-27}$$

式中　L_d——昼间等效声级，dB(A)；

L_n——夜间等效声级，dB(A)；

L_i——昼间或夜间小时等效声级，dB(A)。

(2) 工业企业噪声监测

测量工业企业噪声时，传声器的位置应在操作人员的耳朵位置，但人必须离开。

测点选择的原则是：若车间内各处A声级波动小于3 dB，则只需在车间内选择1～3个测点；若车间内各处A声级波动大于3 dB，则应按A声级大小，将车间分成若干区域，任意两区域的A声级差应大于或等于3 dB，而每个区域内的A声级波动必须小于3 dB，每个区域取1～3个测点。这些区域必须包括所有工人为观察或管理生产过程而经常工作、活动的地点和范围。

如为稳态噪声，则测量A声级，记为dB(A)；如为非稳态噪声，则测量等效[连续A]声级或测量不同A声级下的暴露时间，计算等效[连续A]声级。测量时使用慢挡，取平均

读数。

测量时要注意减少环境因素对测量结果的影响，如应注意避免或减少气流、电磁场、温度和湿度等因素对测量结果的影响。

(3) 建筑施工场界噪声监测

根据城市建设部门提供的建筑方案和其他与施工现场情况有关的数据确定建筑施工边界线，并应在测量表中标出边界线与噪声敏感区域的距离。根据被测建筑施工场地作业方位和活动形式，确定噪声敏感区域的方位，并在建筑施工场地边界线上选择离敏感建筑物或区域最近的点作为测点。由于敏感建筑物方位不同，对于同一建筑施工场地，可同时设几个测点。

采用环境噪声自动监测仪进行测量时，仪器动态特性为“快”响应，采样时间间隔不大于1 s。白天以 20 min 的等效[连续 A]声级表征该点的昼间噪声值，夜间以 8 h 的平均等效[连续 A]声级表征该点的夜间噪声值。

二、振动污染监测

(一) 城市区域环境振动标准

《城市区域环境振动标准》(GB 10070—88)规定了城市各类区域环境振动的标准值及适用地带范围，见表 7-13。

表 7-13　城市各类区域铅垂向 Z 振级标准值　　单位:dB

适用地带范围	昼间	夜间
特殊住宅区	65	65
居民、文教区	70	67
混合区、商业中心区	75	72
工业集中区	75	72
交通干线道路两侧	75	72
铁路干线两侧	80	80

注:(1) 标准值适用于连续发生的稳定振动、冲击振动和无规则振动。

(2) 每日发生几次的冲击振动.其最大值昼间不允许超过标准值 10 dB,夜间不超过 3 dB。

1. 适用地带范围的划定

(1) 特殊住宅区:是指特别需要安静的住宅区。

(2) 居民、文教区:是指纯居住区和文教、机关区。

(3) 混合区:是指一般商业与居住混合区，工业、商业、少量交通与居住混合区。

(4) 商业中心区:是指商业集中的繁华地区。

(5) 工业集中区:是指在一个城市或区域内规划明确确定的工业区。

(6) 交通干线道路两侧:是指车流量每小时 100 辆以上的道路两侧。

(7) 铁路干线两侧:是指距每日车流量不少于 20 列的铁道外轨 30 m 外两侧的住宅区。

标准适用的地带范围由地方人民政府划定。标准昼间和夜间的时间由当地人民政府按当地习惯和季节变化划定。

2. 监测方法

(1) 测量点的布设：测量点应设在建筑物室外 0.5 m 以内振动敏感处，必要时测量点置于建筑物室内地面中央，标准值均取表 7-13 中的值。

(2) 计算方法：铅垂向 Z 振级的测量及评价量的计算方法将在本节的第二部分做详细说明，此处略。

(二) 城市区域环境振动测量方法

1. 名词术语

(1) 振动加速度级(VAL)

振动加速度与基准加速度之比以 10 为底的对数乘以 20，记为 VAL，单位为分贝(dB)。

按定义此量用公式表达为：

$$VAL = 20\lg \frac{a}{a_0} \tag{7-28}$$

式中，a 表示振动加速度的有效值，m/s^2；a_0 表示基准加速度，$a_0 = 10^{-6}$ m/s^2。

(2) 振动级(VL)

按 ISO 2631-1：1997 规定的全身振动不同频率计权因子修正后得到的振动加速度级，简称振级，记为 VL，单位为分贝(dB)。

(3) Z 振级(VL_Z)

按 ISO 2631-1：1997 规定的全身振动 Z 计权因子修正后得到的振动加速度级，记为 VL_Z，单位为分贝(dB)。

(4) 累积百分 Z 振级(VL_{ZN})

在规定的测量时间内，有 N%时间的 Z 振级超过某一 VL_{ZN}值，这个 VL_{ZN}值叫作累积百分 Z 振级，记为 VL_{ZN}，单位为分贝(dB)。

(5) 稳态振动

观测时间内振级变化不大的环境振动。

(6) 冲击振动

具有突发性振级变化的环境振动。

(7) 无规振动

未来任何时刻不能预先确定振级的环境振动。

2. 测量仪器

振动测量和噪声测量有关，部分仪器可通用。只要将噪声测量系统中声音传感器换成振动传感器，将声音计权网络换成振动计权网络，就成为振动测量系统。但振动频率往往低于噪声频率。人感觉振动以振动加速度表示，一般人的可感振动加速度为 0.03 m/s^2，而感觉难受的振动加速度为 0.5 m/s^2，不能容忍的振动加速度为 5 m/s^2，人的可感振动频率最高为 1 000 Hz，但仅对 100 Hz 以下振动才较敏感，而最敏感的振动频率是与人体共振频率数值相等或相近时。人体共振频率在直立时为 4～10 Hz，俯卧时为 3～5 Hz。用于测量环境振动的仪器，其性能必须符合 ISO/DP 8401：2005 有关条款的规定。测量系统每年至少送计量部门校准一次。

3. 测量量及读值方法

(1) 测量量

测量量为铅垂向 Z 振级。

(2) 读数方法和评价量

① 本测量方法采用的仪器时间计权常数为1 s。

② 稳态振动:每个测点测量一次,取5 s内的平均示数作为评价量。

③ 冲击振动:取每次冲击过程的最大示数为评价量。对于重复出现的冲击振动,以10次读数的算术平均值为评价量。

④ 无规振动:每个测点等间隔地读取瞬时示数。采样间隔不大于5 s,连续测量时间不少于1 000 s,以测量数据的VLzm值为评价量。

⑤ 铁路振动:读取每次列车通过过程中的最大示数,每个测点连续测量20次列车,以20次读值的算术平均值为评价量。

4. 测量位置及减震器的安装

(1) 测量位置

测点置于各类区域建筑物室外0.5 m以内振动敏感处,必要时,测点置于建筑物室内地面中央。

(2) 减震器的安装

确保减震器平稳地安放在平坦、坚实的地面上,避免置于如地毯、草地、沙地或雪地等松软的地面上。减震器的灵敏度主轴方向与测量方向一致。

5. 测量条件

测量时振源应处于正常工作状态,应避免足以影响环境振动测量值的其他环境因素,如剧烈的温度梯度变化、强电磁场、强风、地震或其他非振动污染源引起的干扰。

第二节　核和电磁辐射监测

核辐射和电磁辐射监测是环境保护工作的重要组成部分,核安全设备、核电厂、核燃料运输和核技术的广泛应用可能使环境中的放射性和辐射水平高于天然本底值,甚至超过规定标准,构成污染,危害人体和生物。工业、科学、医疗射频设备、高压电力设备、家用电器设备、信息技术设备等的使用都会一定程度上带来电磁辐射污染,因此,需要对环境中核辐射和电磁辐射进行规范性的监测和监督。

一、基础知识

(一) 核辐射的基础知识

放射性物质以波或微粒形式发射出的能量叫作核辐射。放射性是指一种不稳定原子核(放射性物质)自发衰变的现象,通常伴随发出能导致电离的辐射(如α、β、γ等放射性)。天然存在的放射性核素具有自发放出射线的特性,称为天然放射性;而通过核反应,由人工制造的放射性核素的放射性,称为人工放射性。核辐射是原子核从一种结构或一种能量状态转变为另一种结构或另一种能量状态过程中所释放出来的微观粒子流。核辐射可以引起物质的电离或激发,故称为电离辐射。电离辐射又分直接致电离辐射和间接致电离辐射。直接致电离辐射包括质子等带电粒子。间接致电离辐射包括光子、中子等不带电粒子。

辐射是一种特殊的能量传递方式,通常可分为两大类,即粒子辐射与电磁辐射。前者包括α粒子、β粒子及各种原子核反应或放射性核素自然衰变过程中所放出的高速带电粒子和中子等;后者包括可见光、红外线、紫外线、X射线和γ射线等。辐射一般是指上述物理现象，即波动能量或微观粒子束本身，有时亦指一种物理过程，如太阳辐射，既指从太阳向周围辐射过程中的太阳光，又指这个辐射过程。单独“辐射”两字通常指电磁辐射。

1. 放射性衰变的类型

原子由原子核和围绕原子核按一定能级运行的电子所组成。原子核由质子和中子组成，它们又称为核子。有些原子核是不稳定的，能自发地改变核结构，这种现象称核衰变。在核衰变过程中总是放射出具有一定动能的带电或不带电粒子，即 α、β、γ 射线，这种现象称为放射性。例如，核素 $^{226}_{88}$Ra 和 $^{60}_{27}$Co 的衰变可用图 7-10 表示。图中数字分别标明了核衰变过程的半衰期（$T_{1/2}$）、分支衰变的强度比例和以兆电子伏特（MeV）为单位的衰变能。

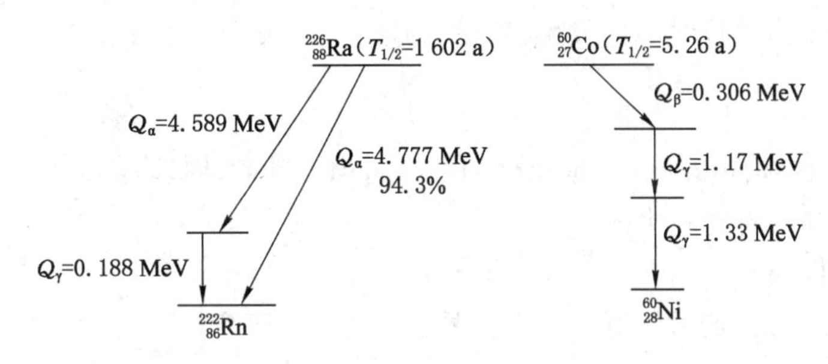

图 7-10　^{226}Ra 和 ^{60}Co 的核衰变

决定放射性核素性质的基本要素是放射性衰变类型、放射性活度和半衰期。

（1）α 衰变

不稳定的原子核放射出 α 粒子（氦原子核：由 2 个质子和 2 个中子组成，带有 2 个正电荷）的过程叫 α 衰变。如 ^{226}Ra 的 α 衰变可写成：

$$^{226}\mathrm{Ra} \longrightarrow {}^{222}\mathrm{Rn} + {}^{4}\mathrm{He}$$

不同核素所放出的 α 粒子的动能不等，一般为 2～8 MeV。^{222}Rn、^{218}Po、^{210}Po 等核素在衰变时放出单能 α 射线；^{231}Pa、^{226}Ra、^{212}Bi 等核素在衰变时放出几种能量不同的 α 射线和能量较低的 γ 射线。图 7-10 所示的 ^{226}Ra 衰变有两种方式（分支衰变），第一种方式是 ^{226}Ra 放射出 4.777 MeV 的 α 粒子后变成基态的 ^{222}Rn，这种方式的比例占 94.3%；另一种方式是 ^{226}Ra放射出 4.589 MeV 的 α 粒子后变成激发态的 ^{222}Rn，然后很快地跃迁至基态 ^{222}Rn 并放射出 0.188 MeV 的 γ 射线，这种衰变方式的比例占 5.7%。

α 粒子的质量大，速度小，照射物质时易使其原子、分子发生电离或被激发，但穿透能力小，只能穿过皮肤的角质层。

（2）β 衰变

放射性原子核放出 β 射线（快速电子）的过程叫 β 衰变。β 衰变是原子核内质子和中子互变的结果。

负蜕变（β—）：原子核中子转变为质子并发射负电子和微中子的过程。

正蜕变（β+）：原子核中质子转变为中子并发射正电子和中微子的过程。

电子捕获：原子核俘获一个核外轨道电子，使核内质子变为中子并释放出一个中微子的过程。

（3）γ 衰变

放射性原子核，从较高能级跃迁到较低能级或者基态时放出具有特征频率的光子或电磁辐射的过程叫 γ 衰变。γ 射线的性质与 α 射线相似，但其电离作用较弱，穿透能力很强。这种跃迁对原子核的原子序数和相对原子质量都没影响，所以称为同质异能跃迁。某些不稳定的核素经过 α 或 β 衰变后仍处于高能状态，很快(约 10^{-13} s)再发射出 γ 射线而达稳定态。

γ 射线是一种波长很短(为 0.00～0.1 nm)的电磁波，故穿透能力极强，它与物质作用时产生光电效应、康普顿效应、电子对生成效应等。

2. 放射性活度和半衰期

(1) 放射性活度(活度)

放射性活度系指单位时间内发生核衰变的数目，可表示为：

$$A = -\frac{dN}{dt} = \lambda N \tag{7-29}$$

式中 A——放射性活度，S^{-1}，活度单位的专门名称为贝可，用符号 Bq 表示，1 Bq=1 S^{-1}；

N——某时刻的放射性核素数；

t——时间，s；

λ——衰变常数，表示放射性核素在单位时间内的衰变概率。

(2) 半衰期

当放射性核素因衰变而减少到原来的一半时所需的时间称为半衰期($T_{1/2}$)。衰变常数(λ)与半衰期有下列关系：

$$T_{1/2} = \frac{0.693}{\lambda} \tag{7-30}$$

半衰期是放射性核素的基本特性之一，不同放射性核素的 $T_{1/2}$ 不同，如${}^{212}_{84}Po$ 的 $T_{1/2} = 3.0\times10^{-7}$ s，而${}^{238}_{92}U$ 的 $T_{1/2}=4.5\times10^{9}$ a。因为放射性核素每个核的衰变并非同时发生而是有先有后，所以对一些 $T_{1/2}$ 长的放射性核素，一旦发生核污染，要通过衰变令其自行消失，需要的时间是十分长久的。例如，${}^{90}Sr$ 的 $T_{1/2}=29$ a，一定质量的${}^{90}Sr$ 衰变掉 99.9%所需时间可由下列公式算出：

$$\lambda=\frac{0.693}{T_{1/2}}=2.39\times10^{-2}(a^{-1})$$

根据式(7-29)，则有

$$N=N_0 e^{-\lambda t}$$

$$\lg\frac{N_0}{N}=\frac{\lambda\cdot t}{2.303}$$

$$t=2.303\times\frac{1}{2.39\times10^{-2}}\times\lg\frac{1}{0.001}=289(a)$$

3. 照射量和吸收剂量

照射量和吸收剂量都是表征放射性粒子与物质作用后产生的效应及量度的术语。

(1) 照射量

照射量被定义为：

$$X = \frac{dQ}{dm} \tag{7-31}$$

式中　dQ——γ或X射线在空气中完全被阻止时，引起质量为dm的某一体积元空气电离所产生的带电粒子（正的或负的）的总电量值，C；

X——照射量，它的SI单位为C/kg，与它暂时并用的专用单位是伦琴（R），简称伦。

$$1\ \text{R}=2.58\times10^{-4}\ \text{C/kg}$$

（2）吸收剂量

吸收剂量是表示在电离辐射与物质发生相互作用时单位质量的物质吸收电离辐射能量大小的物理量。其定义用下式表示：

$$D=\frac{d\bar{\varepsilon}}{dm} \tag{7-32}$$

式中　D——吸收剂量；

$d\bar{\varepsilon}$——电离辐射给予质量为dm的物质的平均能量。

吸收剂量SI单位为J/kg，单位的专门名称为戈瑞，简称戈，用符号Gy表示。

$$1\ \text{Gy}=1\ \text{J/kg}$$

与戈瑞暂时并用的专用单位是拉德（rad），即

$$1\ \text{rad}=10^{-2}\ \text{Gy}$$

吸收剂量单位可适用于内照射和外照射。现已广泛应用于放射生物学、辐射化学、辐射防护等学科。

吸收剂量有时用吸收剂量率（D）来表示，它定义为单位时间内的吸收剂量，即

$$D=\frac{dD}{dt} \tag{7-33}$$

其单位为Gy/s或rad/s。

（3）剂量当量

剂量当量（H）定义为：在生物机体组织内所考虑的一个体积单元上吸收剂量、品质因数和所有其他修正因素的乘积，即

$$H=DQN \tag{7-34}$$

式中　D——吸收剂量，Gy；

Q——品质因数，其值取决于导致电离粒子的初始动能、射线种类和照射类型等（表7-14）；

N——所有其他修正因素。

表7-14中，外照射是指宇宙射线和地面上天然放射性核素放射的β和γ射线对人体的照射。内照射是指通过呼吸和消化系统进入人体内部的放射性核素造成的照射。

剂量当量（H）的SI单位为J/kg，专用单位的名称为希沃特（Sv）。

$$1\ \text{Sv}=1\ \text{J/kg}$$

与希沃特暂时并用的专用单位是雷姆（rem），即

$$1\ \text{rem}=10^{-2}\ \text{Sv}$$

应用剂量当量来描述人体所受各种电离辐射的危害程度，可以表达不同种类的射线在不同能量和不同照射条件下所引起生物效应的差异。在计算剂量当量时，也就必须预先指定这些条件。对β射线或γ射线来说，以雷姆为单位的剂量当量和以拉德为单位的剂量当量在数值上是相等的。

表 7-14　品质因数与照射类型、射线种类的关系

照射类型	射线种类	品质因数
外照射	X、γ	1
	热中子及能量小于 0.005 MeV 的中能中子	3
	中能中子(0.02 MeV)	5
	中能中子(0.1 MeV)	8
	快中子(0.5～10 MeV)	10
	重反冲核	20
内照射	$B^{-}\beta^{+}\gamma^{-}X$	1
	α	10
	裂变碎片、α 射线中的反冲核	20

单位时间内的剂量当量称为剂量当量率，其单位为 Sv/s 或 rem/s。此外，还有累积剂量、最大允许剂量、致死剂量等。

（二）电磁辐射的基础知识

1. 电磁场

电磁场是有内在联系、相互依存的电场和磁场的统一体的总称。随时间变化的电场产生磁场，随时间变化的磁场产生电场，两者互为因果，形成电磁场。电磁场可由变速运动的带电粒子引起，也可由强弱变化的电流引起，不论原因如何，电磁场总是以光速向四周传播，形成电磁波。电磁场是电磁作用的媒介，具有能量和动量，是物质的一种存在形式。电磁场的性质、特征及运动变化规律由麦克斯韦方程组确定。

2. 电磁辐射

电磁场以一定速度在空间传播过程中不断向周围空间辐射能量，此能量称为电磁辐射，亦称电磁波。

3. 辐射效率

辐射效率是天线辐射功率 P_0 对天线输入功率 P_{in} 的比值。

4. 辐射强度

辐射强度是指点辐射源在某方向上单位立体角内传送的辐射通量，记作 I_e，即

$$I_e = d\Phi_e / d\Omega$$

式中，$d\Phi_e$ 是 $d\Omega$ 立体角元内的辐射通量。辐射强度的 SI 单位为 W/sr。

5. 近区场

以场源为零点或中心，在一个波长范围之内的区域，统称作近区场。由于作用方式为电磁感应，所以又称作感应场。近区场受场源距离的限制，在近区场内，电磁能量将随着离开场源距离的增大而比较快地衰减。近区场有如下特点。

(1) 在近区场内，电场强度 E 与磁场强度 H 的大小没有确定的比例关系。一般情况下，电场强度值比较大，而磁场强度值则比较小，有时很小；只是在槽路线圈等部位的附近，磁场强度值很大，而电场强度值则很小，总的来看，电压高电流小的场源（如天线、馈线等）电场强度比磁场强度大得多，电压低电流大的场源（如电流线圈）磁场强度又远大于电场强度。

(2) 近区场电磁场强度要比远区场电磁场强度大得多，而且近区场电磁场强度比远区场电磁场强度衰减速度快。

(3) 近区场电磁感应现象与场源密切相关，近区场不能脱离场源而独立存在。

6. 远区场

相对于近区场而言，在一个波长之外的区域称远区场。它以辐射状态出现，所以也称辐射场。远区场已脱离了场源而按自己的规律运动。远区场电磁辐射强度衰减比近区场要缓慢。远区场有如下特点：

(1) 远区场以辐射形式存在，电场强度和磁场强度之间具有固定关系，即

$$E=\sqrt{\mu_0/\varepsilon_0}\,H=120\pi H\approx 377H$$

式中　E——电场强度，V/m；

H——磁场强度，A/m；

μ_0——真空磁导率，H/m；

ε_0——真空介电常数。

(2) E 与 H 互相垂直，而且又都与传播方向垂直。

(3) 电磁波在真空中的传播速度为

$$c=1/\sqrt{\varepsilon_0\mu_0}\approx 3\times 10^8\,(\mathrm{m/s})$$

二、核辐射与电磁辐射防护标准

为了保障核安全，预防与应对核事故，安全利用核能，保护公众和从业人员的安全与健康，保护生态环境，促进经济社会可持续发展，制定了《中华人民共和国核安全法》。为了防治放射性污染，保护环境，保障人体健康，促进核能、核技术的开发与和平利用，制定了《中华人民共和国放射性污染防治法》。为贯彻《中华人民共和国环境保护法》和《中华人民共和国放射性污染防治法》，防治放射性污染，提高环境质量，保护人体健康，制定了《核动力厂环境辐射防护规定》(GB 6249—2011)等防治标准。为了防治电磁辐射污染，制定了《电磁环境控制限值》(GB 8702—2014)。《电磁环境控制限值》(GB 8702—2014)规定了电磁环境中控制公众暴露的电场、磁场、电磁场的场量限值。下面介绍我国的部分标准。

(一) 职业性放射性工作人员和居民年最大允许剂量当量

职业性放射性工作人员和居民年最大允许剂量当量如表 7-15 所示。

表 7-15　职业性放射性工作人员和居民年最大允许剂量当量

受照射部位		职业性放射性工作人员的年最大允许剂量当量/Sv①	放射性工作场所、相邻及附近地区工作人员和居民的年最大允许剂量当量/Sv①	广大居民年最大允许剂量当量/Sv②
器官分类	器官名称			
第一类	全身、性腺、红骨髓、眼晶体	5×10^{-2}	5×10^{-3}	5×10^{-4}
第二类	皮肤、骨、甲状腺	3.0×10^{-1}	3×10^{-2}②	1×10^{-2}
第三类	手、前臂、足踝	7.55×10^{-1}	7.5×10^{-2}	2.5×10^{-2}
第四类	其他器官	1.5×10^{-1}	1.5×10^{-2}	5×10^{-3}

注：① 表内所列数值均指内、外照射的总剂量当量，不包括天然本底照射和医疗照射。

② 16 岁以下人员甲状腺的限制剂量当量为 1.5×10^{-2} Sv/ab。

(二) 露天水源中限制放射性比活度和放射性工作场所空气中最大允许放射性比活度

表7-16为与环境关系密切的部分放射性核素的限制放射性比活度和最大允许放射性比活度。

表 7-16 部分放射性核素在露天水源中的限制放射性比活度和放射性工作场所空气中的最大允许放射性比活度

放射性核素		露天水源中的限制放射性比活度①/(Bq/L)	放射性工作场所空气中的最大允许放射性比活度②/(Bq/L)
名称	符号		
氚	^{3}H	1.1×10^{4}	1.9×10^{2}
铍	^{7}Be	1.9×10^{4}	3.7×10
碳	^{14}C	3.7×10^{3}	1.5×10^{2}
硫	^{35}S	2.6×10^{2}	1.1×10
磷	^{32}P	1.9×10^{2}	2.6
氩	^{41}Ar	—	7.4×10
钾	^{42}K	2.2×10^{2}	3.7
铁	^{55}Fe	7.4×10^{3}	3.3×10
钴	^{60}Co	3.7×10^{2}	3.3×10^{-1}
镍	^{59}Ni	1.1×10^{3}	1.9×10
锌	^{65}Zn	3.7×10^{2}	2.2
氪	^{85}Kr	—	3.7×10^{2}
锶	^{90}Sr	2.6	3.7×10^{-2}
碘	^{131}I	2.2×10	3.7×10^{-1}
氙	^{131}Xe	—	3.7×10^{2}
铯	^{137}Cs	3.7×10	3.7×10^{-1}
氡	^{220}Rn③	—	1.1×10
	^{222}Rn③	—	1.1
镭	^{226}Ra	1.1	1.1×10^{-3}
铀	^{233}U	3.7×10	3.7×10^{-3}
钍	^{232}Th	3.7×10^{-1}	7.4×10^{-3}

注:① 露天水源的限制放射性比活度是为广大居民规定的,其他人员也适用此标准。

② 放射性工作场所空气中的最大允许放射性比活度是为职业放射性工作人员规定的,工作时间每周按 40 h 计算。

③ 矿井下^{222}Rn子体或^{220}Rn子体的 α 潜能值不得大于 4×10^{4} MeV/L。

放射性核素在放射性工作场所以外地区空气中的最大允许放射性比活度,按表7-16放射性工作场所空气中的最大允许放射性比活度乘以表7-17所列控制比值。

表 7-17　控制比值

放射性同位素	比值	
	放射性工作场所相邻及附近地区	广大居民区
^{3}H、^{35}S、^{41}Ar、^{85}Kr、^{131}Xe	1/30	1/300
^{14}C、^{55}Fe、^{59}Ni、^{65}Zn、^{90}Sr、^{226}Ra	1/30	1/200
其他放射性核素	1/30	1/100

三、放射性测量实验室和检测器

由于放射性监测的对象是放射性物质，为保证操作人员的安全，防止污染环境，对实验室有特殊的设计要求，并需要制定严格的操作规程。测量放射性需要使用专门的检测器。本节对这两方面内容作简单介绍。

（一）放射性测量实验室

放射性测量实验室分为两个部分，一是放射化学实验室，二是放射性计测实验室。

1. 放射化学实验室

放射性样品的处理一般应在放射化学实验室内进行。为得到准确的监测结果和考虑操作安全问题，该实验室内应符合以下要求：① 墙壁、门窗、天花板等要涂刷耐酸油漆，电灯和电线应装在墙壁内；② 有良好的通风设施，大多数处理样品操作应在通风橱内进行，通风马达应装在管道外；③ 地面及各种家具面要用光平材料制作，操作台面上应铺塑料布；④ 洗涤池最好不要有尖角，放水用足踏式龙头，下水管道尽量少用弯头和接头等。此外，实验室工作人员应养成整洁、小心的优良工作习惯，工作时穿戴防护服、手套、口罩，佩戴个人剂量监测仪等；操作放射性物质时用夹子、镊子、盘子、铅玻璃防护屏等器具，工作完毕后立即清洗所用器具并放在固定地点，还需洗手和淋浴；实验室必须经常打扫和整理，配置专用放射性废物桶和废液缸。对放射源要有严的管理制度，实验室工作人员要定期进行体检。

上述要求的严格程度也随实际操作放射性的水平而异。对操作具有微量放射性的环境类样品的实验室，上述各项措施中有些可以省略或修改。

2. 放射性计测实验室

放射性计测实验室装备有灵敏度高、选择性和稳定性好的放射性计量仪器和装置。设计实验室时，特别要考虑放射性本底问题。实验室内放射性本底来源于宇宙射线、地面和建筑材料，甚至测量用的屏蔽材料中所含的微量放射性物质，以及邻近放射化学实验室的放射性沾污等。对于消除或降低本底的影响，常采用两种措施：一是根据其来源采取相应措施，使之降到最低程度；二是通过数据处理，对测量结果进行修正。此外，要求实验室供电电压和频率十分稳定，各种电子仪器应有良好的接地和进行有效的电磁屏蔽；室内最好保持恒温。

（二）放射性检测器

放射性检测器种类多，需根据监测目的、试样形态、射线类型和强度以及能量等因素进行选择。表 7-18 列举了不同类型的常用放射性检测器。

表 7-18　各种常用放射性检测器

射线类型	检测器	特　点
α射线	闪烁检测器	检测灵敏度低，探测面积大
	正比计数管	检测效率高，技术要求高
	半导体检测器	本底小，灵敏度高，探测面积小
	电流电离室	测较大放射性活度
β射线	正比计数管	检测效率较高，装置体积较大
	盖革计数管	检测效率较高，装置体积较大
	闪烁检测器	检测效率较低，本底小
	半导体检测器	探测面积小，装置体积小
γ射线	闪烁检测器	检测效率高，能量分辨能力强
	半导体检测器	能量分辨能力强，装置体积小

放射性检测器检测放射性的基本原理基于射线与物质间相互作用所产生的各种效应，包括电离、发光、热效应、化学效应和能产生次级粒子的核反应等。最常用的检测器有三类，即电离型检测器、闪烁检测器和半导体检测器。

四、放射性监测

（一）监测对象及内容

放射性监测按照监测对象可分为：① 现场监测，即对放射性物质生产或应用单位内部工作区域所作的监测；② 个人剂量监测，即对放射性专业工作人员或公众做内照射和外照射的剂量监测；③ 环境监测，即对放射性生产和应用单位外部环境，包括空气、水体、土壤、生物、固体废物等所作的监测。

在环境监测中，主要测定的放射性核素为：① α 放射性核素，即^{239}Pu、^{226}Ra、^{224}Ra、^{222}Rn、^{210}Po、^{222}Th、^{234}U和^{235}U；② β 放射性核素，即^{3}H、^{90}Sr、^{89}Sr、^{134}Cs、^{137}Cs、^{131}I和^{60}Co。这些核素在环境中出现的可能性较大，其毒性也较大。

对放射性核素具体测量的内容有：① 放射源强度、半衰期、射线种类以及能量；② 环境和人体中放射性物质含量、放射性强度、空间照射量或电离辐射剂量。

（二）放射性监测方法

环境放射性监测方法有定期监测和连续监测。定期监测的一般步骤是采样、样品预处理、样品总放射性或放射性核素的测定；连续监测是在现场安装放射性自动监测仪器，实现采样、预处理和测定自动化。

对环境样品进行放射性测定和对非放射性环境样品的监测过程一样，也是经过样品采集、样品预处理、选择适宜方法与仪器进行测定三个过程。

1. 样品采集

（1）放射性沉降物的采集

放射性沉降物包括干沉降物和湿沉降物，主要来源于大气层核爆炸所产生的放射性尘埃，小部分来源于人工放射性颗粒物。

对于放射性干沉降物样品可用水盘法、黏纸法、高罐法采集。水盘法是用不锈钢或聚乙烯塑料制圆形水盘采集沉降物，盘内装有适量稀酸，沉降物过少的地区再酌加数毫克硝酸锶或氯化锶载体。将水盘置于采样点暴露 24 h，应始终保持盘底有水。采集的样品经浓缩、灰化等处理后，作总 β 放射性测量。黏纸法系将涂一层黏性油（松香加蓖麻油等）的滤纸贴在圆形盘底部（涂油面向外），放在采样点暴露 24 h，然后再将黏纸灰化，进行总 β 放射性测量。也可以用蘸有三氯甲烷等有机溶剂的滤纸擦拭落有沉降物的刚性固体表面（如道路、门窗、地板等），以采集沉降物。高罐法系用不锈钢或聚乙烯圆柱形罐暴露于空气中采集沉降物。因罐壁高，故不必放水，可用于长时间收集沉降物。

湿沉降物系指随雨（雪）降落的沉降物。其采集方法除上述方法外，常用一种能同时对雨水中核素进行浓集的采样器，如图 7-11 所示。这种采样器由一个承接漏斗和一根离子交换柱组成。交换柱上下层分别装有阳离子交换树脂和阴离子交换树脂，欲收集核素被离子交换树脂吸附浓集后，再进行洗脱，收集洗脱液进一步作放射性核素分离。也可以将树脂从柱中取出，经烘干、灰化后制成干样品作总 β 放射性测量。

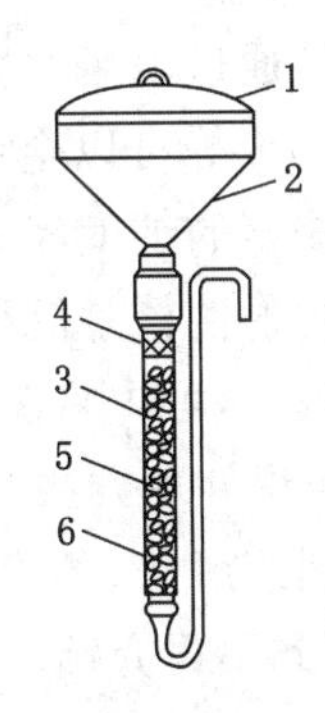

1—承接漏斗盖；2—承接漏斗；
3—离子交换柱；4—滤纸浆；
5—阳离子交换树脂；6—阴离子交换树脂。

图 7-11　离子交换树脂湿沉降物采集器

（2）放射性气溶胶的采集

放射性气溶胶包括核爆炸产生的裂变产物、各种人工放射性物质以及氡、钍的衰变子体等天然放射性物质。这种样品的采集常用滤料阻留法，其原理与大气中颗粒物的采集相同。

对于被 ^{3}H(T) 污染的空气，因其在空气中的主要存在形态是 HTO，所以除吸附法外，还常用冷阱法收集空气中的水蒸气作为样品。

（3）其他类型样品的采集

对于水体、土壤、生物样品的采集、制备和保存方法与非放射性样品所用的方法没有大的差异，在此不再重述。

2. 样品预处理

对样品进行预处理的目的是将样品处理成适于测量的状态，将样品的欲测核素转变成适于测量的形态并进行浓集，以及去除干扰核素。

常用的样品预处理方法有衰变法、共沉淀法、灰化法、电化学法、有机溶剂溶解法、蒸馏法、溶剂萃取法、离子交换法等。

（1）衰变法

采样后，将其放置一段时间，让样品中一些短寿命的非欲测核素衰变除去，然后再进行放射性测量。例如，测定大气中气溶胶的总 α 和总 β 放射性时常用这种方法，即用过滤法采样后，放置 4～5 h，使短寿命的氡、钍子体衰变除去。

（2）共沉淀法

用一般化学沉淀法分离环境样品中的放射性核素，因核素含量很低，达不到溶度积，故不能达到分离目的，但如果加入毫克数量级与欲分离放射性核素性质相近的非放射性元素载体，则由于二者之间发生同晶共沉淀或吸附共沉淀作用，载体将放射性核素载带下来，达到分离和富集的目的。例如,用^{59}Co作载体共沉淀^{60}Co,则发生同晶共沉淀;用新沉淀出来的水合二氧化锰作载体沉淀水样中的钚,则二者间发生吸附共沉淀。这种分离富集方法具有简便、试验条件容易满足等优点。

(3) 灰化法

对蒸干的水样或固体样品,可在瓷坩埚内于500 ℃马弗炉中灰化,冷却后称重,再转入测量盘中铺成薄层检测其放射性。

(4) 电化学法

该方法是通过电解将放射性核素沉积在阴极上,或以氧化物形式沉积在阳极上。如Ag^{+}、Bi^{2+}、Pb^{2+}等可以金属形式沉积在阴极;Pb^{2+}、Co^{2+}可以氧化物形式沉积在阳极。其优点是分离核素的纯度高。

如果使放射性核素沉积在惰性金属片电极上,可直接进行放射性测量;如将其沉积在惰性金属丝电极上,可先将沉积物溶出,再制备成样品源。

(5) 其他预处理方法

有机溶剂溶解法、蒸馏法、溶剂萃取法、离子交换法的原理和操作与非放射性物质没有本质差别,在此不再介绍。

环境样品经用上述方法分解和对欲测放射性核素分离、浓集、纯化后,有的已成为可供放射性测量的样品源,有的尚需用蒸发、悬浮、过滤等方法将其制备成适于测量要求状态(液态、气态、固态)的样品源。蒸发法系指将样品溶液移入测量盘或承托片上,在红外灯下徐徐蒸干,制成固态薄层样品源;悬浮法系将沉淀形式的样品用水或适当有机溶剂进行混悬,再移入测量盘用红外灯徐徐蒸干;过滤法是将待测沉淀抽滤到已称重的滤纸上,用有机溶剂洗涤后,将沉淀连同滤纸一起移入测量盘中,置于干燥器内干燥后进行测量。还可以用电解法制备无载体的α或β辐射体的样品源;用活性炭等吸附剂浓集放射性惰性气体,再进行热解吸并将其导入电流电离室或正比计数管等检测器内测量;将低能β辐射体的液体样品与液体闪烁体混合制成液体样品源,置于闪烁检测器中测量等。

3. 环境中的放射性监测

(1) 水样总α放射性比活度的测量

水体中常见放射α粒子的核素有^{226}Ra、^{222}Rn及其衰变产物等。目前公认的水样总α放射性比活度安全水平是0.1 Bq/L,当大于此值时,就应对放射α粒子的核素进行鉴定和测量,确定主要的放射性核素,判断水质污染情况。

水样总α放射性比活度的测量方法是:取一定体积水样,过滤除去固体物质,滤液加硫酸酸化,蒸发至干燥,在不超过350 ℃温度下灰化。将灰化后的样品移入测量盘中并铺成均匀薄层,用闪烁检测器测量。在测量样品源之前,先测量空测量盘的本底值和已知放射性活度的标准样品(标准源)。测定标准源的目的是确定检测器的计数效率,以计算样品源的放射性比活度。标准源最好是欲测核素,并且二者强度相差不大。如果没有相同核素的标准源,可选用放射同一种粒子而能量相近的其他核素。测量总α放射性比活度的标准源常选择硝酸铀酰。水样总α放射性比活度(Q_α)用下式计算:

$$Q_\alpha = \frac{n_c - n_b}{n_s \cdot V} \tag{7-35}$$

式中 Q_α——水样总α放射性比活度,Bq(铀)/L;

n_c——用闪烁检测器测量水样得到的计数率,次/min;

n_b——空测量盘的本底计数率,次/min;

n_s——根据标准源的放射性活度计数率计算出的闪烁检测器的计数率,次/(Bq·min);

V—所取水样体积,L。

(2) 水样总β放射性比活度的测量

水样总β放射性比活度的测量步骤基本上与总α放射性比活度相同,但检测器用低本底的盖革计数管,且以含^{40}K的化合物作标准源。

水样中的β射线常来自^{40}K、^{90}Sr、^{129}I等核素的衰变,其目前公认的安全水平为1 Bq/L。^{40}K标准源可用天然钾的化合物(如氯化钾或碳酸钾)制备。天然钾化合物中含0.011 9%的^{40}K,放射性比活度约为1×10^7 Bq/g,发射率为28.3 β粒子/(g·s)和3.3 γ射线/(g·s)。用KCl制备标准源的方法是:取经研细过筛的分析纯KCl试剂于120～130 ℃烘干2 h,置于干燥器内冷却。准确称取与样品源同样质量的KCl标准源,在测量盘中铺成中等厚度层,用盖革计数管测定。

(3) 土壤中总α、β放射性比活度的测量

土壤中总α、β放射性比活度的测量方法是:在采样点选定的范围内,沿直线每隔一定距离采集一份土壤样品,共采集4～5份。采样时用取土器或小刀取10 cm×10 cm、深1 cm的表土。除去土壤中的石块、草类等杂物,在实验室内晾干或烘干,移至干净的平板上压碎,铺成1～2 cm厚方块,用四分法反复缩分,直到剩余200～300 g土样,再于500 ℃灼烧,待冷却后研细、过筛备用。称取适量制备好的土样放于测量盘中,铺成均匀的样品层,用相应的检测器分别测量α和β放射性比活度(测量总β放射性比活度的样品层应厚于测量总α放射性比活度的样品层)。总α放射性比活度(Q_α)和总β放射性比活度(Q_β)分别用以下两式计算:

$$Q_\alpha = \frac{(n_c - n_b)\times 10^6}{60\cdot\varepsilon\cdot s\cdot l\cdot F} \tag{7-36}$$

$$Q_\beta = 1.48\times 10^4\,\frac{n_\beta}{n_{KCl}} \tag{7-37}$$

式中　Q_α——总α放射性比活度,Bq/[kg(干土)];

Q_β——总β放射性比活度,Bq/[kg(干土)];

n_c——样品源总α放射性总计数率,次/min;

n_b——本底计数率,次/min;

ε——检测器计数率,次/(Bq·min);

s——样品源面积,cm^3;

l——样品源面密度,mg/cm^2;

F——自吸收校正因子,对较厚的样品一般取0.5;

n_β——样品源总β放射性计数率,次/min;

n_{KCl}——氯化钾标准源的计数率,次/min;

1.48×10^4——1 kg氯化钾所含^{40}K的日放射性活度,Bq/kg。

(4) 空气中氡的测定

^{222}Rn 是 ^{226}Ra 的衰变产物，为一种放射性惰性气体。它与空气作用时，能使之电离，因而可用电离型检测器通过测量电离电流测定其放射性比活度；也可用闪烁检测器记录由 α 衰变时所放出的 α 粒子计算其放射性比活度。

前一种方法的要点是：用由干燥管、活性炭吸附管及采样动力组成的采样器以一定流量采集空气样品，则气样中的 ^{222}Rn 被活性炭吸附浓集。将吸附氧的活性炭吸附管置于解吸炉中，于 350 ℃进行解吸，并将解吸出来的氧导入电流电离室，因 ^{222}Rn 与空气分子作用而使其电离，用经过 ^{226}Ra 标准源校准的静电计测量产生的电离电流（格/min），按下式计算空气中 ^{222}Rn 的放射性比活度（A_{Rn}）：

$$A_{Rn}=\frac{K\cdot(J_c-J_b)}{V}\cdot f \tag{7-38}$$

式中 A_{Rn}——空气中 ^{222}Rn 的放射性比活度，Bq/L；

J_b——电流电离室本底电离电流，格/min；

J_c——引入 ^{222}Rn 后的总电离电流，格/min；

V——采气体积，L；

K——检测器电离电流，Bq·min/格；

f——换算系数，据 ^{222}Rn 导入电流电离室后静置时间而定，可查表得知。

（5）空气中各种形态 ^{131}I 的测定

碘的同位素很多，除 ^{127}I 是天然存在的稳定同位素外，其余都是放射性同位素。^{131}I 是裂变产物之一，它的裂变产率较高，半衰期较短，可以作为反应堆中核燃料元件包壳是否保持完整状态的环境监测指标，也可以作为核爆炸后有无新鲜裂变产物的信号。

空气中的 ^{131}I 呈单质、化合物等各种化学形态和蒸气、气溶胶等不同状态，因此采样方法各不相同。图 7-12 为一种能收集各种形态 ^{131}I 的采样器的示意图。该采样器由粒子过滤器、单质碘吸附器、次碘酸吸附器、甲基碘吸附器和炭辅助吸附床组成。对例行环境监测，可在低流量下连续采样一周或一周以上，然后用 γ 谱仪定量测定各种化学形态的 ^{131}I。

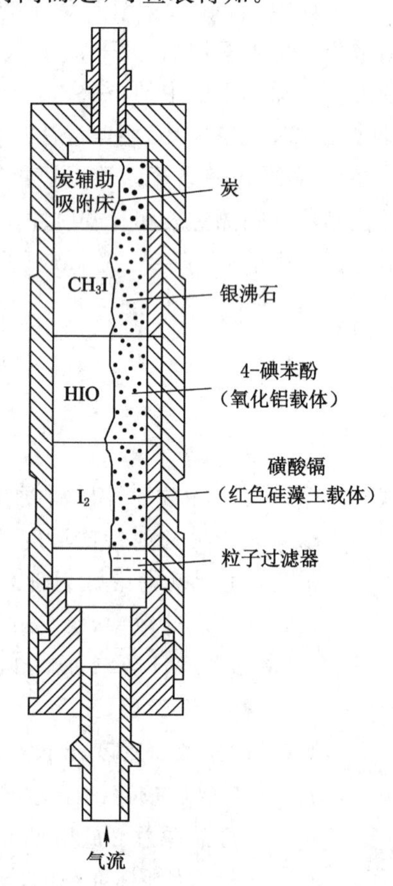

图 7-12 能收集各种形态 ^{131}I 的采样器

4. 个体外照射剂量

个体外照射剂量用佩戴在身体适当部位的个体剂量计测量，这是一种能监测放射性辐射累积剂量的小型、轻便、容易使用的仪器。常用的个体剂量计有袖珍电流电离室、胶片剂量计、热释光体和荧光玻璃。

五、电磁辐射监测

电磁辐射的测量按测量场所分为作业环境测量、特定公众暴露环境测量、一般公众暴露环境测量；按测量参数分为电场强度测量、磁场强度测量和电磁场功率通量密度测量等。对于不同的测量应选用不同类型的仪器，以期获取最佳的测量结果。测量仪器根据测量目的分为非选频式宽带辐射测量仪和选频式辐射测量仪。具有各向同性响应或有方向性响应探头的宽带辐射测量仪属于非选频式宽带辐射测量仪；用于电磁干扰（EMI）测量的场强仪、干扰测试接收机，以及用频谱仪、接收机、天线自行组成测量系统经标准场校准后属于选频式辐射测量仪。测量误差应小于±3 dB，频率误差应小于被测频率的 10^{-3}。该测量系统经模/数转换与计算机连接后，通过编制专用测量软件可组成自动测试系统，实现数据自动采集和统计。

自动测试系统中，测量仪可设置为平均值（适用于较平稳的辐射测量）或准峰值（适用于脉冲辐射测量）检波方式。每次测试时间为 8～10 min，数据采集取样频率为 2 次/s，进行连续取样。

如果测量仪器读出的场强瞬时值的单位为 dB·μV/m，则选用下列公式换算成以 V/m 为单位的场强：

$$E_i = 10^{(\frac{x}{20}-6)} \tag{7-39}$$

式中　x——场强仪读数，dB·μV/m。

然后依次按下列各公式计算：

$$E = \frac{1}{n}\sum_{i=1}^{n} E_i \tag{7-40}$$

$$E_s = \sqrt{\sum^{n} E^2} \tag{7-41}$$

$$E_G = \frac{1}{M}\sum E_s \tag{7-42}$$

式中　E_i——在某测量位、某频段中被测频率 i 的测量场强瞬时值，V/m；

n——E_i 值的读数个数；

E——在某测量位、某频段中各被测频率的场强平均值，V/m；

E_s——在某测量位、某频段中各被测频率的综合场强，V/m；

E_G——在某测量位，在 24 h（或一定时间内）内测量某频段后的总的平均综合场强，V/m；

M——在 24 h（或一定时间内）内测量某频段的次数。

测量的标准误差仍用通常公式计算。

第三节　光和热污染监测

一、光污染监测

（一）定义

一般认为，光污染泛指影响自然环境，对人们正常生活、工作、休息和娱乐带来不利影响，损害人们观察物体的能力，引起人体不舒适感和损害人体健康的各种光。广义的光污染包括一些可能对人的视觉环境和身体健康产生不良影响的事物，包括生活中常见的书本纸张、墙面涂料的反光等。在日常生活中，人们常见的光污染的状况多为由镜面建筑反光所导致的行人和司机的眩晕感，以及夜晚不合理灯光给人体造成的不适感。波长 10 nm～1 mm 的光辐射，即紫外辐射、可见光和红外辐射，在不同的条件下都可能成为光污染源。

（二）分类

光污染一般可分为白亮污染、人工白昼和彩光污染三类。

白亮污染是指在太阳光的强烈照射下，城市里建筑物的玻璃幕墙、釉面砖墙、磨光大理石和各种涂料等装饰反射光线，明晃白亮、炫眼夺目，从而形成的污染。长时间在白色光亮污染环境下工作和生活的人，视网膜和虹膜都会受到不同程度的损害，视力急剧下降，白内障的发病率高达45%；还会使人头昏心烦，甚至发生失眠、食欲下降、情绪低落、身体乏力等类似神经衰弱的症状，使人的正常生理及心理发生变化。

人工白昼是指夜晚商场、酒店的广告灯、霓虹灯的强光，使得夜晚如同白天，从而形成的污染。人工白昼污染使人夜晚难以入睡，扰乱人体正常的生物钟，导致白天工作效率低下，还会伤害鸟类和昆虫，强光可能破坏昆虫在夜间的正常繁殖过程。另外，人工白昼还严重影响天文观测、航空等，很多天文台因此被迫停止工作。据天文学统计，在夜晚天空不受光污染的情况下，可以看到的星星约为7 000颗，而在路灯、背景灯、景观灯乱射的大城市里，只能看到20～30颗星星。

彩光污染是指舞厅、夜总会等娱乐场所安装的黑光灯、旋转灯、荧光灯以及闪烁的彩色光源构成的污染。据测定，黑光灯所产生的紫外线强度大大高于太阳光中的紫外线，且对人体有害影响持续时间长。人如果长期接收这种照射，可诱发流鼻血、脱牙、白内障，甚至导致白血病和其他癌变。彩色光源不仅对眼睛不利，而且干扰大脑中枢神经，使人感到头晕目眩，出现恶心呕吐、失眠等症状。

另外，还根据光污染所影响的范围的大小将光污染分为室外视环境污染、室内视环境污染和局部视环境污染。其中，室外视环境污染包括建筑物外墙、室外照明等；室内视环境污染包括室内装修、室内不良的光色环境等；局部视环境污染包括纸张和某些工业产品等。

（三）光污染的评价指标

能否看清一个物体，或能否辨别物体上的细微部分，都与物体表面的被照明程度有关。为了表明物体的被照明程度，引进了照度这一物理量。照度是反映光照强度的物理量，其物理意义是照射到单位面积上的光通量，单位是勒（克斯）(lx)，表示每平方米的流明(lm)数，流明是光通量的单位。

（四）测量仪器

照度计是一种用于测量被照物体表面上照度的仪器，是照度测量中用得最多的仪器之一。照度计通常由硒光电池或硅光电池和微安表组成(图7-13)，又称勒克斯表。

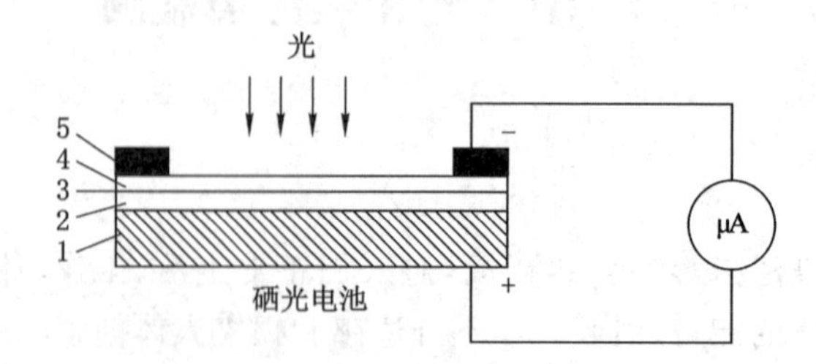

1—金属底板；2—硒层；3—分界面；4—金属薄膜；5—集电环。

图7-13　硒光电池照度计原理图

光电池是把光能直接转换成电能的光电元件。当光线射到硒光电池表面时，入射光透过金属薄膜到达半导体硒层和金属薄膜的分界面上，在界面上产生光电效应。产生电位差的大小与光电池受光表面上的照度有一定的比例关系。这时如果接上外电路，就会有电流通过，电流值从以勒(克斯)(lx)为刻度的微安表上指示出来。光电流的大小取决于入射光的强弱和回路中的电阻。照度计有变挡装置，可以测高照度，也可以测低照度。

二、热污染监测

(一) 定义

热污染是指工农业生产和人类生活中排放的废热造成环境热化，损害环境质量，进而又影响人类生产、生活的一种增温效应。热污染是一种能量污染，是指人类活动危害热环境的现象，常发生在城市、工厂、火电厂、核电站等人口稠密和能源消耗大的地区。随着社会生产力的发展，能源消耗迅速增加，在能源转化和消费过程中不仅产生直接危害人类的污染物，而且还产生了对人体无直接危害的CO_2、水蒸气和热废水等。这些成分排入环境后引起环境增温效应，达到损害环境质量的程度，便成为热污染。

(二) 类型

热污染一般分为水体热污染和大气热污染。

水体热污染：热电厂、核电站、钢铁厂的循环冷却系统排放的热水；石油、化工、铸造、造纸等工业排放含大量废热的废水。燃煤火电厂热能利用率仅40%，轻水堆核电站仅为31%～33%，核电站冷却水消耗量较火电厂多50%以上。废热随冷却水或工业废水排入地表水体，导致水温急剧升高，对水生生物造成危害。

大气热污染：城市和工业大规模燃烧过程产生废热，高温产品、炉渣和化学反应也产生废热等。目前关于大气热污染的研究主要集中在城市热岛效应和温室效应。温室气体的排放抑制了废热向地球大气层外扩散，更加剧了大气的升温过程。

(三) 热污染的评价指标

1. 水体热污染的评价指标

最高周平均温度(MWAT)：根据鱼类生长的最高起始致死温度(UILT)和最适温度制定的一项综合指标。

(1) 起始致死温度：50%驯化个体能够无限期存活下去的温度值，通常以LT_{50}表示。

(2) 最高致死温度：随着驯化温度升高，LT_{50}亦升高，当驯化温度升至一定温度时，LT_{50}不再升高，此时LT_{50}值即最高致死温度。

2. 大气热污染的评价指标

(1) 有效温度：将干球温度、湿度、空气流速对人体温暖感或冷感的影响综合成一个单一数值的任意指标，数值上等于产生相同感觉的静止饱和空气的温度。

(2) 标准有效温度：在某一标准环境中的温度。

(3) 干-湿-黑球温度：是干球温度法、湿球温度法和黑球温度法测得的温度值按一定比例的加权平均值。

(4) 操作温度(OT)：是平均辐射温度和空气温度关于各自对应的换热系数的加权平均值。

思 考 题

1. 什么是噪声？噪声对人的健康有什么危害？

2. 真空中能否传播声波？为什么？

3. 可听声的频率范围为20～20 000 Hz，试求出500 Hz、5 000 Hz、10 000 Hz的声波波长。

4. 声压增大为原来的两倍时，声压级提高多少分贝？

5. 已知某声源均匀辐射球面波，在距声源4 m处测得有效声压为2 Pa，空气密度为1.2 kg/m^3。试计算测点处的声强、质点振动速度有效值和声功率。

6. 什么是电磁辐射污染？电磁污染源可分为哪几类？各有何特性？

7. 电磁辐射评价包括哪些内容？评价的具体方法有哪些？

8. 电磁辐射防治有哪些措施？各自适用的条件是什么？

9. 环境中放射性的来源主要有哪些？

10. 辐射对人体的作用和危害是什么？

11. 理解热环境的概念及热量来源。

12. 简述热污染的概念和类型。

13. 热污染的主要危害有哪些？

14. 水体热污染通常发生在什么样的水体？最根本的控制措施是什么？

15. 什么是光污染？光污染的主要类型有哪些？

16. 什么是眩光污染？试简述其产生原因、危害及防治措施。

知识拓展阅读

拓展1：阅读《声环境质量标准》(GB 3096—2008)。

拓展2：阅读《民用建筑隔声设计规范》(GB 50118—2010)。

拓展3：阅读《社会生活环境噪声排放标准》(GB 22337—2008)。

第八章　环境监测过程的质量管理

本章知识要点

本章主要介绍环境监测质量保证的主要内容；监测质量控制的方法；监测数据统计处理的方法和结果的表达。

环境监测对象成分复杂，时间、空间量级上分布广泛，且随机多变，不易准确测量。特别是在区域性、国际大规模的环境调查中，常需要在同一时间，由许多实验室和仪器同时参加、同步测定，这样就要求各个实验室从采样到结果所提供的数据具有规定的准确性和可比性，以便做出正确的结论。因此要求对环境监测的整个流程进行质量管理。环境质量保证和质量控制，既是一种保证监测数据准确可靠的方法，又是科学管理实验室和监测过程的有效措施。

第一节　环境监测质量保证内容

环境监测质量保证(quality assurance，QA)是整个监测过程的全面质量管理，是确保监测数据完整、具有代表性及可比性而采取的管理措施。它包括保证检测结果正确、成熟可靠的全部技术手段和管理程序(图 8-1)。

为了保证环境监测过程质量，我国相继颁布了《国家监控企业污染源自动监测数据有效性审核办法》《环境监测质量管理规定》《环境监测人员持证上岗考核制度》《环境监测技术路线》《环境质量报告书编写技术规范》《环境监测质量管理技术导则》等系列技术规范。

一、指导思想和组织措施

环境监测优化布点在整体和宏观上能反映水系或所在区域的水环境质量状况，而具体位置则能反映所在区域污染特征。考虑到污染物的时空分布和变化规律，优化筛选最少监测点以取得有代表性的环境信息和监测数据是至关重要的。实测数据受多种因素影响，要取得准确可靠的数据，保证监测质量，必须在整个监测工作的各个环节实施严格的质量管理和质量保证措施。

二、技术路线

质量保证与质量控制工作是一项难度大、涉及面广的技术管理工作，必须以严谨的科学

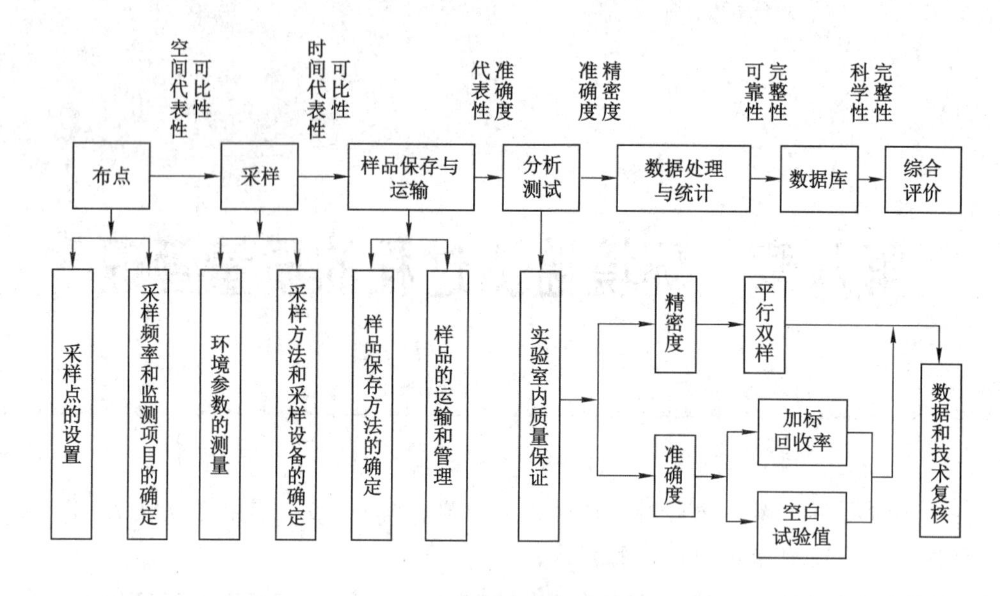

图 8-1　环境监测质量保证系统

态度和踏实的工作作风,进行严密的组织管理。在组织措施落实的同时,必须对整个点位实测全过程进行科学的管理,制订一套指导质量保证和质量控制工作的技术方案,由专人负责,从组织上确保质量保证和质量控制工作的顺利开展。

三、监测人员的素质要求

监测人员须具备扎实的环境监测基础理论和专业知识;正确熟练地掌握环境监测中操作技术和质量控制程序;熟知有关环境监测管理的法规、标准和规定;学习和了解国内外环境监测新技术、新方法。监测人员须持证上岗。

四、环境监测过程质量保证内容

(一) 制订监测方案

制订监测方案前,应明确监测任务的性质、目的、内容、方法、质量和经费等要求,必要时到现场踏勘、调查与核查。

监测方案一般包括监测目的和要求、监测点位、监测项目和频次、样品采集方法和要求、监测分析方法和依据、质量保证与质量控制(QA/QC)要求、监测结果的评价标准、监测时间安排、提交报告的日期和对外委托情况等。

(二) 监测点位布设

监测点位应根据监测对象、污染物性质和数据的预期用途等,按国家环境保护标准、其他的国家标准和行业标准、相关技术规范和规定进行设置,保证监测信息的代表性和完整性。监测点位如需变更,须经生态环境主管部门批准及备案。

样本的时空分布应能反映主要污染物的浓度水平、波动范围和变化规律。重要的监测点位应设置专用标志。

(三) 样品采集

(1) 根据监测方案所确定的采样点位、污染物项目、频次、时间和方法进行采样。必要时制订采样计划,内容包括采样时间和路线、采样人员和分工、采样器材、交通工具以及安全保障等。

（2）采样人员应充分了解监测任务的目的和要求，了解监测点位的周边情况，掌握采样方法、监测项目、采样质量保证措施、样品的保存技术和采样量等，做好采样前的准备。

（3）采集样品时，应符合相关规范要求，并对采样准备工作和采样过程进行必要的质量监督。必要时，可使用定位仪或照相机等辅助设备来确认采样点位置。

（四）样品管理

1. 样品运输与交接

样品运输过程中应采取相应的措施以保证样品性质稳定，避免玷污、损失和丢失。样品接收、核查和发放各环节应有样品交接记录，样品标签及包装应完整。若发现样品有异常或处于损坏状态，应如实记录，并尽快采取相关处理措施，必要时重新采样。

2. 样品保存

样品应分区存放并有明显标志，以免混淆。样品保存条件应符合相关标准或技术规范要求。严格遵守《水质 样品的保存和管理技术规定》(HJ 493—2009)。

（五）样品分析测试

样品分析测试方法优先选择国家标准方法和最新版本的监测分析方法。如采用其他方法，必须进行等效性实验，并报上级监测站批准备案。对分析测定所用计量分析仪器应定期送法定计量检定机构进行检定，经检定合格方准使用。

（六）监测数据处理

监测数据的计算、检验和异常值的剔除等需要按照环境监测技术规范及监测分析质量保证手册中数据处理的规定方法进行。

（七）监测数据审核制度

监测数据原始记录实行三级审核制度，包括采样、分析原始记录、报告。第一级审核由采样人员和分析人员相互校对，现场采样人员认真填写采样记录并相互审查；第二级审校由分析人员将分析数据交校对者校核或实验室负责人审核；第三级为质量管理人员审核。

第二节　环境监测质量控制方法

环境监测质量控制(quality control，QC)是环境监测质量保证的重要组成部分，旨在通过实施控制措施，确保监测过程中所有环节符合监测计划规定的质量要求。通常包括布点过程质量控制、采样过程质量控制、实验室内部质量控制、实验室间质量控制、报告数据质量控制。

一、布点和采样过程的质量控制

（一）监测布点的质量控制

监测布点是确保监测过程获得监测区域真实数据的保证和前提。要根据监测任务制订出布点质量控制措施，使布点方案尽量合理，采样布点方法及采样点具体位置的选择应符合国家标准及有关技术规范的要求；并根据环境条件和环境污染状况的变化，及时对监测点位的布设进行检查和调整，使之不断地满足监测任务的需要。

（二）采样过程的质量控制

采样过程是一个复杂的综合过程，主要由样品采集、样品处理与保存、样品运输、样品交接等环节构成，其中每个环节有着不同的质量控制内容。采样过程的质量控制是全程质量控制环节中的重要一环。采样时应遵循不同环境介质、不同污染物质的采样规则，采样过程中应注意环境条件或工况的变化，并及时记录。

二、实验室内部质量控制

实验室内部质量控制是实验室自我控制质量的常规程序，能够反映分析质量的稳定性，以便及时发现异常情况并采取相应的校正措施。

（一）空白试验

空白试验可消除或减少由试剂、蒸馏水或器皿带入的杂质所造成的系统误差。空白试验是在不加入试样的情况下，按与测定试样相同的步骤和条件进行的试验。试验所得结果称为空白值。从试样的测定结果中扣除空白值，就可得到比较可靠的分析结果。

（二）标准曲线的检验

所有使用标准曲线的分析方法，都是在测得信号值后，会通过标准曲线确定其含量（或浓度）。因此，绘制准确的标准曲线直接影响样品分析结果的准确性。因此，对所绘制的标准曲线进行检验是至关重要的。检验的方法有线性检验和截距检验。

1. 线性检验

即检验标准曲线的精密度。对于以 4～6 个浓度单位所获得的测量信号值绘制的标准曲线，分光光度法一般要求其相关系数 $r \geqslant 0.9990$，否则应找出原因并加以纠正，重新绘制合格的标准曲线。

2. 截距检验

即检验标准曲线的准确度。在线性检验合格的基础上，对其进行线性回归，得出回归方程 $y=a+bx$（a 为直线斜率，也称回归系数；b 为直线在 y 轴上的截距），然后将所得截距 a 与 0 作 t 检验，当取 95%置信水平，经检验无显著性差异时，a 可作 0 处理，方程简化为 $y=bx$，移项得 $x=y/b$。

标准曲线不得长期使用，不得相互借用。一般情况下，标准曲线应与样品测定同时进行。

（三）平行样测定

应按《环境监测分析方法标准制订技术导则》（HJ 168—2020）方法要求随机抽取一定比例的样品做平行样品测定。在采样或样品处理分装过程中编入 10%～15%的密码平行样或质控样。样品不足 10 个，应做 50%～100%的密码平行样或质控样。

（四）加标回收率试验

加标回收率是指在没有被测物质的样品基质中加入定量的标准物质，按样品的处理步骤分析，得到的结果与理论值的比值。加标回收率的测定是实验室内经常用以自控的一种质量控制技术。加标回收率试验包括空白加标回收率试验、样品加标回收率试验等。

空白加标回收率是指在没有被测物质的空白样品基质中加入定量的标准物质，按样品的处理步骤分析，得到的结果与理论值的比值。

样品加标回收率是指相同的样品取两份，其中一份加入定量的待测成分标准物质；两份同时按相同的处理步骤分析，加标的一份所得的结果减去未加标一份所得的结果，其差值同加入标准物质的理论值之比。

$$加标回收率(\%)=\frac{加标试样测定值-试样测定值}{加标量}\times 100\%$$

加标回收率越接近 100%,说明该方法越准确。

（五）对照试验

对照试验是检验测定方法是否存在系统误差的方法之一。例如,在进行新的分析方法研究时,可用标准试样检验方法的准确度,也可用国家规定的标准方法或公认可靠的"经典"分析方法对同一试样进行分析,将分析结果与新方法的结果进行对照,如果一致,则说明新方法可靠。另外,为了检查分析人员之间是否存在系统误差或其他问题,可将一部分试样重复安排在不同分析人员之间互相进行对照试验。

（六）质量控制图

质量控制图是一种最简单、最有效的统计方法,可用于环境监测中日常监测数据的有效性检验。

质量控制图是根据分析结果之间的变异性,依据正态分布的原理绘制而成的。质量控制图通常由一条中心线和上、下控制限,上、下警告限及上、下辅助线组成。横坐标为样品序号(或日期),纵坐标为统计值,如图 8-2 所示。

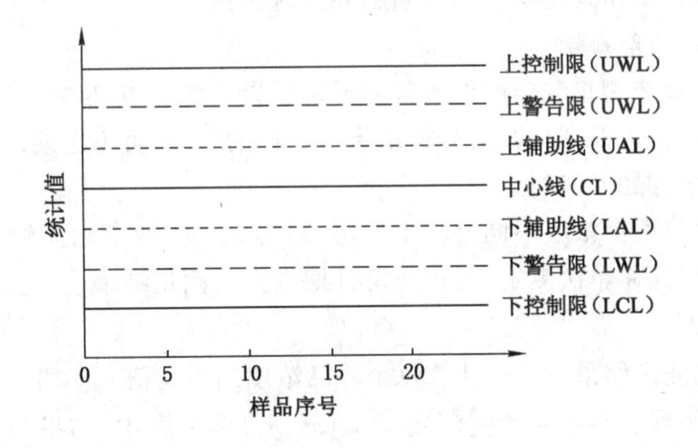

图 8-2　质量控制图的基本组成

常用的质量控制图是均数控制图,绘制过程如下:

(1) 测定质量控制样品:至少测定 20 个数据,每个数据由一对平行样品的测定结果求得。数据应在同一天测得。

(2) 计算:按照公式计算总体均值$\bar{\bar{x}}$和标准偏差 S,即

$$\bar{\bar{x}}=\frac{\sum \bar{x}_i}{n}$$

$$S=\sqrt{\frac{\sum(\bar{x}_i-\bar{\bar{x}})^2}{n-1}}$$

(3) 绘制质量控制图

以分析次序为横坐标、相应的测定结果的统计值为纵坐标作图。

中心线——按总均值$\bar{\bar{x}}$ 绘制;上、下控制限——按$\bar{\bar{x}}\pm 3S$ 值绘制;上、下警告限——按$\bar{\bar{x}}\pm 2S$值绘制;上、下辅助线——按$\bar{\bar{x}}\pm S$ 值绘制。

在绘制均值质量控制图时，落在$\bar{\bar{x}} \pm S$范围内的点数应约占总点数的68%。若少于50%，则分布不合适，此图不可靠。若连续7个点位于中心线同一侧，表示数据失控，此图不适用。

三、实验室间质量控制

实验室间质量控制是在实验室内质量控制的基础上进行的，由上一级监测站提供标准样，用于评估各实验室的分析结果、验证分析方法、考察加密码样等。它是发现和消除实验室间系统误差的重要措施，确保各级监测站的监测数据具有准确可比性。

（一）实验室质量考核

由负责考核单位根据所要考核项目的具体情况，制订具体考核实施方案。考核方案一般包括质量考核测定项目、质量考核分析方法、质量考核参加单位、质量考核统一程序、质量考核结果评定等内容。

考核内容有分析标准样品或统一样品；测定加标样品；测定空白平行样品，核查检出限；测定标准系列，检查相关系数和计算回归方程，进行截距检验等。

通过质量考核，最后由负责单位综合实验室的数据进行统计处理后作出评价，予以公布。各实验室可以从中发现所存在的问题并及时纠正。

（二）实验室误差测验

在实验室间造成测量数据的误差常为系统误差。为检查实验室间是否存在系统误差、了解其大小和方向，以及评估其对分析结果可比性的影响，可不定期地对相关实验室进行误差测验，以便发现问题及时纠正。

测验方法是将两个浓度不同但较接近（分别为x_i、y_i，两者相差约±5%）的样品同时分发给各实验室，对其作单次测定，并在规定日期内上报测定结果。

1. 双样图法

根据上报的测定结果x_i、y_i，计算每个样品浓度的平均值$\bar{x}$、$\bar{y}$，并在坐标纸上画出$\bar{x}$值的垂线和$\bar{y}$值的水平线。将各实验室测定结果（x_i、y_i）标在图中，结果如图8-3所示。可以根据图形判断实验室间存在的误差。如果得到圆形分布的双样图[图8-3(a)]，则不存在系统误差；如果得到椭圆形分布的双样图[图8-3(b)]，则存在系统误差。根据椭圆形的长轴和短轴之差及其位置，可以判断实验室间系统误差的大小和方向。根据各实验室所得测试结果的分散程度可评估实验室间的精密度和准确度。

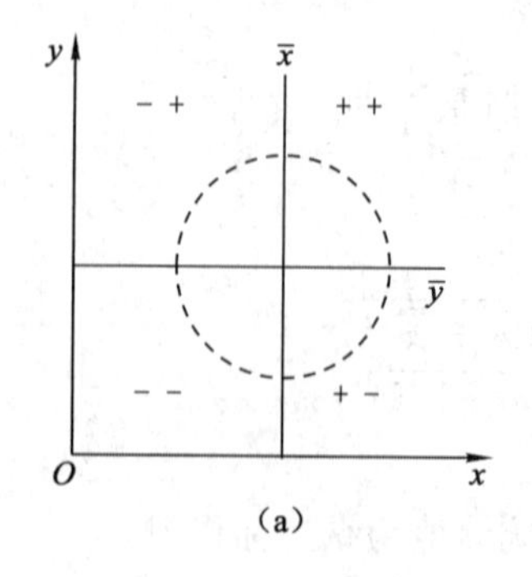

(a)

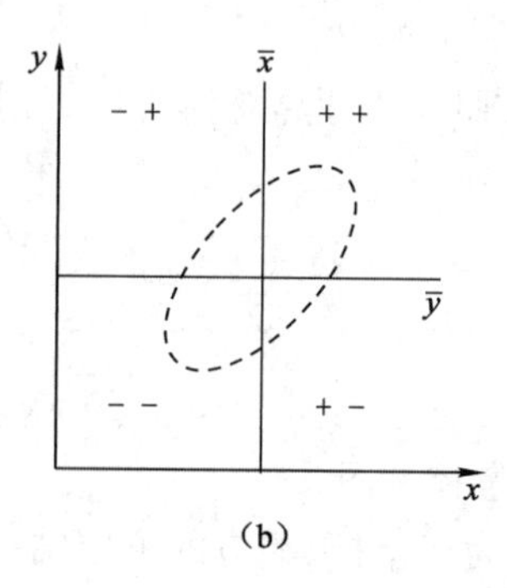

(b)

图8-3　双样图

2. 标准差法

(1) 对各组数据(x_i、y_i)分别求和值、差值,计算公式表 8-1 所示。

表 8-1　和值和差值计算公式

和值	差值
$x_1+y_1=T_1$ $x_2+y_2=T_2$ $\vdots$ $x_n+y_n=T_n$	$\lvert x_1-y_1\rvert=D_1$ $\lvert x_2-y_2\rvert=D_2$ $\vdots$ $\lvert x_n-y_n\rvert=D_n$

(2) 取和值T_i计算各实验室数据分布的标准偏差:

$$S=\sqrt{\frac{\sum T_i^2-\frac{(\sum T_i)^2}{n}}{2(n-1)}}$$

式中分母除以 2 是因为 T_i 值中包括两个类似样品的测定结果,从而含有两倍的误差。

3. 方差分析法

在应用方差分析法(F 检验法)时,首先要求这两组测定值的平均值的精密度没有显著差别,然后可采用 F 检验法进行判断。

$$F_{计算}=\frac{S_{大}^2}{S_{小}^2}$$

式中,$S_{大}$和 $S_{小}$ 分别代表两组数据中标准偏差大的数值和小的数值。若 $F_{计算}\leqslant F_{表}$,再继续用 t 检验法判断$\bar{x}_1$ 与$\bar{x}_2$ 是否有显著性差异;若 $F_{计算}>F_{表}$,不能用此法进行判断。

第三节　监测数据的统计处理与结果表达

监测中获得的数据是描述和评价环境质量的基本依据。由于受监测条件限制和操作人员技术水平的影响,测量值与真值之间常存在差异。环境污染的流动性、变异性及与时空因素的关系,使某一区域的环境质量受多种因素综合影响。因此,需要以一定频率测定数据,通过大量数据综合才能描述监测区域的环境质量,这也就需要对测得的数据进行必要的统计处理。

一、测量数据中的误差

误差是指测定值 x_i 与真值 μ 之间的差值。任何测量结果都有误差,误差是客观存在的。

(一) 误差的分类

误差按其产生的原因及性质的不同,可以分为两类:系统误差或可测误差(determinate error),随机误差(random error)或偶然误差。

1. 系统误差

系统误差产生的原因包括方法不完善、试剂纯度不够、测量仪器本身缺陷以及操作人员操作不当。因此,系统误差具有重复性、单向性、不变性的特点。在实验过程中,可以通过试剂提纯、对照试验、空白试验和回收试验等方法来消除系统误差。

2. 随机误差

随机误差是由一些无法控制的不确定因素引起的，如环境温度、湿度、污染等的变化可能导致测量结果出现微小误差。这类误差时大时小，时正时负，但随着测定次数的增多，随机误差的分布是遵从正态分布的。所以，为了消除随机误差，可以增加测定次数。

（二）误差的表示方法

误差(error)的大小用绝对误差 E 和相对误差 E_r 来表示。即

$$E = x_i - \mu$$

$$E_r = \frac{x_i - \mu}{\mu} \times 100\%$$

相对误差表示绝对误差对于真值所占的百分率。

实际工作中，真值实际上是无法获得的，我们往往用纯理论值、国家权威部门提供的参考数值或多次测定结果的平均值当作真值。

多次测定的平均值与真值的接近程度称为准确度(accuracy)，常用误差大小表示。误差越小，准确度越高。

（三）偏差

偏差(deviation)是指个别测定结果 x_i 与几次测定结果的平均值$\overline{x}$之间的差值。偏差的大小用绝对偏差和相对偏差表示。即

$$d_i = x_i - \overline{x}$$

$$d_r = \frac{x_i - \overline{x}}{\overline{x}} \times 100\%$$

在一般的分析工作中，测定次数是有限的，这时的偏差称为样本的标准偏差，以 S 表示。

$$S = \sqrt{\frac{1}{n-1}\sum_{i=1}^{n} d_i^2}$$

式中的$(n-1)$表示 n 个测定值中具有独立偏差的数目，又称自由度。

在确定的条件下，将测定方法实施多次，所得测定数据之间的一致程度称为精密度。精密度反映了测量的重复性和再现性，测定结果越接近，精密度越高。

二、分析结果的数据处理

（一）可疑数据的取舍

数据中出现个别值离群太远时，首先要检查测定过程中，是否有操作错误，是否有过失误差存在，不能随意地舍弃离群值，因此需进行统计处理，即判断离群值是否仍在随机误差范围内。常用的统计检验方法有 Grubbs 检验法和 Q 值检验法。

1. Grubbs 检验法

步骤是：将测定值由小到大排列，$x_1 < x_2 < \cdots < x_n$，其中 x_1 或 x_n 可疑，需要进行判断。首先算出 n 个测定值的平均值$\overline{x}$及标准偏差 S。

判断x_1时按下式计算

$$G_{计算} = \frac{\overline{x} - x_1}{S}$$

判断 x_n 时按下式计算

$$G_{计算}=\frac{x_n-\overline{x}}{S}$$

得出的$G_{计算}$值若大于表 8-2 中的临界值 $G_{表}$，即 $G_{计算}>G_{表}$（置信度选 95%，置信度是指测定值出现的概率大小），则x_1或x_n应弃去，反之则保留。

表 8-2　$G_{表}$ 值

测定次数	置信度		
	95%	97.5%	99%
3	1.15	1.15	1.15
4	1.46	1.48	1.49
5	1.67	1.71	1.75
6	1.82	1.89	1.94
7	1.94	2.02	2.10
8	2.03	2.13	2.22
9	2.11	2.21	2.32
10	2.18	2.29	2.41
11	2.23	2.36	2.48
12	2.29	2.41	2.55
13	2.33	2.46	2.61
14	2.37	2.51	2.66
15	2.41	2.55	2.71
20	2.56	2.71	2.88

此法在计算过程中应用了平均值$\overline{x}$及标准偏差 S，故判断的准确性较高。

2. Q 值检验法

如果测定次数在 10 次以内，使用 Q 值检验法比较简单。

步骤是：将测定值由大到小排列，$x_1<x_2<\cdots<x_n$，其中 x_1 或 x_n 可疑，需要进行判断。

当 x_1 可疑时，用

$$Q_{计算}=\frac{x_2-x_1}{x_n-x_1}$$

算出 Q 值。

当x_n可疑时，用

$$Q_{计算}=\frac{x_n-x_{n-1}}{x_n-x_1}$$

算出 Q 值。

式中x_n-x_1称为极差，即最大值和最小值之差。

若 $Q_{计算}>Q_{表}$，则弃去可疑值，反之则保留。$Q_{表}$的数据见表 8-3。

表 8-3 $Q_{表}$ 值

测定次数 n	$Q_{0.90}$	$Q_{0.95}$	$Q_{0.99}$
3	0.94	0.98	0.99
4	076	0.85	0.93
5	0.64	0.73	0.82
6	0.56	0.64	0.74
7	0.51	0.59	0.68
8	0.47	0.54	0.63
9	0.44	0.51	0.60
10	0.41	0.48	0.57

（二）测定结果的统计检验

在环境监测中，所研究对象往往是环境中不了解的或者是未知的污染物质，所以监测数据和监测方法也会存在相应的不确定性。例如测量值的均值是否等于真值；检验某种测定方法是否可靠，是否有足够的准确度。对于比较两种测定方法的效果，通常需要进行统计检验。下面讨论两均值差异的显著性检验（t 检验）。

1. 样本均值与标准值的比较

为了检验一个分析方法是否可靠，是否有足够的准确度，常用 t 检验法将测定的平均值与标准值比较，按下式计算 t 值：

$$t=\frac{|\bar{x}-\mu|}{S}\sqrt{n}$$

若$t_{计算}>t_{表}$，则$\bar{x}$与标准值有显著性差异，表明被检验的方法存在系统误差，$t_{表}$ 值见表 8-4；若 $t_{计算}\leqslant t_{表}$，则$\bar{x}$与标准值之间的差异性是随机误差引起的正常差异。

表 8-4 $t_{表}$ 值

测定次数 n	置信度		
	0.90	0.95	0.99
2	6.314	12.706	63.657
3	2.920	4.303	9.925
4	2.353	3.182	5.841
5	2.132	2.776	4.604
6	2.015	2.571	4.032
7	1.943	2.447	3.707
8	1.895	2.365	3.500
9	1.860	2.306	3.355
10	1.833	2.262	3.250
11	1.812	2.228	3.169
21	1.725	2.086	2.846
∞	1.645	1.960	2.576

2. 两种测定方法的比较

为了选择更准确且成本更低的方法，需要对两种方法进行比较，检验它们是否存在显著性差异，即是否存在系统误差。在这种情况下，可以选用 t 检验法进行判断。

两种测定方法分别测得两组数据，即第一组和第二组数据的算术平均值分别为$\bar{x}_1$，$\bar{x}_2$，则

$$t=\frac{|\bar{x}_1-\bar{x}_2|}{S_{合}}\sqrt{\frac{n_1 n_2}{n_1+n_2}}$$

其中

$$S_{合}=\sqrt{\frac{(n_1-1)S_1^2+(n_2-1)S_2^2}{n_1+n_2-2}}$$

（三）监测结果的表述

对一个样品某一指标的测定，由于真实值很难测定，所以常用有限次的监测数值来反映真实值，其结果表达方式一般有以下几种。

1. 用算术平均值($\bar{x}$)表示测量结果与真值的集中趋势

测量过程中排除系统误差后，只存在随机误差，根据正态分布的原理，当测定次数无限多($n\rightarrow\infty$)时的样本均值($\bar{x}$)应与真值(μ)很接近，但实际测量次数有限。因此样本的算术平均值表示测量结果与真值的集中趋势，是表达监测结果最常用的方式。

2. 用算术平均值和标准偏差表示测量结果的精密度($\bar{x}\pm S$)

算术平均值代表集中趋势，标准偏差表示离散程度。算术平均值代表性的大小与标准偏差的大小有关，即标准偏差大，算术平均值代表性小，反之亦然，故而监测结果常以($\bar{x}\pm S$)表示。

3. 用($\bar{x}\pm S$，CV)表示结果

标准偏差大小还与所测均值水平或测量单位有关。不同水平或单位的测量结果之间，其标准偏差是无法进行比较的，而变异系数是相对值，故可在一定范围内用来比较不同水平或单位的测量结果之间的差异。

三、环境质量图

环境质量图是用不同的符号、线条或颜色来表示各种环境要素的质量或各种环境单元的综合质量的分布特征和变化规律的图。环境质量图既是环境质量研究的成果，又是环境质量评价结果的表示方法。好的环境质量图不但可以节省大量的文字说明，而且具有直观、可以量度和对比等优点，有助于了解环境质量在空间上分异的原因和在时间上发展的趋向，为进行环境区划和制订环境保护措施提供依据。

环境质量图，按评价项目可分为单项环境质量图、单要素环境质量图和综合环境质量图等；按区域可分为城市环境质量图、工矿区环境质量图、农业区域环境质量图、旅游区域环境质量图和自然区域环境质量图等；按时间可分为历史环境质量图、现状环境质量图和环境质量变化趋势图；按编制方法可分为定位图、等值线图、分级统计图和网格图等。各种环境质量图是根据制图目的不同而选择不同参数、标准和方法绘制出来的。

（一）定位的环境质量图

在确定的监测点上，用不同形状或不同颜色的符号表示各种环境要素的环境质量及其相关的事物，如颗粒物、二氧化硫、氮氧化物等。这种方法多用于表示监测点、污染源等处的环境质量或污染状况。可以使用各种符号，如长柱、圆圈、方块等，如图 8-4 所示。

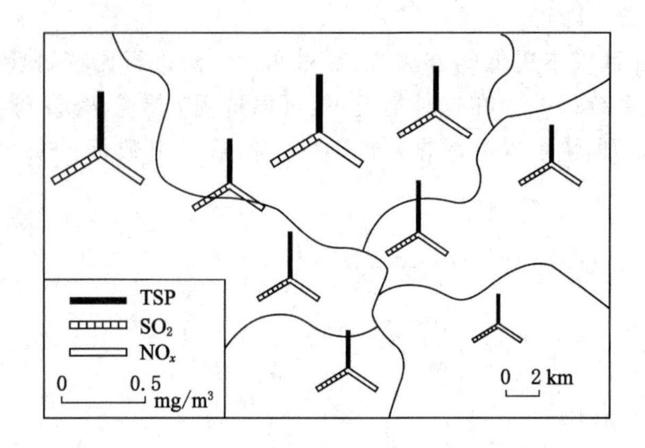

图 8-4 环境监测点的大气污染表示法

（二）区域的环境质量图

通过使用各种不同的符号、线条或颜色等，可以在指定范围内（如一个河段、一个水域、一个行政区域或功能区域）展示某种环境要素的质量、环境的综合质量以及反映环境质量的综合等级。这种环境质量图能够清晰展示环境质量的空间差异和变化。例如，从图 8-5 可以清晰看出河流下游的河水质量逐渐提高。

（三）等值线图

通过内插法，在一个区域内根据具有一定密度的测点观测数据，可以绘制等值线图（图 8-6），以展示环境质量在空间分布上的连续和渐变情况。这种方法可用于表示大气、海洋（湖泊）水域以及土壤中各种污染物的分布。

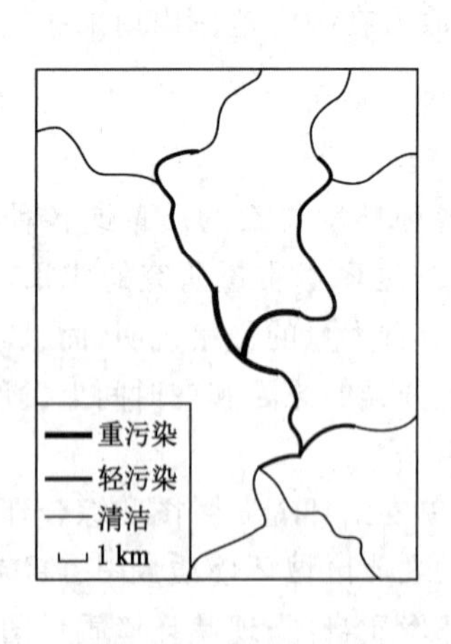

图 8-5 河流水环境质量图

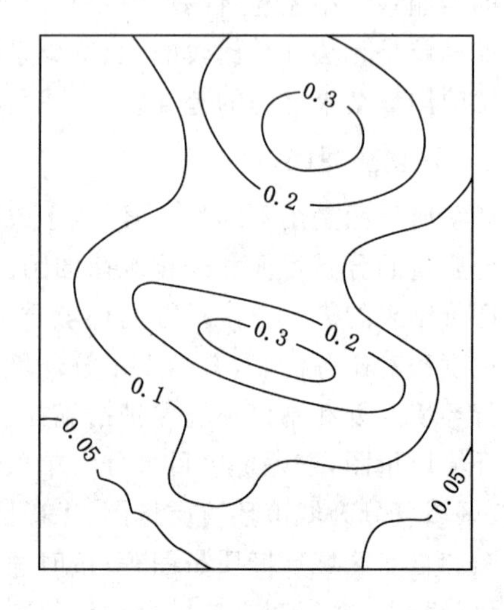

图 8-6 等值线图

（四）网格图

把一个被评价的区域分成许多正方形网格，用不同的晕线或颜色将各种环境要素按评定的级别在每个网格中标出，还可以在网格中注明数值。这种方法具有分区明确、统计方便等特点，在环境质量评价中经常使用。城市环境质量评价图多用此法绘制，如图 8-7 所示。

（五）类型分区图

类型分区图又称底质法图。在一个区域范围内按环境特征分区，并用不同的晕线或颜色将各分区的环境特征显示出来。这种方法常用来编制环境功能分区图、环境区划图、环境保护规划图等，如图 8-8 所示。

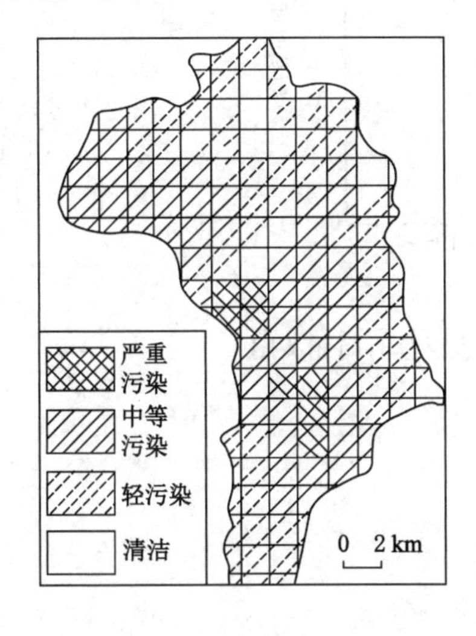

图 8-7　城市环境质量网络图

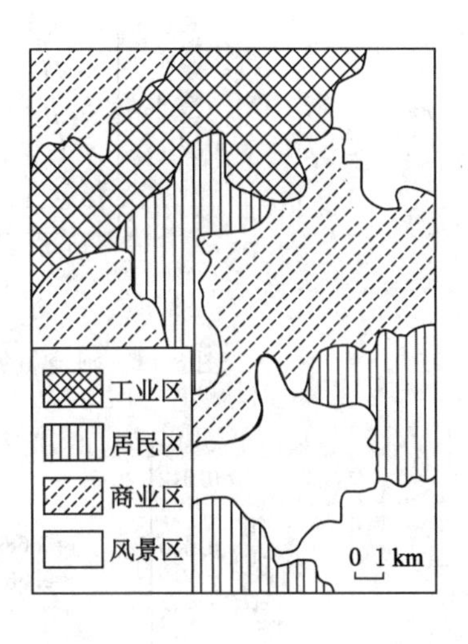

图 8-8　城市环境功能分区图

（六）时间变化图

用来表示各种污染物浓度随时间变化的关系曲线。如污染物的日变化、季节变化和年代变化等，如图 8-9 所示。

（七）过程线图

在环境调查或环境污染调查中，常研究环境中污染物的自净能力及污染物的衰减过程，如污染物在河流中随着河水流动距离的增加而发生的浓度变化规律，如图 8-10 所示。

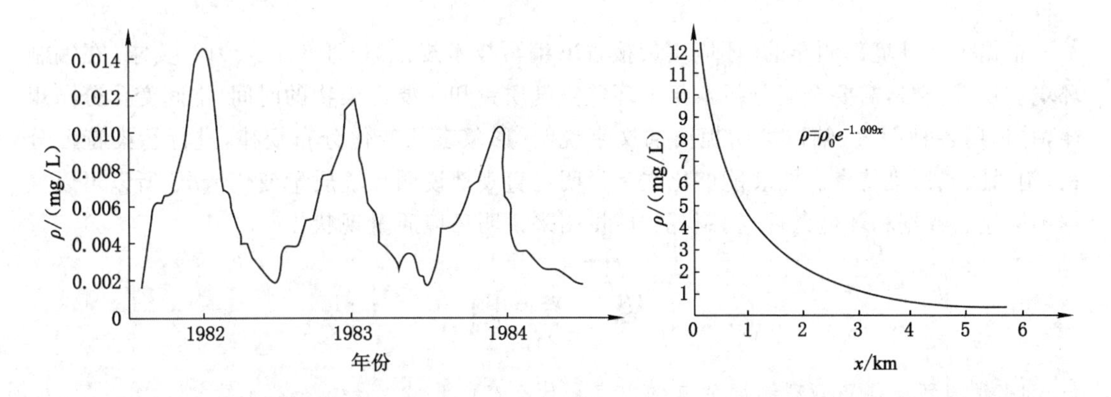

图 8-9　某水域污染物浓度随时间变化图

图 8-10　河流某污染物浓度变化过程图

（八）相关图

由于环境介质较为复杂，污染物的变化与环境多种因素相关，因此需要绘制体现多因素的相关图，如图 8-11、图 8-12 所示。

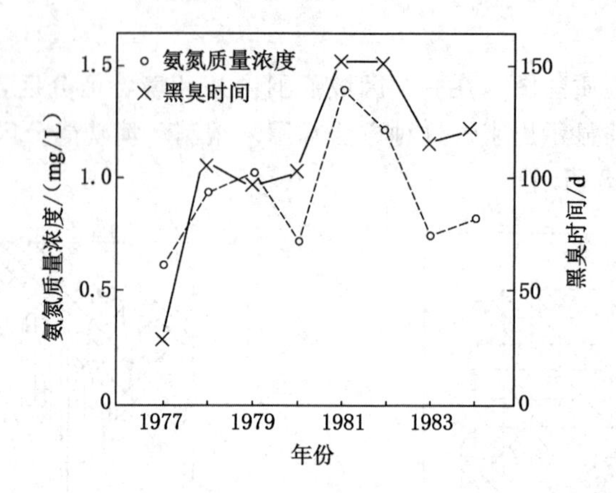

图 8-11　河流氨氮质量浓度和河水黑臭时间相关图

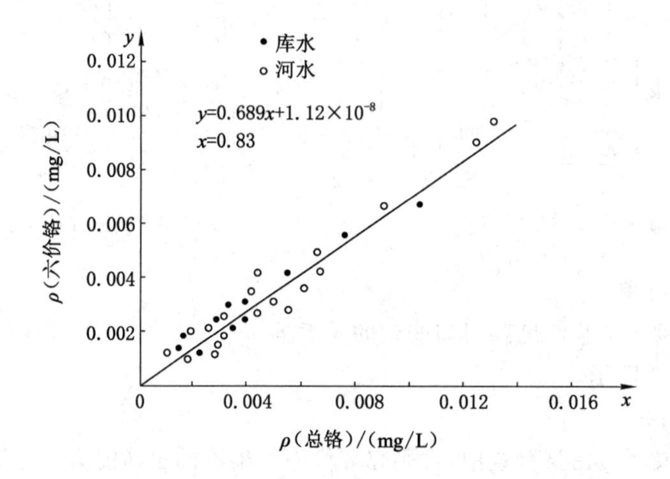

图 8-12　某水域中六价铬与总铬浓度之间的相关图

根据生态环境部颁布的《环境质量报告书编写技术规范》(HJ 641—2012)要求,在编制环境质量报告时,需要全面分析本年度环境空气质量和主要污染物的时间、空间变化分布规律,并运用各种图表,辅以简明扼要的文字说明,形象表征变化分布规律,进行污染特征分析,阐明区域污染特点。图表能够比文字说明更直观地说明环境质量变化情况,所以可以根据不同监测数据和环境条件,编制各类质量图来说明环境质量现状。

思　考　题

1. 我国环境监测管理制度的基本内容是什么?
2. 为什么在环境监测中要开展质量保证工作?它包括哪些内容?
3. 实验室质量控制的内容和方法是什么?
4. 简述监测误差产生的原因及减免的办法。
5. 什么是监测质量控制图?它起什么作用?
6. 为什么在环境监测中必须采用国家规定的标准方法,并严格按照规范操作?

知识拓展阅读

拓展1:阅读《环境监测质量管理技术导则》(HJ 630—2011)。

拓展2:阅读《控制图 第1部分:通用指南》(GB/T 17989.1—2020)。

拓展3:阅读《数据的统计处理和解释 正态样本离群值的判断和处理》(GB/T 4883—2008)。

拓展4:阅读《环境监测分析方法标准制订技术导则》(HJ 168—2020)。

第九章　现代环境监测技术

本章知识要点

本章重点介绍环境空气自动监测和地表水自动监测；环境遥感监测技术及应用；空气质量预报内容和方法。

随着计算机技术、信息技术、物联网与大数据挖掘等现代科学技术手段及现代环境监测设备的发展与进步，现代环境监测逐步由“手工采样＋实验室分析”向“自动连续监测”、“生物指标监测”向“生态系统综合监测”、“地面监测”向“天空地一体化监测”、“现状监测”向“监测预警”等方向发展转变，监测范围更广、效率更高、结果更精准。

第一节　环境污染自动监测技术

受污染源排放、环境介质净化作用、环境污染治理措施效率等因素影响，环境污染物浓度会随时间、空间产生变化。定点人工采样监测结果只能表征采样时段监测点位的污染状况，无法表征污染物随时空的变化和区域污染情况，更无法实现污染演变趋势预测，而自动监测则可以获取多种污染物长时间尺度、大空间范围的同步、连续监测结果。

我国自 20 世纪 80 年代开始开展环境污染自动监测，先后建立了空气、地表水自动监测站。目前，全国环境空气质量自动监测网、地表水自动监测网完善成熟，实现数据实时监测、传输与发布。此外，污染源自动监测与联网、地下水自动监测、噪声自动监测等技术以及综合观测站建设、自动监测设备研制也取得较大的进步，环境污染自动监测能力快速发展。

一、环境空气质量自动监测

环境空气质量自动监测是在监测点位采用自动监测仪器对环境空气质量进行连续的样品采集、处理、分析的过程。自动监测系统是实现设备连续自动运行、数据实时传输的自动监测网络。我国环境空气质量评价点、背景点优先选用自动监测方法。

（一）系统组成和功能

环境空气质量自动监测系统由监测子站、中心计算机室、质量保证实验室和系统支持实验室组成。监测子站负责环境空气质量和气象数据的连续自动监测、采集、处理、存储及向中心计算机传输监测数据和设备工作状态信息；中心计算机室负责收集子站传输的信息、远程校准子站监测设备和对监测数据进行判别、检查、存储以及统计处理、分析等；质量保证实验室负责标定、校准和审核监测设备，校准检修后的仪器设备，考核主要技术指标运行状况，制订和落实系统有关监测质量控制措施；系统支持实验室负责仪器设备的日常保养、维护及故障的仪器检修、更换。

（二）监测项目

大气污染物：包括必测项目和选测项目两类，必测项目为 SO_2、NO_2、CO、O_3、PM_{10}、$PM_{2.5}$；选测项目为 TSP、NO_x、Pb、BaP。

气象要素：风向、风速、温度、湿度、大气压是城市环境空气质量自动监测必测的五项气象参数，有条件的还可监测温度、风速和风向在垂直梯度的变化以及太阳辐射、降水量等。

（三）监测子站组成及监测设备

监测子站由采样装置、监测分析仪、校准设备、气象仪器、数据传输设备、子站计算机或数据采集仪及站房环境条件保证设施（空调、除湿设备、稳压电源等）等组成（图 9-1）。环境空气质量必测项目所配置的自动监测仪器分析方法见表 9-1。

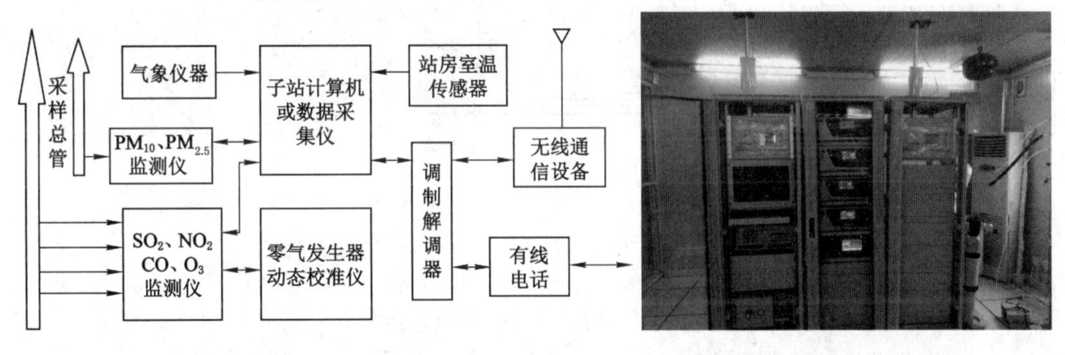

（a）监测子站仪器设备配置示意图　　（b）监测子站内景及设备

图 9-1　环境空气质量监测子站内景及设备配置

表 9-1　环境空气质量必测项目所配置的自动监测仪器分析方法

监测项目	点式监测仪器	开放光程监测仪器
NO_2	化学发光法	差分吸收光谱分析法
SO_2	紫外荧光法	差分吸收光谱分析法
CO	紫外吸收法	差分吸收光谱分析法
O_3	气体滤波相关红外吸收法、非分散红外吸收法	—
$PM_{2.5}$、PM_{10}	β射线法、微量振荡天平法	—

二、水质自动监测

水质自动监测系统是以在线自动分析仪器为核心，采用现代传感器技术、自动测量技术、自动控制技术、计算机应用技术以及相关专用分析软件和通信网络所组成的综合性在线自动监测系统，在地表水水质和近岸海域水质监测中应用发展迅速，成为重要的监测手段。

（一）地表水水质自动监测

1. 监测系统组成及功能

地表水水质自动监测系统主要由水站和数据平台组成。水站负责完成地表水水质自动监测的现场部分，由站房、采配水、控制、检测和数据传输等组成（图 9-2）；数据平台负责对水站进行远程监控、数据传输统计与应用。

水站选址要考虑水质代表性、监测长期性、安全性、经济性和可行性等因素。河流断面监测水站一般选在水质分布均匀、流速稳定的平直河段，距上游入河口或排污口大于 1 km；湖库断面监测水站选择有较好的水力交换区，避免回水区、死水区、淤积区或水草生长区等。

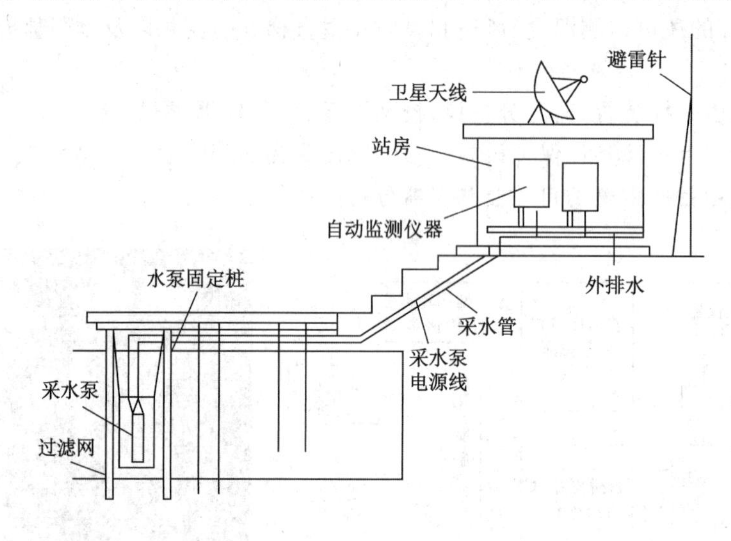

图 9-2　地表水自动监测站示意图

2. 监测项目和方法

一般根据监测目的和水质特点选择监测项目。按照《地表水自动监测技术规范（试行）》（HJ 915—2017），地表水水质自动监测项目分为必测项目和选测项目。必测项目包括常规五参数，即水温、pH 值、溶解氧、电导率、浊度以及高锰酸盐指数、氨氮、总氮、总磷，湖库还需监测叶绿素 a；选测项目包括挥发酚、挥发性有机物、油类、重金属、粪大肠菌群、水位，河流还需监测流量、流速、流向等，湖库需监测藻类密度。主要监测项目的监测方法见表 9-2。若仪器不成熟或其他条件不满足当地水质监测要求的项目不应采取自动监测方法。

表 9-2　地表水水质自动监测方法

监测项目	监测方法	监测项目	监测方法
水温	铂电阻法、热敏电阻法	高锰酸盐指数	电位滴定法、分光光度法
pH 值	复合电极法（玻璃电极、参比电极）	氨氮	电极法、分光光度法
溶解氧	极谱式隔膜电极法	总氮	密封燃烧氧化-化学发光分析法
电导率	电导电极法	总磷	过硫酸钾氧化-钼锑抗分光光度法
浊度	光谱散射法		

(二) 近岸海域水质自动监测

1. 监测系统组成与功能

近岸海域水质自动监测系统由监测子站、中心控制室、系统支持实验室和质量控制实验室组成。监测子站负责近岸海域水质/水文、气象自动监测的现场工作及数据存储和传输，包括浮体(或平台)、电力供应系统、水质监测因子的监测子系统、数据采集控制器、数据传输系统、卫星定位系统、固定系统、航标灯以及水文监测系统、气象监测系统、视频系统等。站位一般考虑监测目的，按照《近岸海域环境监测点位布设技术规范》(HJ 730—2014)规定方法布设。

2. 监测项目

根据监测目的、区域污染状况、监测仪器设备性能水平和准确测定要求选择海水水质自动监测项目，包括水温、电导率/盐度、pH 值、溶解氧、浊度、氧化还原电位、叶绿素参数等。

3. 专项监测设备配置

根据不同的监测目的，专项监测子站配备的监测设备不同，具体见表 9-3。

表 9-3　近岸海域专项监测站设备配置

监测站类别	必　选	选　配
赤潮监测站	水文动力学参数、气象参数、水温、电导率/盐度、pH 值、溶解氧、浊度、氧化还原电位、叶绿素参数	氨氮、硝酸盐氮、亚硝酸盐氮、磷酸盐、蓝绿藻等
入海河口区域/通量断面监测站	水温、电导率/盐度、pH 值、溶解氧、浊度、氧化还原电位、叶绿素参数	氨氮、硝酸盐氮、亚硝酸盐氮、磷酸盐、蓝绿藻、水文动力学参数、气象参数等

三、污染源自动监测

污染源排放污染物的浓度和排放量受生产工艺、污染物处理设施运行状态等影响较大，因此，一般在企业固定污染源防治设施或污水处理厂安装连续自动监测系统，实时传输监测结果，确保污染物排放符合排放标准要求、污染物处理设施正常运行。2005 年我国出台《污染源自动监控管理办法》，要求重点污染源建立自动监控设备和监控平台，并稳定联网传输数据，实现实时自动监控监督管理。自 2007 年先后颁布了《环境污染源自动监控信息传输、交换技术规范(试行)》(HJ/T 352—2007)、固定污染源烟气(SO_2、NO_x、颗粒物)排放连续监测相关技术规范和水污染源在线监测系统系列技术规范等，对污染源烟气、水污染源连续自动监测技术和监测结果传输等进行规范化要求，本节主要讲述我国污染源自动监测相关内容。

(一) 水污染源在线监测系统

1. 系统组成

水污染源在线监测系统是指由实现水污染源流量监测、水污染源水样采集、分析及分析数据统计与上传等功能的软硬件设施组成的系统，主要包括 4 部分：流量监测单元、水质自动采样单元、水污染源在线监测仪器和数据控制单元，此外还包括相应的建筑设施(专用监测站房)等。

2. 监测项目及监测仪器

我国水污染源开展自动监测的项目包括化学需氧量(COD_{Cr})、氨氮(NH_3-N)、总有机碳

(TOC)、总磷(TP)、总氮(TN)、pH 值、温度及流量因子。根据地区技术条件、行业排放情况,可选择其他能综合反映污染程度、危害较大的项目开展自动监测,但需有成熟的连续自动监测设备,否则仍需采用手工方法。各监测项目主要由水质自动采样单元和流量监测单元完成,其中 pH 值和温度一般开展原位测量或测量瞬时水样,COD_{Cr}、TOC、NH_3-N、TP、TN 等测量混合水样。所用的仪器设备应符合国家有关标准和技术要求(表 9-4)。

表 9-4 水污染源在线监测仪器技术要求

监测仪器	技术要求
超声波明渠污水流量计	《超声波明渠污水流量计技术要求及检测方法》(HJ 15—2019)
电磁流量计	《环境保护产品技术要求 电磁管道流量计》(HJ/T 367—2007)
化学需氧量水质自动分析仪	《化学需氧量(COD_{Cr})水质在线自动监测仪技术要求及检测方法》(HJ 377—2019)
氨氮水质自动分析仪	《氨氮水质在线自动监测仪技术要求及检测方法》(HJ 101—2019)
总氮水质自动分析仪	《总氮水质自动分析仪技术要求》(HJ/T 102—2003)
总磷水质自动分析仪	《总磷水质自动分析仪技术要求》(HJ/T 103—2003)
pH 水质自动分析仪	《pH 水质自动分析仪技术要求》(HJ/T 96—2003)
水质自动采样器	《水质自动采样器技术要求及检测方法》(HJ/T 372—2007)
数据采集传输仪	《污染源在线自动监控(监测)数据采集传输仪技术要求》(HJ 477—2009)

(二) 固定污染源烟气排放连续监测系统

1. 系统组成和功能

烟气排放连续监测系统(continuous emission monitoring system,CEMS)是指对固定源排放的颗粒物和(或)气态污染物(SO_2、NO_x等)的排放浓度和排放量进行连续、实时自动监测的全部设备,包括颗粒物监测单元和(或)气态污染物监测单元、烟气参数监测单元、数据采集与处理单元,系统组成示意图可参考标准 HJ 76—2017 中图 1。CEMS 可实时监测烟气中颗粒物和气态污染物浓度以及烟气参数,计算污染物排放速率和排放量,并显示和存储各种数据和参数,形成相关图表,以数据、图文等形式传输至管理部门进行管理分析。

2. 监测项目

CEMS 监测项目包括污染物排放浓度和烟气参数。污染物排放浓度有烟气中的颗粒物、SO_2、NO_x 等浓度,烟气参数包括温度、压力、流量或流速、湿度、含氧量等。其中氮氧化物监测单元,NO_2 可直接测量,或通过转化炉转化为 NO 后一并测量,但不能只监测 NO。

3. 监测方法

烟气中颗粒物排放浓度通过颗粒物(烟尘)自动监测仪测定,测定方法有浊度法、光散射法、β 射线法等;SO_2 自动监测仪的测定方法有非色散红外吸收法、非色散紫外吸收法、紫外荧光法、定电位电解法等;NO_x 自动监测仪的测定方法有化学发光法、非色散红外吸收法、非色散紫外吸收法等;温度采用热电阻温度仪或热电偶温度仪;流速(或流量)常用皮托管流速测量仪或超声波测速仪、靶式流量计测量;烟气压力可由皮托管流速仪的压差传感器测得;湿度可用电容式传感器湿度测量仪测量,也可用测氧仪测定烟气除湿前、后含氧量计算得到;大气压力用大气压力计测量;含氧量用氧化锆氧量分析仪或磁氧分析仪、电化学传感器氧量测量仪测量。

第二节　突发环境事件应急监测技术

一、概述

（一）突发环境事件应急监测含义

突发环境事件是指由于污染物排放或自然灾害、生产安全事故等因素，导致污染物或放射性物质等有毒有害物质进入大气、水体、土壤等环境介质，突然造成或可能造成环境质量下降，危及公众身体健康和财产安全，或者造成生态环境破坏或重大社会影响，需要采取紧急措施予以应对的事件，分为特别重大、重大、较大和一般四级。

突发环境事件应急监测是指突发环境事件发生后至应急响应终止前，对污染物浓度、污染范围及其动态变化进行的监测，包括污染态势初步判别和跟踪监测两个阶段。根据监测对象，突发环境事件应急监测包括突发环境污染事件应急监测和自然灾害环境事件应急监测，例如 2008 年汶川地震引发的应急监测属于自然灾害环境事件应急监测，2015 年天津滨海新区危险品仓库爆炸事件引发的应急监测即为突发环境污染事件应急监测。

（二）突发环境事件应急监测特点、作用和要求

突发环境事件应急监测的主要作用是发现和查明突发环境事件的污染状况和范围，分析并预测污染变化趋势，为实验室的精准分析提供现场数据，跟踪事件的发展态势，为应急处置提供技术支持，为事故评价和事后恢复提供数据参考。

突发环境事件具有发生突然性、污染多样性、成因复杂性、发展不确定性、危害严重性、处置艰巨性等特点，因此突发环境事件应急监测要及时、准确、可行，并具有代表性，通常采用小型、便携、简易、快速监测仪器或装置，尽快开展监测，要做到明确危害、关注变化、结论规范。一般来说，为保证应急监测的快速、及时，突发环境事件应预先做好各项准备，包括制订应急预案、做好应急能力建设、开展应急培训和演练等。

（三）常用监测方法

突发环境事件应急监测要快速、及时，因此在现场需采取快速监测方法或便携式仪器获取定量或半定量数据，同时要对平行样品和现场无法获取结果的项目尽快送至实验室进行检测，跟踪监测阶段则一般采用实验室分析手段。常用的监测方法有感官检测法、试纸法、侦查片法、检测管法、化学比色法、便携式仪器分析法等。

试纸法可以判断某种污染物是否存在或是否超过某一检测浓度，常用方法有两种：一是将试纸用被测试剂浸泡后晾干，被测水样或气样经过此试纸发生化学反应而产生颜色的变化，与标准色列比较定量，例如采用乙酸铅测定硫化氢时，试纸由白色变为褐色；另一种是先将被测水样或气样经过空白滤纸，被滤纸吸附或阻留后滴加显色剂，根据颜色深浅与标准色列比较定量。试纸法简便、快速、易于携带，但误差较大，一般用于高浓度污染物的测定。

检测管是将用特定试剂浸泡过的多孔颗粒状载体填充于玻璃管中制成的。应急监测时，被测水样或气样通过检测管，与管内填充载体上的试剂反应，管中填充物颜色发生变化，根据颜色变化的深浅或变色区域长度判定被测污染物类别或浓度。

便携式仪器分析法是近年来应急监测中发展最为迅速的方法，仪器不仅方便携带，测定快速，而且结果准确度较高。常用的便携式仪器有便携式分光光度计、便携式荧光分光光度计、便携式爆炸和有毒有害气体检测仪、便携式气相色谱仪、便携式 GC-MS 联用仪、便携式

红外光谱仪、便携式 VOC 测定仪、多参数水质分析仪等。

（四）突发环境事件应急监测方案

突发环境事件应急监测一般具备比较完备的应急预案，但需根据现场情况调整监测方案。应急监测方案应根据相关法律、法规、规章、标准及规范性文件等要求进行编写，遵循现场监测与实验室分析相结合、技术先进性与现实可行性相结合、定性分析与定量分析相结合以及快速与准确相结合的原则。环境要素的优先监测顺序为空气、地表水、地下水、土壤。

应急监测方案应包括突发环境事件概况、监测布点及距事发地距离、监测断面（点位）经纬度及示意图、监测频次、监测项目、监测方法、评价标准或要求、质量保证和质量控制、数据报送要求、人员分工及联系方式、安全防护等方面内容，可根据事件实际情况调整。

二、突发性水环境污染事件应急监测

突发性水环境污染事件是指由剧毒农药或有毒有害化学物质泄漏、非正常大量排放废水事故、溢油事故或放射性污染事故等引起河流、湖库、河口、海洋等水体的整个水域或局部水域出现污染的事件。突发性水环境污染事件应急监测包括事故现场监测和跟踪监测。

（一）现场监测

突发性水环境污染事件现场监测采样一般以事故发生地及附近为主，根据现场具体情况和污染水体特性布点采样、确定采样频次，重点关注对饮用水源地的影响。河流监测以事故地为中心，根据水流方向、速度和现场地理条件，在事故地点及下游布点采样，同时在事故发生地点上游采集对照样；在污染影响区域内的农灌取水口必须设置采样断面，同步测定流量，以测定污染物的下泄量。对于湖库来说，一般以事故发生地为中心，在水流方向按一定间隔的扇形或圆形区域布点采样，并采集对照样品；在同一断面，根据污染情况可分层采样，再取混合样；湖库的出水口和饮用取水口必须设置采样断面。对于地下水污染事件，根据地下水流向采用网格法或辐射法布设监测井，同时在垂直于地下水流的上方向设置对照井，地下水饮用水源取水处必须设监测井。现场监测要采平行双样，一份用于现场快速测定，另一份送实验室测定。必要时还要采集污染地点的底质样。

现场监测过程中要做好现场记录，包括绘制事故现场的位置图，标出采样点位，记录发生时间、事故原因、事故持续时间、采样时间、水体感观描述、可能存在的污染物等事项。

（二）跟踪监测

对于河流来说，要根据污染物的性质和浓度以及河流的水文要素，沿河段设置若干个采样断面，并在采样点设立明显标志。采样频次应根据事故程度而定。

湖库跟踪监测的采样点布设应根据具体情况而定，但在出水口和饮用水取水口必须设置采样点。由于湖库水体较稳定，因此要采集不同层次的水样。采样频次每天不少于 2 次。

三、突发性大气污染事件应急监测

突发性大气污染事件是指由火灾、爆炸、有毒有害气体泄漏、战争等自然或人为原因导致大量有毒有害物质在短时间内扩散到空气中，引起大气环境污染、严重危害人类生活和健康的污染事件。常见的污染物包括一氧化碳、二氧化氮、氟化物、酸雾、氨、硫化氢、氯化氢、氯气、二硫化碳、芳香烃等。例如，石油化工等危险作业场所出现泄漏、火灾和爆炸等事故时，会产生大量的一氧化碳、含铅气体以及烃类混合物，严重影响人类健康和儿童智力发育。

（一）采样布点

突发性大气污染事件应急监测同样要在事故发生期间开展现场监测，在事故中和事故后恢复期要开展跟踪监测。在事故发生初期，尽可能在事故发生地就近布点采样，以事故发生地为中心，根据气象条件（风向、风速等）、地理特点，在下风向按照一定的间距采用扇形布点法或圆形布点法进行采样，同时开展不同高度层采样，并在上风向设置对照点；在事故中期，要随着污染物扩散情况及气象条件的变化调整采样点的位置和数目，并尽可能覆盖整个影响区；在事故后恢复期间，在事故现场、周围居民住宅区和学校等敏感点及自然保护区等具有代表性的区域设置采样点进行跟踪监测。

采样点的布设可参考《工业固体废物采样制样技术规范》（HJ/T 20—1998）、《大气污染物无组织排放监测技术导则》（HJ/T 55—2000）以及环境空气质量自动/手工监测相关技术规范的具体技术要求。

（二）监测方法

为快速监测事故产生的污染物，常采用快速的简易监测方法或便携式仪器监测法。简易监测方法包括试纸法、气体速测管法（图 9-3）等。一般优先选用气体速测管、便携式气体检测仪、便携式气相色谱法、便携式红外光谱法、便携式气相色谱-质谱联用仪器法等。此外，还可充分利用空气自动监测站、污染源在线监测系统等在用的监测手段或开展实验室分析。例如，氰化物可采用试纸法、气体速测管法、便携式分光光度法、便携式电化学传感器法等，总烃可采用气体速测管法、目视比色法、便携式 VOC 检测仪法等。

对未知污染源产生的突发性大气污染事件，可通过事故周围排放源调查和资料搜集，事故现场的气味、挥发性、遇水反应特征、颜色及对周围环境、作物影响，人或动物中毒反应等初步确定主要污染物类别。2022 年我国生态环境部组织制定了《重特大突发环境事件空气应急监测工作规程》，可参照选用监测方法。

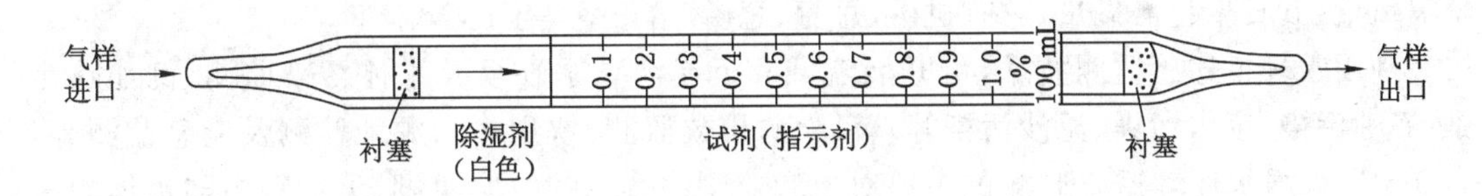

图 9-3　气体速测管示意图

第三节　环境遥感监测技术

1962 年“环境遥感”一词首次出现在科技文献中，并于 20 世纪 70 年代在中国开始发展和应用。目前环境遥感监测技术已成为现代环境监测技术的重要组成部分，特别是随着全球环境问题的日益突出，环境遥感监测技术受到高度重视，国内外已发射系列环境卫星，为全球生态环境监测提供了大量的长时间序列、大空间尺度的连续监测数据。近年来，无人机、激光雷达等技术迅速发展，也推动生态环境监测向“天空地一体化”的现代监测方向发展。

一、概述

遥感（remote sensing，RS），即遥远的感知，也称为遥感技术，是指利用遥感监测仪器，在不直接接触探测目标的情况下，记录目标物对电磁波的辐射、反射、散射等信息，通过加工处理反映目标物的物理特征、形状性质及其变化的综合探测技术。该技术一般由遥感平台、传感器、信息传输与接收装置、数字或图像处理设备以及相关技术、人员等组成。

环境遥感监测是利用遥感技术对各种生态环境进行监测、分析、评估、预警以及对遥感数据进行加工、产出和利用的过程。按遥感平台不同，分为航天遥感监测、航空遥感监测和地面遥感监测；按监测对象不同，分为水环境遥感监测、大气环境遥感监测、植被遥感监测、生态系统遥感监测、特定区域环境遥感监测（例如，自然保护区遥感监测）等。

二、环境遥感监测技术应用

环境遥感监测技术可应用到区域生态环境、污染物监测以及环境应急监测、自然灾害预防与应对等方面。目前在水环境监测、大气环境监测和地面宏观生态监测等方面应用最为广泛。

（一）水环境遥感监测

1. 基本原理

水环境遥感监测基于水体对光谱的反射特征，以水色指标和光谱特征为主要依据。水体对光反射主要在蓝绿光波段，其他波段吸收都很强，近红外波段更强，因此不同水体的遥感影像表现不同。例如，清洁水体光谱反射率较低，光吸收能力较强，在遥感影像上呈暗色调，在红外谱段更为明显；当水中含有叶绿素时，红外波段明显抬升，所以根据遥感数据反演水体中叶绿素 a 浓度可反映水体富营养化情况。

2. 监测指标及应用

水环境遥感监测指标包括直接监测指标和间接监测指标。直接监测指标主要有叶绿素 a、悬浮物、有色可溶性有机物、透明度、表面温度等；间接监测指标主要有营养状态指数、化学需氧量、五日生化需氧量、总有机碳、总氮、总磷、溶解氧等。

利用水环境遥感监测技术，可开展流域和近岸海域水环境及水体污染监测（例如热污染、石油污染、废水污染、泥沙污染等）、污染源排放监测、饮用水水源地监测及应急监测等，表 9-5 为我国水环境遥感监测的主要对象和监测内容，在太湖、巢湖、滇池等内陆水体的水华、富营养化问题的监测方面取得了丰富的成果。

表 9-5　我国水环境遥感监测应用

监测对象	监测内容	监测结果示例
水体污染	悬浮物、可溶性有机物、水温、透明度、富营养化、水华面积变化	太湖水体叶绿素 a 浓度（2015.6.12），来源于《国家主体功能区遥感监测图集》
饮用水水源地	水源地范围、消落带提取、取水口周边排查、上游重点源监控、水源地生态安全	
近岸海域水环境	海岸带线变化及人类活动、泥沙堆积、主要水质参数	
水资源	流域面积和水生态、河道变化、人类活动，非点源 TN、TP	
水环境应急	溢油分布、溢油面积及变化、赤潮分布、赤潮面积及变化	

3. 水华遥感监测

水华(algal bloom)是指淡水中藻类(多为蓝藻)大量繁殖引起的水环境问题，表现为水体表面有藻类聚集或藻类颗粒悬浮。可根据水中藻密度高低或水华面积比例判定水华程度。遥感监测原理为：当出现水华时，藻类聚集在水体表面，因其对红光波段的强吸收导致红光波段反射率较低，在近红外波段具有类似于植被光谱曲线特征的“反射峰平台效应”，近红外波段反射率较高。因此，通过计算植被指数区分水华和正常水体。

监测时，选取具有红光(630 nm～690 nm)和近红外(760 nm～900 nm)波段的卫星遥感影像数据，提取归一化植被指数(NDVI)并剔除云、水草干扰，经阈值分割后，将蓝藻水华像元赋值为1，其他地物(包括正常水体、云、陆地等)像元赋值为0，获得水华二值图，从而提取水华范围、面积和计算比例。

水华遥感监测还可基于增强植被指数(EVI)、线性大气抗阻指数(LGARI)、浮游藻类指数(FAI)等进行。我国《水华遥感与地面监测评价技术规范(试行)》(HJ 1098—2020)对开展水华遥感监测的技术流程和要求做了具体规定，详细内容可参考此标准。

(二) 大气环境遥感监测

大气对太阳辐射具有吸收、散射和透射等作用，当大气成分的浓度或大气状态改变时，大气对太阳辐射的作用会发生改变，遥感技术正是基于大气的这种特性对大气环境进行监测的。

按工作方式，大气环境遥感监测技术可分为被动式遥感监测和主动式遥感监测，被动式遥感监测主要依靠接收大气自身所发射的红外光波或微波等辐射实现对大气成分的探测；主动式遥感监测指由遥感探测仪器发出波束、次波束与大气物质相互作用而产生回波，通过检测这种回波而实现对大气成分的探测，主要应用在对大气污染物浓度监测、温室气体监测、沙尘监测、秸秆焚烧监测、大气重污染过程监测(霾等级及变化)等方面。

1. 区域性大气污染物监测

区域性大气污染物包括 SO_2、NO_x、CO、颗粒物($PM_{2.5}$、PM_{10})等。目前常用的监测方法有两类：一类是根据污染地区地物反射率发生变化，边界模糊情况来估计大气污染情况；另一类是间接方法，主要根据树叶中污染物含量与遥感数据中植被指数的关系估计大气污染情况。此外，还可采用星载或机载的微波雷达、微波高度计、微波散射计等进行监测。

2. 秸秆焚烧火点监测

秸秆焚烧会产生大量颗粒物和 SO_2 等气态污染物，引发大气污染。秸秆焚烧火点遥感监测利用遥感影像，通过比较疑似火点像元与背景常温像元在中红外和热红外波段的亮度和温度差异，识别异常点，并结合土地利用分类提取这些疑似火点。一般利用光学或红外传感器进行监测。

监测过程中，首先对卫星遥感数据进行质量检查、辐射校正及几何校正，然后计算可见光、近红外波段的表观反射率及中红外、热红外波段的亮度和温度，剔除云像元和水体像元，最后通过火点的初步判定、阈值测试、虚假火点去除等过程提取疑似火点并进行信度估算，得到最终的秸秆焚烧监测结果，技术方法可参见《卫星遥感秸秆焚烧监测技术规范》(HJ 1008—2018)。

(三) 宏观生态环境遥感监测

宏观生态环境遥感监测对象主要是陆地表面生态系统，包括对土地利用/土地覆盖、植被状况、生态系统状况等方面的监测。

1. 土地利用/土地覆盖监测

土地利用/土地覆盖是反映生态系统变化的重要指标和参数。监测过程中，首先要基于标准的分类系统建立解译标志，然后采用目视解译、监督分类、非监督分类等方法进行土地利用类别判读，解译得到分类结果。根据不同年份结果，可动态监测土地利用/土地覆盖变化，以及由此带来的生态环境变化和问题等，例如城市扩展、土地退化等现象。

代表性土地利用分类系统有美国USGS分类系统、IGBP分类系统、FAO土地覆盖分类系统(LCCS)、UMD全球土地覆盖分类系统、MODIS全球土地覆盖分类系统及中国科学院建立的土地资源分类系统、生态环境部与中国科学院联合建立的生态系统遥感分类体系等。中国科学院土地资源分类系统将土地利用类型分为6大类25小类，在我国广泛应用(表9-6)。

表9-6 中国科学院土地资源分类系统

一级类型		二级类型		一级类型		二级类型	
编号	名称	编号	名称	编号	名称	编号	名称
1	耕地	11	水田	5	城乡、工矿、居民用地	51	城镇用地
		12	旱地			52	农村居民点
2	林地	21	有林地			53	其他建设用地
		22	灌木林	6	未利用土地	61	沙地
		23	疏林地			62	戈壁
		24	其他林地			63	盐碱地
3	草地	31	高覆盖度草地			64	沼泽地
		32	中覆盖度草地			65	裸土地
		33	低覆盖度草地			66	裸岩石砾地
4	水域	41	河渠			67	其他
		42	湖泊	—			
		43	水库坑塘				
		44	永久性冰川雪地				
		45	滩涂				
		46	滩地				

2. 植被遥感监测

植被遥感的最佳波段范围为0.4～2.5 μm，涵盖可见光和近红外范围。其中近红外波段对叶片健康状况、植被长势最为敏感，可指示光合作用否正常进行；可见光红波段被植被叶绿素强吸收，进行光合作用制造干物质，是光合作用的代表波段。植被遥感监测技术主要用于划分植被类型和判定植被生长状况等，例如利用不同植被在遥感影像中的光谱特征来区分森林、草地、农田等，以及通过高分辨率遥感数据划分林分类别、农田作物类别等；利用遥感数据反演的植被指数可开展植被第一生产力分析、作物估产及干旱监测等。

常用的植被指数有三类：一是简单植被指数，包括归一化植被指数(NDVI)、差值植被指数(DVI)和比值植被指数(RVI)；二是基于土壤线的植被指数，例如垂直植被指数(PVI)、土壤调节植被指数(SAVI和MSAVI);三是基于大气校正的植被指数,例如增强植被指数(EVI)。此外,常用的参数还包括植被覆盖度、叶面积指数(LAI)、光合有效辐射比率、生物量、植被净初级生产力(NPP)、植被生化组分以及与植被生长相关的地表参数等。

3. 生态系统状况监测

包括开展生态系统格局、质量、功能、问题等方面监测。主要监测指标有:

生态系统格局:类型、面积、比例、变化及类型间转化等;

生态系统质量:森林和草地的生物量、净初级生产力和植被覆盖度;湿地的面积和水体富营养化程度;荒漠的干旱指数及面积变化率等;

生态系统功能:供给功能、水文调节功能、土壤保护功能等;

生态系统问题:土地退化、沙化、石漠化、自然生态系统退化等。

(四) 矿山环境遥感监测

矿山开采会对生态环境带来影响和破坏,例如污染大气环境、破坏土壤和植被等。矿山环境遥感监测一般利用遥感数据,结合矿产资源规划、采/探矿权数据,针对采矿损毁土地、矿山地质灾害、矿山环境污染以及矿山生态修复状况等展开监测。监测时,首先收集、整理与处理遥感、自然地理、人文、气候、地质环境、社会经济、交通、矿产开采、地形图等数据资料;然后实地调查土地损毁、生态环境影响、地质灾害以及现场工作条件,确定工作内容、路线、方法;采用计算机自动提取和人机交互解译相结合方式分析遥感监测内容,通过现场外业调查验证结果;最后,编制遥感监测图及报告,提出建议。

从矿山开采全周期对生态环境的影响考虑,矿山环境遥感监测内容主要为:

(1) 采矿损毁土地:包括损毁土地、工业广场及其他矿山建设用地分布情况。以最新时相和基准年数据监测开采方式、开采状态和挖损、压占、塌陷土地以及工业广场的位置、规模等信息及变化,获取新增损毁土地结果。

(2) 矿山地质灾害:包括最新的采空塌陷(塌陷坑、地裂缝)、崩塌、滑坡、泥石流、不稳定边坡、煤自燃等地质灾害及隐患分布情况,危害较大的进行动态监测。

(3) 矿山环境污染:监测最新土地污染、水污染等及对比基准年的变化。

(4) 矿山生态修复:监测修复土地面积、修复后土地类型及对比开采前的土地利用变化,监测修复后植被生长情况。

矿山环境评价一般采用网格法(一般为2 km×2 km),评价级别分为严重影响区、较严重影响区、一般影响区、无影响区4级。我国《矿产资源开发遥感监测技术规范》(DZ/T 0266—2014)、《矿山环境遥感监测技术规范》(DZ/T 0392—2022)规定了矿山环境遥感监测具体技术,可参考学习。

第四节　环境空气质量预测预报技术

我国环境空气质量预报始于20世纪70年代,主要是对城市环境空气质量的预报。目前,我国已初步建成了“国家、区域、省级、城市”四级空气质量预报体系,预报技术达到世界先进水平,区域和省级基本具备7～10天预报能力,为重污染天气应对和重大活动空气质量保障提供了有力支撑,本节主要讲述我国环境空气质量预测预报技术。

一、概述

环境空气质量预测预报是基于科学的技术手段，综合大气污染物排放内因和扩散条件外因，对未来环境空气质量进行预测预报和提供相关结果的过程。根据预报时间不同，分为短期预报（1～3 天）、中期预报（3～15 天）和长期预报（>15 天）；按预报空间尺度不同，分为小尺度预报（50 km 以内）、中尺度预报（50～500 km）和大尺度预报（>500 km）；按预报主体或预报行政范围不同，分为城市预报、省级预报、区域预报和全国预报等。

环境空气质量预测预报的结果包括环境空气中主要污染物（SO_2、NO_2、CO、O_3、$PM_{2.5}$、PM_{10}）浓度值或范围、首要污染物、空气质量指数（AQI）值或范围、空气质量等级等。当空气污染物浓度或 AQI 达到预警级别时，环境管理部门采取分级预警形式向公众和相关部门发出空气污染预警。按照重污染天气发展趋势和严重性，重污染天气预警由轻到重分为黄色预警、橙色预警、红色预警。按照污染控制分区和污染范围，分为城市预警和区域预警。

二、预报方法

环境空气质量预测预报常用的方法分为统计预报、数值预报及人工综合研判法。

统计预报主要是采用统计学方法，对空气污染物浓度监测数据与气象监测数据建立统计学方程，根据气象预报结果来预测污染物浓度。数值预报综合考虑污染源排放、传输和扩散条件的历史和预测趋势以及空气污染物浓度历史和现状等多方面因素，通过建立数值模拟模型进行空气质量预测。人工综合研判法是建立在统计预报或数值预报基础上，结合人工经验判定和多部门会商，得出最后预报结果的方法。

（一）统计预报模型

环境空气质量统计预报模型一般分为两类：一类是根据单一污染物监测数据的时间序列而建立的预报；另一类则是将污染物监测数据与气象场数据进行关联分析，根据预报气象数据预报污染物浓度，后者是目前主要应用的环境空气质量统计预报方法，即主要考虑天气形势或气象条件对空气质量变化的影响，借助历史的环境空气质量数据和同期气象观测资料（如温度、风速、风向、相对湿度等），通过统计学方法建立拟合方程或统计模型，预测未来空气质量变化。常用的模型有人工神经网络、多元线性回归、同期预测模型、动态统计等。

统计预报具有运算量少、硬件要求低、易于操作、简单实用等优点，但预报过程中往往忽略了污染源排放和大气理化过程或传输等对空气质量的影响，一般在城市尺度预报中应用较多，而对大空间尺度预报结果可能偏差较大。

（二）数值预报模式

环境空气质量数值预报是基于大气污染物形成过程中的基本物理和化学原理，采用数值计算方法模拟大气污染物排放、扩散、输送、化学反应、清除等物理和化学过程，对不同尺度空间范围内大气中主要污染物浓度和时空变化以及潜在污染过程等进行预报，依据数值预报方法所建立的预报系统即为环境空气质量数值预报模式。2020 年我国发布了《环境空气质量数值预报技术规范》（HJ 1130—2020），对环境空气质量数值预报模式基本要求、运算处理、效果评估方法等内容做了详细规定，可参考学习。

影响数值预报结果准确率的主要因素包括大气污染物排放情况、气象条件、数值模式初始值、边界条件以及大气化学传输等。目前应用较多的预报模型有美国的 CMAQ 模型、WRF-Chem 模型、CAM_X模型和我国的嵌套网格空气质量预报系统（NAQPMS）等。

第五节　碳监测技术

CO_2 等温室气体排放导致的气候变化已成为全人类目前面临的最大威胁之一。《2020年全球气候状况》报告显示，2020 年全球气温达到了近千年以来最高值，大气中 CO_2 浓度为 300 多万年来最高值。为应对气候变化、掌握大气中温室气体状况及变化趋势，需对温室气体排放、吸收固定、平衡等进行监测分析，碳监测即为解决这些问题提供了科学方法。

一、概述

碳监测的概念最初源于《联合国气候变化框架公约》及其《京都议定书》，这些文件确定缔约方国家对温室气体清单编制的义务和框架。碳监测是指通过综合观测、数值模拟、统计分析等手段，获取温室气体排放强度、环境中浓度、生态系统碳汇等状况及其变化趋势，服务气候变化研究和管理的监测行为，包括对自然/人为排放源、环境中温室气体浓度和生态系统碳吸收能力等方面数据的收集、调查、监测和计算。主要监测对象为《京都议定书》多哈修正案规定控制的 7 种人为活动排放的温室气体：二氧化碳（CO_2）、甲烷（CH_4）、氧化亚氮（NO）、氢氟化碳（HFC_s）、全氟化碳（PFC_s）、六氟化硫（SF_6）和三氟化氮（NF_3）。

从概念上看，碳监测由碳源监测、碳汇监测、环境碳浓度监测、碳收支计算等内容组成。碳源是指向自然环境中排放温室气体的排放源，包括自然源和人类活动，狭义上主要指 CO_2 排放源。碳汇是指对温室气体的捕集、吸收、固定和转化而减少大气环境中温室气体的过程，狭义上也是针对 CO_2 而言的，自然生态系统是主要的碳汇，包括森林/草地生态系统碳汇（绿碳）、土壤生态系统碳汇（黑碳）和海洋生态系统碳汇（蓝碳）。

碳监测的意义可归纳为：一是为应对全球气候变化、建立气候变化早期预警和防御系统提供数据支撑；二是为评价不同空间尺度的碳排放、碳汇提供数据基础；三是为开展碳排放权交易、实现碳中和提供科学依据；四是我国实现“碳达峰、碳中和”目标的重要内容。

二、温室气体排放源监测

2021 年，我国生态环境部发布《碳监测评估试点工作方案》，选取火电、钢铁、石油天然气开采、煤炭开采、废弃物处理五个重点行业进行试点工作。

我国碳排放源监测项目主要有 CO_2、CH_4、N_2O，多采用自动监测方法，可利用目前应用的固定污染源烟气排放连续监测系统，参照《固定污染源烟气（SO_2、NO_x、颗粒物）排放连续监测技术规范》（HJ 75—2017）执行；手工监测也主要参考现行标准方法或国内外常用的监测方法。各行业监测项目、点位布设及监测方法和参考标准见表 9-7。

表 9-7　重点行业碳排放源监测项目和点位布设

行业类别	监测项目	点位布设参考标准	监测方法
火电	CO_2	手工法：GB/T 16157—1996、HJ/T 397—2007 自动法：HJ 75—2017、HJ 76—2017	非分散红外吸收法、傅立叶变换红外光谱法、可调谐激光法
钢铁		布设在各工艺节点排气筒和烟囱处，例如焦炉烟囱、电炉排气筒、锅炉排气筒、石灰窑排气筒等，要求同火电	

表 9-7(续)

行业类别	监测项目	点位布设参考标准	监测方法
石油天然气开采	CH_4	监测逃逸(手工法)、工艺放空和火炬燃烧(和算法)等 参考标准:GB/T 16157—1996、HJ/T 397—2007、HJ/T 55—2000	地面监测与遥感监测(地面监测:气相色谱法、傅立叶变换红外光谱法、非分散红外吸收法)
煤炭开采		井工开采:AQ 1029—2019;露天开采:HJ/T 55—2000 矿后活动:GB/T 475—2008、GB/T 19494.1—2023	
废弃物处理	CH_4,N_2O	有组织排放:GB/T 16157—1996、HJ/T 397—2007 无组织排放:HJ/T 55—2000	

自动监测频次应满足 HJ 75 要求,试点总运行时间不少于 180 d;手工监测频次一般不低于 1 次/月(石油天然气开采不低于 1 次/季度);遥感监测根据实际条件确定,一般同一设备不少于 3 次,每次不少于 1 天。

三、生态系统碳汇监测

(一) 海洋生态系统碳汇监测

海洋碳汇(蓝碳)是利用海洋生物和海洋活动将大气中 CO_2 吸收固定的过程。地球大约 55%生物固碳量由海洋碳汇贡献,单位海域中生物固碳量是森林的 10 倍、草原的290 倍。根据监测区域和海洋活动布设海洋生态系统碳汇点位,尽量避开人类活动干扰,优先在已开展相关监测的平台进行(表 9-8)。

表 9-8　海洋碳汇监测项目、方法与要求

监测对象		监测项目	监测方法	布点要求	监测频次
海岸带生态系统	碳储量	植物碳储量、土壤有机碳含量、土壤厚度、土壤容重	实测法+模型法	研究区设 3～6 条固定样线,每条样线≥3 个	碳通量全年连续,其余 7～9 月测 1 次
	碳通量	CO_2 通量、CH_4 通量(可选测)	涡度相关法		
	植被	种类、范围、面积、密度、覆盖度、胸径、生物量(地上、地下、凋落物、附生)	遥感+现场调查		
	气象	光合有效辐射、气温、降雨	自动站或手工		
	水文	土壤温度、土壤含水量、浑浊度、潮汐	自动站或手工		
海藻养殖区	固碳参数	日净固碳速率、含碳率、有机碳日释放速率	现场调查、室内分析或模拟	每个养殖区≥3 个	2～3 次/养殖周期
	养殖参数	种类、面积、方式、周期、产量	遥感+现场调查		

植被调查采取样方调查法,根据调查对象不同样方大小不同。盐沼生态系统一般每个点位设 1 个样方,调查区域植物高大或低矮不均时样方大小为 0.5 m×0.5 m,植物低矮均匀分布时样方大小为 0.25 m×0.25 m,植株少于 10 个需重新选择样方。海草床生态系统可采取随机、直线或三角形布设且不少于 3 组样方,样方大小为 0.5 m×0.5 m,取样深度为 20～30 cm。

(二) 陆地生态系统碳汇监测

陆地生态系统碳汇指森林、草地、湿地、农田等生态系统的植被和土壤吸收固定 CO_2 等

温室气体的过程，包括清查法、微气象学法、模型模拟法、遥感监测法、大气反演法等。

清查法主要基于不同时期资源清查资料来估算碳储量及变化，是基于地面样地勘察的生态系统碳汇量的估算方法。例如，我国每5年开展一次全国范围的林业清查，可获取木材蓄积量，从而计算森林碳储量状况。

微气象学法主要是通过固定点位设备来测定大气与陆地生态系统之间的 CO_2 交换量，包括涡度相关法、涡度协方差法、箱式法等，其中涡度相关法是最直接的方法。

模型模拟法是基于气相、土壤、植被、植物生理等数据，通过构建数据模型计算生态系统碳汇量的估算方法，包括传统统计模型和生态系统过程模型。传统统计模型一般基于气象相关关系估算植被净初级生产力来表征生态系统固碳能力；生态系统过程模型是陆地生态系统碳汇测算的重要方法，代表性模型有 CASA、CENTURY、InVEST、BIOME-BGC、IBIS 等。

遥感监测法是将遥感基础数据与生态过程模型相耦合测定生态系统碳汇能力的方法。

大气反演法是基于大气传输模型和大气 CO_2 浓度观测数据，结合人为源 CO_2 排放清单，估算陆地碳汇的方法，可实时评估全球尺度陆地碳汇功能及对气候变化响应。

思　考　题

1. 简述空气质量自动监测系统和水质自动监测系统的组成和功能。
2. 环境空气质量、地表水水质和近岸海域水质自动监测项目和方法有哪些？
3. CEMS 中，测定烟气的哪些污染物？简述测定方法。
4. 什么是突发环境事件应急监测？其特点、作用和方法有哪些？
5. 简述对水环境污染事件应急监测的认识。
6. 简述水华遥感监测的方法和技术流程。
7. 阐述当前我国大气环境遥感监测的主要应用。
8. 宏观生态系统遥感监测的项目有哪些？举例说明。
9. 简述矿山环境遥感监测的内容和技术流程。
10. 什么是碳监测？监测对象、意义是什么？
11. 从碳源汇角度阐述碳监测的主要技术应用。
12. 简述陆地生态系统碳汇监测的方法。
13. 为什么要开展空气质量预测预报？预报的内容和方法有哪些？
14. 阐述当前主流空气质量数值预报模型的优缺点。

知识拓展阅读

拓展1：了解我国碳监测卫星（TANSAT和“句芒号”）。

碳卫星（TANSAT）是由我国研制的首颗全球大气二氧化碳观测科学实验卫星，于2016年12月在酒泉卫星发射中心发射升空，2018年2月展示首幅全球二氧化碳分布图，标志着中国碳卫星将为气候变化的研究提供数据支撑。卫星总质量620 kg，以二氧化碳遥感监测为切入点，建立高光谱卫星地面数据处理与验证系统，形成对全球、中国及其他重点地区二氧化碳浓度监测能力。碳卫星的研制与发射解决了中国空间二氧化碳观测从无到有的问题，标志着我国具备了全球碳收支的空间定量监测能力，是继日本、美国之后的第三个具备该技术的国家，奠定了未来对二氧化碳空间观测的基础，提供了多部门协同创新工作的新模式。

2022 年 8 月 4 日，我国首颗陆地生态系统碳监测卫星“句芒号”成功发射，该卫星是世界首颗森林碳汇主被动联合观测的遥感卫星，支持获取植被高度、植被面积、叶绿素荧光和大气 $PM_{2.5}$ 含量等用于计算森林碳汇能力的核心数据，并确保数据“准、全、细、精”。“句芒号”将应用于陆地生态系统碳监测、陆地生态和资源调查监测、大气环境监测和气候变化中气溶胶作用研究等工作。其运行标志着我国碳汇监测进入天基遥感时代，将提升我国碳汇计量的效率和精度，为我国“双碳”目标提供重要的数据支撑，将提高我国应对全球气候变化的话语权和主导权。

拓展 2：阅读辽宁省重污染天气应急预案（2020 修订版）——监测预警（第 4 部分）。

参考文献

[1] 蔡慧华,庄延娟.大气监测[M].北京:中国环境出版社,2017.
[2] 陈玲,王颖,郜洪文.现代环境分析技术[M].3版.北京:科学出版社,2023.
[3] 陈玲,赵建夫.环境监测[M].3版.北京:化学工业出版社,2021.
[4] 丛鑫,王静,邓月华.环境化学[M].徐州:中国矿业大学出版社,2018.
[5] 付强.环境空气质量自动监测系统基本原理及操作规程[M].北京:化学工业出版社,2016.
[6] 何品晶.固体废物处理与资源化技术[M].北京:高等教育出版社,2011.
[7] 何燧源.环境污染物分析监测[M].北京:化学工业出版社,2001.
[8] 华东理工大学,四川大学.分析化学[M].7版.北京:高等教育出版社,2018.
[9] 环境保护部卫星环境应用中心,中国环境监测总站.生态环境遥感监测技术[M].北京:中国环境出版社,2013.
[10] 江桂斌.环境样品前处理技术[M].2版.北京:化学工业出版社,2016.
[11] 江志华,叶海仁.环境监测设计与优化方法[M].北京:海洋出版社,2016.
[12]《空气和废气监测分析方法》编委会.空气和废气监测分析方法[M]4版.北京:中国环境科学出版社,2003.
[13] 李国刚.环境空气和废气污染物分析测试方法[M].北京:化学工业出版社,2013.
[14] 李虎.环境自动连续监测技术[M].北京:化学工业出版社,2008.
[15] 刘凤枝,刘潇威.土壤和固体废弃物监测分析技术[M].北京:化学工业出版社,2007.
[16] 刘良云,陈良富,刘毅,等.全球碳盘点卫星遥感监测方法、进展与挑战[J].遥感学报,2022,26(2):243-267.
[17] 刘毅,王婧,车轲,等.温室气体的卫星遥感:进展与趋势[J].遥感学报,2021,25(1):53-64.
[18]《水和废水监测分析方法》编委会.水和废水监测分析方法[M].4版.北京:中国环境科学出版社,2002.
[19]《土壤环境监测分析方法》编委会.土壤环境监测分析方法[M].北京:中国环境出版集团,2019.
[20] 王俊华,代晶晶,令天宇,等.基于RS与GIS技术的西藏多龙矿集区生态环境监测研究[J].地质学报,2019,93(4):957-970.
[21] 王英健,杨永红.环境监测[M].3版.北京:化学工业出版社,2015.
[22] 奚旦立.环境监测[M].5版.北京:高等教育出版社,2019.

[23] 奚旦立.突发性污染事件应急处置工程[M].北京:化学工业出版社,2009.
[24] 肖昕.环境监测[M].北京:科学出版社,2017.
[25] 谢剑锋.碳减排基础及实务应用[M].北京:经济日报出版社,2022.
[26] 杨金中.矿山遥感监测理论方法与实践[M].北京:测绘出版社,2011.
[27] 杨娜,包海,刘智远,等.生物监测法测定呼和浩特市环境空气中重金属含量[C]// 中国环境科学学会 2021 年科学技术年会论文集(三).天津,2021:661-664.
[28] 周凤霞.生物监测[M].3 版.北京:化学工业出版社,2021.